Anwendungen und Technik von Near Field Communication (NFC)

Josef Langer • Michael Roland

Anwendungen und Technik von Near Field Communication (NFC)

Springer

Prof. (FH) Dr. Josef Langer
FH OÖ, Campus Hagenberg
Softwarepark 11
4232 Hagenberg
Österreich
josef.langer@fh-hagenberg.at

Michael Roland, MSc
FH OÖ, Campus Hagenberg
Softwarepark 11
4232 Hagenberg
Österreich
michael.roland@fh-hagenberg.at

ISBN 978-3-642-05496-9 e-ISBN 978-3-642-05497-6
DOI 10.1007/978-3-642-05497-6
Springer Heidelberg Dordrecht London New York

Die Deutsche Nationalbibliothek verzeichnet diese Publikation in der Deutschen Nationalbibliografie; detaillierte bibliografische Daten sind im Internet über http://dnb.d-nb.de abrufbar.

Einbandentwurf: WMXDesign GmbH, Heidelberg

Gedruckt auf säurefreiem Papier

Springer ist Teil der Fachverlagsgruppe Springer Science+Business Media (www.springer.com)

Vorwort

Vor Ihnen liegt das erste Buch über Technologie und Anwendung von Near Field Communication (NFC). Die Idee dieses Buch zu schreiben, geht auf das Jahr 2007 zurück. Damals starteten wir in Hagenberg einen großen Feldversuch zu NFC und hatten das erste Mal die Möglichkeit, Studien mit Anwendern durchzuführen. Die positiven Ergebnisse des Feldversuchs haben gezeigt, dass NFC eine Technologie ist, bei der die einfache Anwendung im Mittelpunkt steht. Fasziniert von den technischen Eigenschaften und den Rückmeldungen von Studierenden und Teilnehmern am Feldversuch, war die Idee ein Buch darüber zu schreiben rasch entstanden. Doch durch die hohe Arbeitsbelastung blieb die Idee vorerst nur Gedanke. Erst nachdem Michael Roland, ein ehemaliger Student und nunmehriger Mitarbeiter am NFC Research Lab, und ich gemeinsam die Leidenschaft das Buch zu schreiben teilten, wurde aus der Idee ein Projekt und schließlich das Buch, das sie in Händen halten.

NFC wurde 2002 von NXP und Sony erfunden. Im Jahr 2004 gründeten NXP, Sony und Nokia das NFC Forum. Noch im selben Jahr starteten wir an der Fachhochschule in Hagenberg unser erstes NFC Projekt. Zu Beginn noch als Semesterarbeit mit mehreren Studierenden. Im Jahr 2005 gründeten wir das NFC Research Lab Hagenberg, da die österreichische Forschungsförderungsgesellschaft, NXP, mobilkom austria und voestalpine Budgetmittel zur Verfügung stellten. Möglich war dies durch das Engagement und den großen Einsatz aller Beteiligten.

Zu unseren wichtigsten Unterstützern zählt Andreas Mühlberger, Leiter der NFC Abteilung bei NXP. Ihm verdanken wir den Aufbau unserer Forschungsabteilung und den Zugang zu internationalen Kontakten. Ein weiterer bedeutender Unterstützer bei NXP war Felix Marx.

Wichtig war die Unterstützung der Mobilkom Austria. Allen voran möchten wir uns bei Christian Kantner für sein großes Engagement bedanken. Besonderer Dank gilt Hannes Ametsreiter, Markus Stüber, Christoph Kößler und Christiane Schweighofer, dass sie uns personell und finanziell förderten.

Ein sehr wichtiger Förderer der ersten Stunde war Gerhard Romen von Nokia, der uns den Zugang zu neuesten NFC-Mobiltelefonen und die Vernetzung mit internationalen Unternehmen ermöglichte.

Herzlich möchten wir uns bei unseren Mentoren in Hagenberg bedanken: Professor Buchberger, der den Softwarepark Hagenberg gründete und leitet, sowie

Alt-Bürgermeister Rudolf Fischerlehner. Durch sie konnten wir unsere NFC-Forschungsergebnisse optimal in die Praxis umsetzen. Besonders wollen wir uns bei dem Dekan der Fakultät für Informatik, Kommunikation und Medien, Witold Jacak sowie bei Thomas Müller-Wipperfürth, dem Leiter des Studiengangs Hardware-Software-Design bedanken. Sie haben uns ermöglicht, frei und unabhängig zu arbeiten und zu forschen.

Wir möchten uns bei allen weiteren Unternehmen und Personen bedanken, die bei der Entstehung dieses Buches mitgeholfen haben. Alle Hinweise und Ratschläge haben uns geholfen, ein möglichst ausgewogenes Bild der NFC-Technologie und der NFC-Anwendungen zu zeichnen.

Unser Dank gilt unseren Kollegen Stefan Grünberger, Christian Saminger sowie Hans-Georg Brachtendorf am Studiengang Hardware-Software-Design, die das Manuskript Korrektur gelesen haben. Bei Gerald Madlmayr wollen wir uns für seine Mithilfe beim Aufbau des NFC Research Lab Hagenberg und für seinen Einsatz beim NFC-Feldversuch bedanken. Für die Gestaltung der Grafiken bedanken wir uns herzlich bei Alicia Krenn, die sehr flexibel auf unsere Anliegen eingegangen ist. Danke an Andreas Oyrer und Clemens Rainer für das Erstellen der Bildschirmoberflächen.

Beim Springer-Verlag bedanken wir uns für die angenehme Zusammenarbeit und das entgegengebrachte Verständnis.

Prof. (FH) Dr. Josef Langer
Michael Roland, MSc

Während der letzten Monate musste ich feststellen, dass die Arbeit an einem Buch und besonders die Recherchen rund um ein Buch keine leichte Aufgabe sind. Ganz im Gegenteil: Die Arbeit war oft sehr mühsam und zeitaufwändig. Daher musste ich leider für die Fertigstellung dieses Buches einige Kompromisse eingehen. So wurden viele Abende und Wochenenden, anstatt meinen Freunden und meiner Familie, dem Buch gewidmet.

Umso mehr freut es mich, schlussendlich das fertige Manuskript in Händen zu halten. Daher möchte ich mich bei meiner Familie, meinen Freunden und bei allen bedanken, die mich stets ermutigten, dieses Buchprojekt zu Ende zu bringen. Ganz besonderer Dank gilt meinen Eltern, Susanne und Helmut Roland, die mich immer unterstützt haben. Sehr herzlich möchte ich mich auch bei Günther Roland und Martina Mayr bedanken, die mir zwischen dem Schreiben immer wieder eine willkommene und dringend notwendige Abwechslung ermöglichten.

Großer Dank, besonders für ihre Geduld, gilt meinen Freunden, allen voran Kristina, Dietmar, Katrin, Manuel, Marcus und den Mitgliedern der Band nailcross und ihren Fans der ersten Stunde, die ich während dieses Projekts häufig vernachlässigte. Dennoch haben sie mich nicht aufgegeben und mich immer wieder dazu überredet, an dem einen oder anderen Abend den Computer auszuschalten und einmal wieder ordentlich zu feiern.

Hagenberg, im März 2010 Michael Roland, MSc

Es ist nicht ganz einfach ein Buch neben einem Vollzeit-Beruf zu schreiben, selbst wenn man eine sehr verständnisvolle Familie hat, wie dies bei mir der Fall ist. Mein ganz besonderer Dank gilt daher meiner lieben Frau Christa, die mich immer ermutigte und mir Kraft für das Schreiben des Buches gab. Ohne Ihre Geduld, Rücksichtnahme und großartige Unterstützung, hätte ich dieses Buchprojekt nicht zu einem erfolgreichen Ende gebracht.

Sehr herzlich will ich mich bei meiner Mutter Erna Langer und meiner vor kurzem verstorbenen Großmutter Katharina Stauchner bedanken, die mir immer mit guten Ratschlägen zur Seite standen und mich unterstützen, den richtigen Weg einzuschlagen. Ein herzlicher Dank gilt meinen Brüdern Bernhard und Martin für die fruchtbaren Diskussionen. Nicht zuletzt möchte ich meinen Kindern Niklas, Paul und Lorenz Langer dafür danken, dass sie mich vermisst haben. Sie waren mir nicht nur dringend notwendige Abwechselung sondern haben mir vor allem viel Freude und Glück geschenkt. Sie zeigen mir immer wieder, dass die Familie das wichtigste in meinem Leben ist.

Dieses Buch widme ich in Dankbarkeit und im Andenken an meinen leider viel zur früh verstorbenen Vater Josef.

Hagenberg, im März 2010 Prof. (FH) Dr. Josef Langer

Inhalt

Abkürzungen

3DES	Triple Data Encryption Standard
3GPP	Third Generation Partnership Project
ACK	Acknowledge
ACT	Activation Protocol
AEE	Application Execution Environment[1]
AES	Advanced Encryption Standard
AID	Application Identifier
APDU	Application Protocol Data Unit
API	Application Programming Interface[2]
APSD	Application Provider Security Domain
ASCII	American Standard Code for Information Interchange
ASK	Amplitude-Shift Keying[3]
ATR	Answer-to-Reset
BIP	Bearer Independent Protocol
BPSK	Binary Phase-Shift Keying[4]
BSI	British Standards Institution
CA	Certificate Authority
CA	Controlling Authority
CASD	Controlling Authority Security Domain
CC	Capability Container
CCM	Card Content Management
CDC	Connected Device Configuration
CDMA	Code Division Multiple Access
CF	Chunk Flag
CID	Card Identification
CKLA	Confidential Key Loading Authority

[1] allgemeine Ausführungsumgebung für Applikationen.

[2] Programmierschnittstelle.

[3] Amplitudenumtastung.

[4] binäre Phasenumtastung.

CL	Contactless[5]
CLA	Class[6]
CLDC	Connected, Limited Device Configuration
CLF	Contactless Front-end
CLK	Clock[7]
CLT	Contactless Tunneling Protocol
COS	Card Operating System[8]
CPS	Carrier Power State
CRC	Cyclic Redundancy Check
CSR	Certificate Signing Request
CTF	Carrier Type Format
DES	Data Encryption Standard
DF	Dedicated File
DID	Device Identifier
DMTSD	Delegated Mode TSM Security Domain
DSAP	Destination Service Access Point
ECDH	Elliptic Curve Diffie-Hellman
EDC	Error Detection Code[9]
EDGE	Enhanced Data Rates for GSM Evolution
EEPROM	Electrically Erasable Programmable Read-Only Memory
EF	Elementary File
EGT	Extra Guard Time
EOF	End of Frame
EPC	Electronic Product Code
ETSI	European Telecommunications Standards Institute
etu	Elementary Time Unit[10]
EU	Euroäische Union
FDMA	Frequency Division Multiple Access
FeliCa	Felicity Card
FID	File Identifier
FM	Frequency Modulation[11]
FSK	Frequency-Shift Keying[12]
GCF	Generic Connection Framework

[5] kontaktlos.

[6] Instruktionsklasse.

[7] Takt.

[8] Smartcard-Betriebssystem.

[9] Fehlererkennungscode.

[10] elementare Zeiteinheit.

[11] Frequenzmodulation.

[12] Frequenzumtastung.

GND	Ground[13]
GPB	General Purpose Byte
GPRS	General Packet Radio Service
GSM	Global System for Mobile Communications
GSMA	GSM Association
HCI	Host Controller Interface
HCP	Host Controller Protocol
HF	Hochfrequenz
HSDPA	High-Speed Downlink Packet Access
HTML	Hyper Text Markup Language
HTTP	Hyper Text Transfer Protocol
HTTPS	Hyper Text Transfer Protocol Secure
I/O	Input/Output
I^2C	Inter-Integrated Circuit Bus
IANA	Internet Assigned Numbers Authority
IC	Integrated Circuit[14]
ID	Identification
IEC	International Electrotechnical Commission
IL	ID Length present
INS	Instruction[15]
ISD	Issuer Security Domain
ISO	International Organization for Standardization
IT	Information Technology
JCOP	Java Card Open Platform
JCP	Java Community Process
JCRE	Java Card Runtime Environment
JCRMI	Java Card Remote Method Invocation
JCVM	Java Card Virtual Machine
JIS	Japanese Industrial Standard
JPEG	Joint Photographic Experts Group
JSR	Java Specification Request
JVM	Java Virtual Machine
LLC	Logical Link Control Layer
LLCP	Logical Link Control Layer Protocol
LSB	Least Significant Bit/Byte
MAC	Medium Access Control Layer
MAC	Message Authentication Code
MAD	MIFARE Application Directory
MB	Message Begin
ME	Message End

[13] Masse.

[14] integrierte Schaltung.

[15] Instruktionscode.

MF	Master File
MID	Mobile Information Device
MIDP	Mobile Information Device Profile
MIFARE	Mikron fare collection
MIME	Multipurpose Internet Mail Extensions
MITM	Man-in-the-Middle (Attack)
MMS	Multimedia Message Service
MMU	Memory Managment Unit
MNO	Mobile Network Operator[16]
MSB	Most Significant Bit/Byte
NAD	Node Address
NCI	NFC Controller Interface
NDEF	NFC Data Exchange Format
NFC	Near Field Communication
NFCIP	Near Field Communication Interface and Protocol
NFC-WI	Near Field Communication Wired Interface
NRZ-L	Non-Return-to-Zero Level
NTIP	NFC Transfer Interface Packet
OMA	Open Mobile Alliance
OOK	On-Off Keying[17]
OSI	Open Systems Interconnection
OTA	Over-the-Air
OTP	One-time Programmable Memory[18]
PCB	Protocol Control Byte
PCD	Proximity Coupling Device
PDA	Personal Digital Assistant
PDU	Protocol Data Unit
PFB	Protocol Function Byte
PHY	Physical Layer[19]
PICC	Proximity Integrated Cicuit Card
PIN	Personal Identification Number
PKI	Public Key Infrastructure
POS	Point of Sale
PPS	Protocol and Parameter Selection
PSK	Phase-Shift Keying[20]
RAC	Read Access Condition
RAM	Random Access Memory
RF	Radio Frequency

---

[16] Mobilfunkbetreiber.

[17] Ein-Aus-Tastung.

[18] einmal beschreibbarer Speicher.

[19] Bitübertragungsschicht.

[20] Phasenumtastung.

RFC	Request for Comments
RFID	Radio Frequency Identification
RMV	Rhein-Main-Verkehrsverbund
ROI	Return of Investment
ROM	Read-Only Memory
RST	Reset
RTD	Record Type Definition
RZ	Return-to-Zero
SAK	Select Acknowledge
SAT	SIM Application Toolkit
SATSA	Security and Trust Services API
SCH	Secure Channel Service
SCP	Smart Card Platform
SCWS	Smartcard-Webserver
SD	Secure Digital
SDD	Single Device Detection
SDMA	Space Division Multiple Access
SE	Secure Element
SEC	Secure Element Controller
SHDLC	Simplified High Level Data Link Control Protocol
SIM	Subscriber Identity Module
SMAPSD	Simple Mode Application Provider Security Domain
SMC	Secure Memory Card
SMS	Short Message Service
SOF	Start of Frame
SP	Service Provider[21]
SPI	Serial Peripheral Interface Bus
SPU	Standard or Proprietary Use
SR	Short Record
SSAP	Source Service Access Point
SSD	Supplementrary Security Domain
SSE	Shared Secret Service
SWP	Single Wire Protocol
TCP	Transmission Control Protocol
TCP/IP	Transmission Control Protocol/Internet Protocol
TDMA	Time Division Multiple Access
TEE	Trusted Execution Environment[22]
TLS	Transport Layer Security
TLV	Tag-Length-Value
TNF	Type Name Format
TPDU	Transport Protocol Data Unit

[21] Dienstanbieter.

[22] sichere Ausführungsumgebung für Applikationen.

TRNG	True Random Number Generator[23]
TS	Technical Specification[24]
TSM	Trusted Service Manager
TSN	Time Slot Number
UART	Universal Asynchronous Receiver Transmitter
UDP	User Datagram Protocol
UHF	Ultra High Frequency
UICC	Universal Integrated Circuit Card
UID	Unique Identifier
UMTS	Universal Mobile Telecommunications System
URI	Uniform Resource Identifier
URL	Uniform Resource Locator
URN	Uniform Resource Name
USB	Universal Serial Bus
USIM	Universal Subscriber Identity Module
UTF	Unicode Transformation Format
UV	Ultraviolett
VCC	Voltage Common Collector[25]
VCD	Vicinity Coupling Device
VDV	Verband Deutscher Verkehrsunternehmen
VICC	Vicinity Integrated Circuit Card
VM	Virtual Machine
WAC	Write Access Condition
WAP	Wireless Application Protocol
WKT	Well-known Type
WLAN	Wireless Local Area Network
WORM	Write once, read multiple
XML	Extensible Markup Language

[23] echter Zufallszahlengenerator.

[24] technische Spezifikation.

[25] positive Versorgungsspannung.

Kapitel 1
Einführung

Dieses Buch wendet sich an Studierende, Ingenieure, technisch Interessierte sowie Personen, die mehr über NFC und NFC-Anwendungen erfahren möchten. Es gibt einen umfassenden Überblick über Grundlagen, Technik und Anwendungen dieser neuen Technologie. Wir haben versucht, in Beispielen die Thematik möglichst praxisnahe darzustellen. So wollen wir die Leser unterstützen, NFC einfacher in ihre Anwendungen zu integrieren und die Möglichkeiten dieser Technologie zu erkennen. Im Jahr 2010 waren noch nicht alle Standards und Geschäftsmodelle für den Einsatz von NFC definiert. In diesem Buch erklären wir die wichtigsten Normen sowie Alternativen für noch nicht standardisierte Abläufe und Modelle.

1.1 Historische Entwicklung

Near Field Communication (NFC) ist eine kontaktlose Technologie zum Austausch von Nachrichten über kurze Distanzen. NFC wurde 2002 von NXP Semiconductors (ehemals Philips Semiconductors) und Sony entwickelt. Gleichzeitig basiert NFC auf einer jahrzehntelang erprobten und ausgereiften Technologie, weil sie bestehende Standards im Bereich von RFID (Radio Frequency Identification) und Chipkarten verwendet. Die Entwicklung von NFC muss daher sowohl mit der Geschichte von RFID als auch der Geschichte von Chipkarten begonnen werden.

1.1.1 Historische Entwicklung von RFID

RFID ist die automatische Erkennung und Identifikation über elektromagnetische Wellen. Der erste Einsatz von RFID erfolgte im zweiten Weltkrieg. Hier wurden Sekundärradarsysteme für die Freund-Feind-Erkennung eingesetzt. Flugzeuge und Panzer wurden mit Leseeinheiten und Transpondern ausgerüstet, um eigene von feindlichen Fahrzeugen und Flugzeugen zu unterscheiden. Bis heute werden in den Armeen Systeme eingesetzt, um die Freund-Feind-Erkennung mit Hilfe kontakt-

J. Langer, M. Roland, *Anwendungen und Technik von Near Field Communication (NFC)*,
DOI 10.1007/978-3-642-05497-6_1,

loser Übertragungstechnologie durchzuführen. Das erste Werk über RFID schrieb Harry Stockmann, mit dem Titel „*Communication by Means of Reflected Power*" im Jahre 1948 [9].

In den folgenden Jahrzehnten wurden viele proprietäre RFID-Lösungen entwickelt, um Produktionsprozesse zu optimieren oder die Nachverfolgbarkeit und Identifikation von Produkten zu gewährleisten. In den 1970ern kamen die ersten einfachen kommerziellen RFID-Lösungen auf den Markt. Die damals eingeführten elektronischen Warensicherungssysteme mit einem Bit Speicherkapazität sind auch heute noch in Verwendung. Bei diesen Systemen wird, durch Prüfung (vorhanden/fehlt) einer Markierung (d. h. einem Bit), bei Diebstahl ein Alarm ausgelöst.

In den 1980er Jahren wurden zusätzliche Anwendungen, wie Tieridentifikation und Mautsysteme, eingeführt. In den 1990er Jahren folgten elektronische Zutrittskontrollsysteme, Skipässe, elektronisches Ticketing, Tankkarten und Bezahlkarten. Die eigentliche Entwicklung moderner RFID-Systeme begann in den 1990er Jahren. Die Abmessungen der Transponder ließen sich durch den technologischen Fortschritt stark reduzieren und Transponder wurden in größeren Produktionsmengen erzeugt. Die Preise, die vorher in einer Größenordnung von mehreren 10 € lagen, verringerten sich um den Faktor 10 und noch weiter. Vor allem in der Tierkennzeichnung fand die Technologie seinen Aufschwung: Rinder, Schweine, sowie Tauben und andere Kleintiere wurden für die automatische Identifikation mit RFID-Transpondern ausgerüstet. Weitere Massenanwendungen folgten: die automatische Wegfahrsperre im Auto, die Zutrittskontrolle bei Gebäuden, Mautsysteme für Fahrzeuge und Zeiterfassungssysteme für Betriebe und Sportveranstaltungen [1].

Mittlerweile sind die Anwendungen sehr vielfältig und reichen von Kreditkarten, Reise- und Skipässen bis hin zu Logistik, Lagerverwaltung, Bibliotheksverwaltung und Zutritt. In Abb. 1.1 ist die Entwicklungsgeschichte der RFID-Technologie von Beginn der 1940er Jahre an abgebildet.

1.1.2 Historische Entwicklung der Chipkarten

Ein weiterer wichtiger Bestandteil der NFC-Technologie sind Chipkarten oder „*Smartcards*". Die wichtigsten Anwendungen von NFC, Bezahlen und Ticketing, basieren auf Chipkarten.

Die Geschichte der Chipkarten beginnt Anfang der 1950er Jahre in den USA mit der Verbreitung von Plastikkarten. Diners Club gab 1950 die erste Plastikkarte für den überregionalen Zahlungsverkehr aus. Mit der Gründung der Kreditkartenunternehmen Visa und MasterCard verbreitete sich das bargeldlose Bezahlmedium sehr rasch. Auf diesen Karten waren zunächst weder ein Chip noch eine elektronische Kennung integriert. Eine Aufprägung verbesserte die Fälschungssicherheit. Eine weitere Verbesserung stellte die Verwendung eines Magnetstreifens auf der Rückseite der Karte dar. In den Magnetstreifen wurden digitalisierte Daten zur automatischen Datenweiterverarbeitung integriert. Die Benutzeridentifikation, die bis

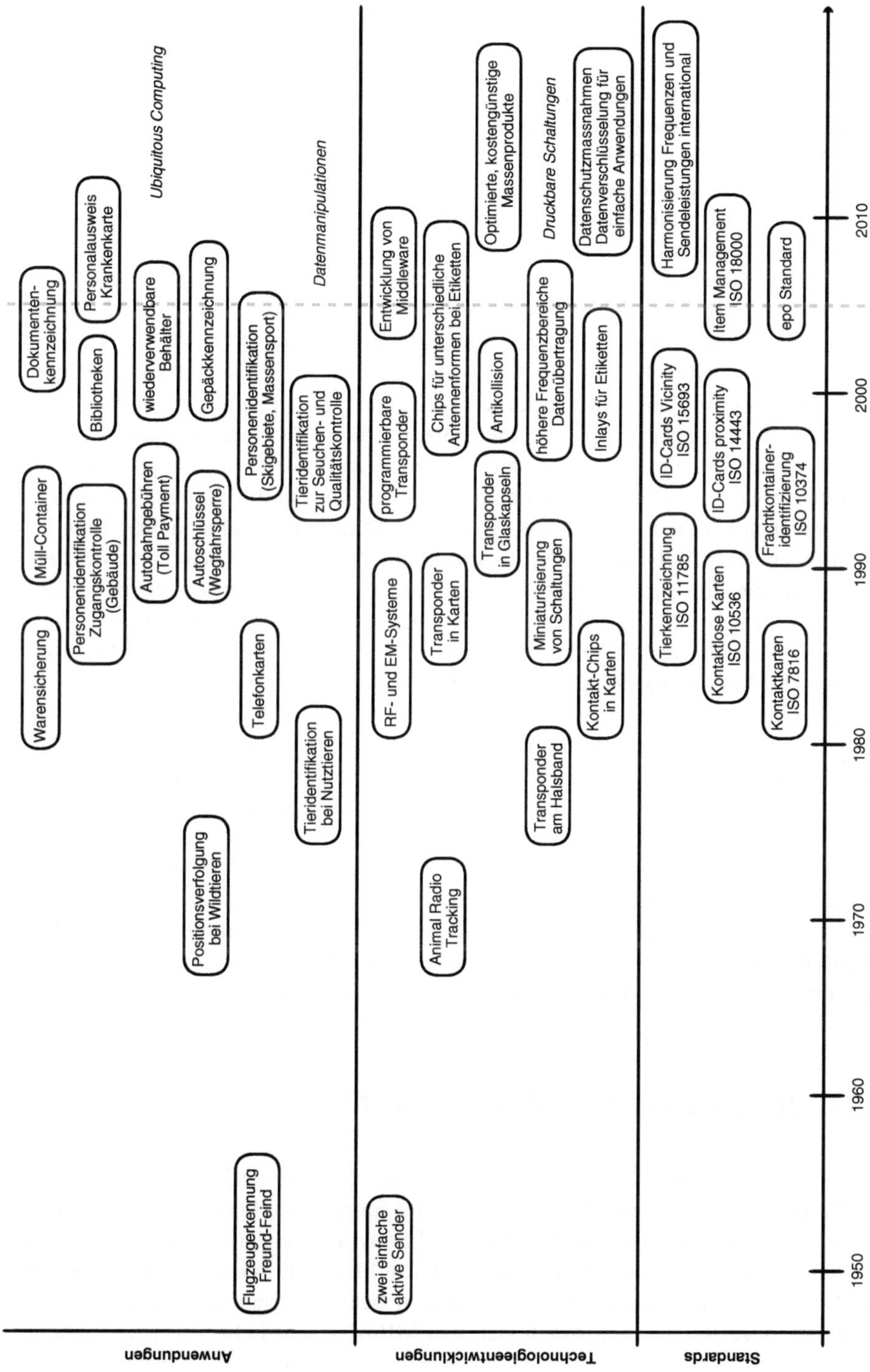

Abb. 1.1 Entwicklungsgeschichte von RFID. (Quelle: [1])

dahin nur durch die Unterschrift des Karteninhabers möglich war, konnte nun durch eine persönliche Geheimzahl, die PIN (*Personal Identification Number*), realisiert werden. Der große Nachteil der Magnetstreifentechnik liegt in der Möglichkeit, die gespeicherten Daten beliebig zu kopieren, zu lesen und zu löschen. Das ist auch der Grund dafür, dass in vielen Systemen aus Sicherheitsgründen die PIN nicht am Magnetstreifen abgespeichert ist, sondern direkt über eine Online-Verbindung geprüft wird. Um die Kosten möglichst niedrig zu halten, wurde nach Lösungen gesucht, die es ermöglichen, die Transaktionen offline durchzuführen, ohne die Sicherheit des Systems zu gefährden [8].

Die Entwicklung der Chipkarte erfolgte parallel zur Ausweitung der elektronischen Datenverarbeitung. In den 1970er Jahren gelang es, Rechnerlogik und Datenspeicher auf einem einzigen Siliziumplättchen mit wenigen Quadratmillimetern Fläche zu integrieren. Bereits 1968 wurden die Ideen, einen solchen integrierten Schaltkreis in eine Identifikationskarte einzubauen, zum Patent angemeldet. Der große Durchbruch gelang 1984, als die französische PTT (*Poste, Téléphone et Télécommunications*) einen Feldversuch mit einer Telefonkarte auf Chipkartenbasis durchführte. Die hohen Erwartungen an Zuverlässigkeit und Manipulationssicherheit konnten auf Anhieb unter Beweis gestellt werden. In Deutschland fand 1984/85 ein Pilotversuch mit Telefonkarten unterschiedlicher Technologien statt. Magnetstreifen, Karten mit optischer Speicherung und Chipkarten wurde gegenüber gestellt. Aus diesem Pilotversuch ging die Chipkarte als Sieger hervor. Im Jahr 1986 waren bereits mehrere Millionen Chipkarten für Telefonie im Einsatz. 1990 waren es bereits 60 Mio. und 1997 mehrere hundert Millionen weltweit [8].

Ein weiterer großer Meilenstein in der Geschichte der Chipkarte war die Integration von Mikroprozessoren und Kryptocoprozessoren auf der Karte. Der Einsatz einer Chipkarte als elektronische Geldbörse wurde 1995 in Österreich mit QUICK begonnen. Damit war Österreich weltweit das erste Land mit einem flächendeckenden elektronischen Geldbörsensystem. Die GeldKarte in Deutschland wurde ein Jahr später (1996) eingeführt. Wichtig für die zukünftige Verbreitung von Chipkarten im Zahlungsverkehr war die Verabschiedung der sogenannten EMV-Spezifikation, die gemeinsam von Europay, MasterCard und Visa erarbeitet wurde. Sie beschreibt im Detail die Funktionsweise von Karte und Terminal und gewährleistet die Kompatibilität zwischen den Kreditkartenorganisationen [8].

1.1.3 Historische Entwicklung von NFC

Near Field Communication (NFC) wurde im Jahr 2002 von NXP Semiconductors und Sony entwickelt. Beide Unternehmen sind führend bei kontaktlosen Chipkarten: NXP mit der Produktreihe MIFARE und Sony mit FeliCa. Während FeliCa in Japan die Marktführung übernimmt, ist NXP mit MIFARE in Europa, Amerika und Teilen Asiens Marktführer. NFC ist zu diesen beiden Varianten kompatibel. Die proprietären Verschlüsselungsmethoden von MIFARE und FeliCa wurden nicht in den NFC-Standard übernommen und sind für NFC-Geräte nicht verpflichtend. Der Trend bei kontaktlosen Chipkarten geht hin zu offenen Kryptografiestandards, wie 3-DES, Elliptic Curve und AES, und weg von proprietären Firmenstandards, die als nicht sicher eingestuft werden.

Im Jahr 2004 wurde das NFC Forum von NXP, Sony und Nokia gegründet und zählte 2010 mehr als 150 Mitglieder. Der Zweck des NFC Forums ist die weltweit einheitliche Standardisierung für diese Technologie. Mit Nokia ist ein Mobiltelefonhersteller Gründungsmitglied. In fast allen NFC-Anwendungen spielen Mobiltelefone eine wichtige Rolle. Das Telefon wird als Lesegerät für kontaktlose Chipkarten eingesetzt oder emuliert eine kontaktlose Chipkarte. So wird das Telefon zum elektronischen Fahrschein, zur Kreditkarte oder zum elektronischen Schlüssel, um Türen zu öffnen.

Die ersten verfügbaren NFC-Mobiltelefone wurden von Samsung und Nokia entwickelt. 2005 wurde in Caen, Frankreich, ein Feldversuch mit 200 Personen gestartet. Die Teilnehmer am Feldversuch konnten sechs Monate lang mit dem NFC-Telefon Samsung D500E an den Kassen im Einzelhandel bezahlen, Tickets für Parkplätze kaufen und touristische Dienstleistungen abrufen. Die Firmen NXP, France Telecom, Samsung, Groupe LaSer und Vinci Park bildeten das Konsortium für die Umsetzung des Feldversuchs [7].

Der Rhein-Main-Verkehrsverbund (RMV) startete 2005 einen Feldversuch in der Stadt Hanau bei Frankfurt. Mit dem NFC-Telefon konnten Fahrscheine für den öffentlichen Personennahverkehr gekauft werden. Die Anwendung ist kompatibel zu dem bestehenden Chipkartensystem in der Stadt Hanau. Nach zehn Monaten im Test wurde die kommerzielle Ausweitung des Feldversuches bekannt gegeben. Jeder konnte sich in ausgewählten Telefongeschäften das NFC-Telefon Nokia 3220 mit der RMV-Ticket-Anwendung kaufen. Vodafone, Nokia, NXP und der RMV waren die Partner, die diese Anwendung realisierten.

Im November 2006 startete an der Fachhochschule Oberösterreich in Hagenberg bei Linz ein NFC-Feldversuch, der vom NFC Research Lab Hagenberg, NXP, der Mobilkom Austria und der A1 Bank initiiert wurde. Studierende, Lehrende sowie Verwaltungspersonal erprobten mit dem NFC-Telefon SGH-X700N von Samsung die NFC-Technologie. Die insgesamt knapp 100 Teilnehmer konnten mit dem NFC-Telefon in zwei Mensen und an Cola- und Kaffeeautomaten bezahlen. Als Zahlungsmittel wurde eine Prepaid-Börse über das Mobilfunknetz, oder alternativ an einem stationären Aufladeterminal gegen Bargeld, aufgeladen. Die Aufbuchungen über das Mobiltelefon wurden bei der nächsten Monatsabrechnung automatisch vom Mobilfunkbetreiber in Rechnung gestellt.

Weiters wurden zwei Informationsterminals aufgestellt, an denen die Teilnehmer aktuelle Nachrichten, Mittagsmenüs und Stundenpläne auf ihr NFC-Telefon übertragen konnten. Die Informationen waren offline über ein von der Fachhochschule entwickeltes Programm am Mobiltelefon abrufbar. Eine weitere Anwendung war der Zutritt zu Gebäuden, Labors sowie Seminar- und Vorlesungsräumen. Die Angestellten der Fachhochschule konnten Bonuspunkte für die Vergütung von Mittagessen mit dem NFC-Telefon sammeln. Diese Anwendung war kompatibel zur bestehenden Lösung mit Chipkarten (Studenten- und Mitarbeiterausweis).

Die Besonderheiten am NFC-Feldversuch in Hagenberg waren die vielen unterschiedlichen Anwendungen, die im NFC-Telefon integriert wurden. Damit wurde unter Beweis gestellt, dass NFC in einem größeren Feldversuch multiapplikationsfähig ist. 2007 wurde der Feldversuch um touristische Anwendungen erweitert. Es wurden intelligente Plakate an Sehenswürdigkeiten, wie dem Schloss, dem Softwarepark und anderen Orten, befestigt, mit denen Benutzer von NFC-Telefonen Texte und Bilder auf das Mobiltelefon laden können. Das Nutzungsverhalten der Teilnehmer wurde untersucht und in einer Studie veröffentlicht. Die Ergebnisse zeigten, dass vor allem die Zutritts- und Bezahllösungen für die Konsumenten sehr attraktiv sind. Die Technologie wurde überwiegend als einfach bedienbar und modern empfunden.

Das erste große kommerzielle NFC-Roll-Out fand 2007 in Österreich statt. Mobilkom Austria, die Wiener Linien und die österreichischen Bundesbahnen (ÖBB) rüsteten, in Kooperation mit dem NFC Research Lab der Fachhochschule in Hagenberg, U-Bahnstationen, Bahnhöfe und Getränkeautomaten mit mehr als 1000 NFC-Tags aus. Zusätzlich konnte das Nokia 6131 NFC in jedem A1-Shop oder über die Webpage von Mobilkom Austria in ganz Österreich gekauft werden. Die Anwender hatten die Möglichkeit, U-Bahntickets und Fahrscheine für die Bahn zu kaufen sowie an Snackautomaten zu bezahlen [3].

Seit dem Jahr 2008 gibt es in vielen Ländern auf allen Kontinenten größere oder kleinere Feldversuche, sowie kommerzielle Anwendungen. Die wichtigsten Anwendungen sind Bezahlen oder Kaufen und Entwerten von Fahrscheinen für den öffentlichen Personennahverkehr.

1.1.4 Die NFC-Technologie

Das Revolutionäre an NFC ist, dass die strikte Trennung in Lesegerät und Transponder aufgehoben wird. Bei klassischen RFID-Systemen gibt es immer eine aktive und eine passive Komponente. Das Lesegerät ist immer aktiv und versorgt die kontaktlose Chipkarte (den Transponder) mit Energie. Der Datenaustausch zwischen Lesegerät und Transponder erfolgt nach einem Frage-Antwort-Prinzip, bei dem immer das Lesegerät den Nachrichtenaustausch beginnt.

Ein NFC-Gerät integriert hingegen beide Funktionen. Das heißt, das NFC-Gerät kann abwechselnd passiver Transponder und aktives Lesegerät sein. Ein NFC-Gerät ist daher in der Lage einerseits andere kontaktlose Chipkarten mit Energie zu versorgen und über bestehende Standard-Protokolle kommunizieren und andererseits auch eine kontaktlose Chipkarte zu emulieren. Die NFC-Chips integrieren beide Funktionalitäten – Lesegerät und Chipkarte.

Der Nachrichtenaustausch basiert auf bereits bestehenden Standards, wie der Norm ISO/IEC 14443 [5], welche die Protokolle für Lesegerät und Transponder definieren. Für den Austausch von Nachrichten zwischen zwei NFC-Geräten wurde ein neues Protokoll entwickelt, das in ISO/IEC 18092 [6] bzw. ECMA-340 [4] definiert ist.

1.2 Das NFC Forum

Das NFC Forum hat sich zum Ziel gesetzt, die NFC-Technologie zu standardisieren und den Einsatz weltweit zu forcieren. Das NFC Forum entwickelt Spezifikationen, die die Interoperabilität zwischen NFC-Geräten und Diensten gewährleisten. Das Forum hat mehr als 150 Mitglieder, die alle an der Weiterentwicklung und Kompatibilität von NFC arbeiten. Die Mitglieder kommen aus vielen Branchen: Chiphersteller, Mobiltelefonhersteller, SIM-Karten-Hersteller, Banken, Kreditkartenunternehmen, Mobilfunkbetreiber, Forschungsinstitute, Testhäuser, Systemintegratoren und Unternehmen aus dem öffentlichen Personennahverkehr und dem Handel.

Die Ziele des NFC Forum sind:

- die Entwicklung von Standards der NFC-Technologie, um eine modulare Architektur für mobile NFC-Geräte und Protokolle zu garantieren,
- die Förderung der Entwicklung von Produkten, die die NFC Forum Spezifikationen einhalten,
- die Zusammenarbeit zwischen den Unternehmen zu fördern, um die Ansprüche an die NFC-Produkte zu erfüllen und
- weltweit Konsumenten, Endverbraucher und Unternehmen über NFC zu informieren.

Das NFC Forum ist in mehrere Ausschüsse und Arbeitsgruppen unterteilt, die sich mindestens drei Mal jährlich bei den NFC Forum Meetings treffen. Für die Kommunikation zwischen diesen Meetings werden Telefonkonferenzen und zusätzliche persönliche Treffen vereinbart. Die Arbeitsgruppen sind in Abb. 1.2 dargestellt.

Das *Marketing Commitee* ist für die externe Kommunikation und die Definition der Marketingaktivitäten des NFC Forums zuständig. Das *Compliance Commitee* behandelt in den Arbeitsgruppen die Interoperabilität und Tests der NFC-Geräte und Dienste. In den Untergruppen des *Technical Committees* entstehen die NFC-Standards für Geräte und Dienste.

Die möglichen Mitgliedschaften im NFC Forum sind in fünf Kategorien mit verschiedenen jährlichen Mitgliedsbeiträgen und unterschiedlichen Stimmrechten unterteilt. Unternehmen und Organisationen können sich als *Sponsor* (50.000 US$), *Principal* (25.000 US$), *Associate* (10.000 US$), *Implementer* (5.000 US$) sowie als *Non-Profit-Organisation* (1.500 US$) registrieren. Sponsor ist die Mitgliedschaftsform mit den meisten Rechten. Sponsor-Mitglieder haben einen Sitz im *Board of Directors*. Principal- und Sponsor-Mitglieder dürfen abstimmen, wenn neue Standards verabschiedet werden. Die anderen Mitglieder können in den Arbeitsgruppen und Task Forces mitarbeiten, haben jedoch keine Stimmrechte.

Das NFC Forum kooperiert mit anderen Standardisierungs- und Interessengemeinschaften: EMVCo, ETSI, GSMA, Mobey Forum und der Smart Card Alliance [2].

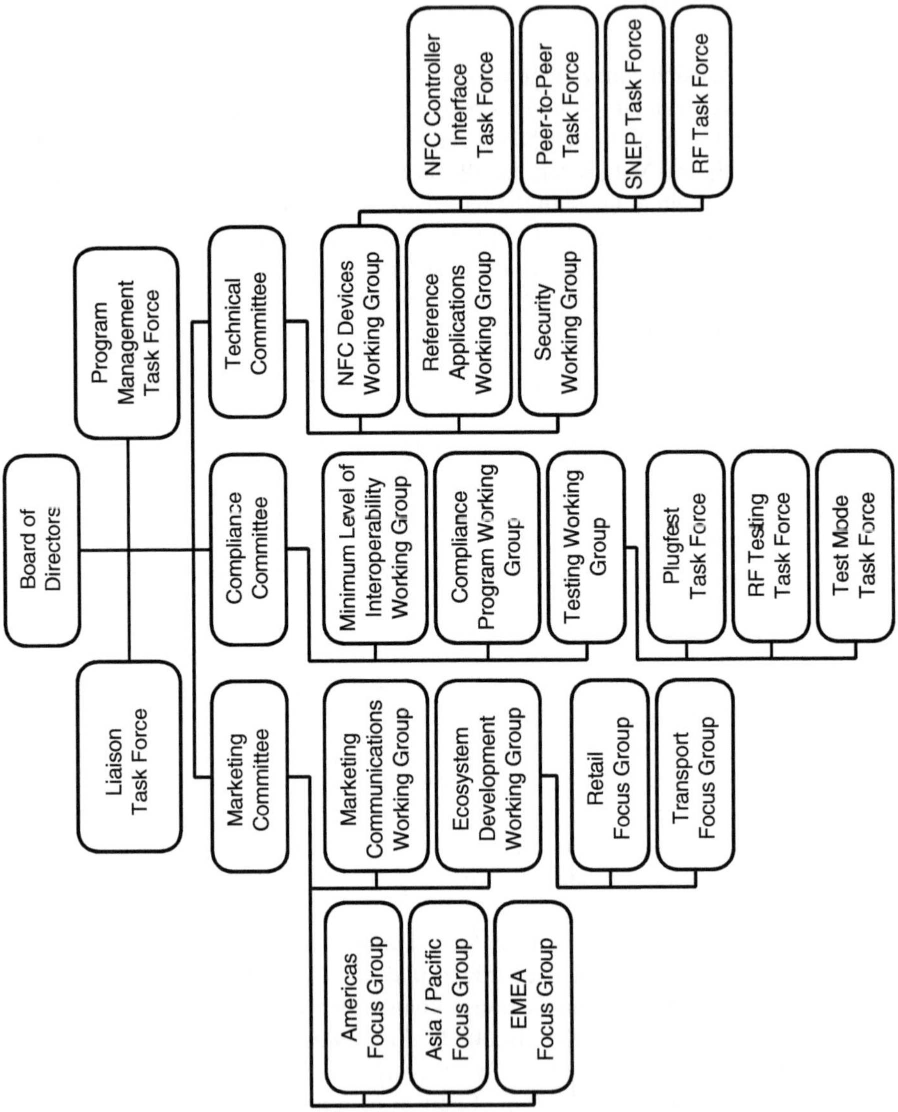

Abb. 1.2 Organigramm des NFC Forums. (Quelle: [2])

1.3 Die ersten Mikrochips, Geräte und Hersteller

In diesem Abschnitt werden jene Mikrochips und Geräte vorgestellt, die am Beginn der NFC-Technologie eingesetzt wurden. Teilweise handelt es sich dabei um nicht kommerzielle Kleinserien, aber auch um kommerziell erhältliche Produkte, die in hohen Stückzahlen produziert wurden.

1.3.1 NFC-ICs

Die Basis jedes NFC-Gerätes sind NFC-ICs, welche die Verbindung der Luftschnittstelle zur digitalen Weiterverarbeitung im NFC-Gerät ermöglichen. Der erste kommerzielle NFC-Transceiver, der PN511, wurde von NXP Semiconductors hergestellt. Das *PN511 Transmission Module* unterstützt ISO/IEC 14443 Typ A und FeliCa als Lesegerät und kontaktlose Chipkarte und den NFCIP-1-Standard (ISO/IEC 18092). Für die Emulation einer kontaktlosen Chipkarte ist ein zusätzlicher Smartcard-Mikrochip, wie der NXP SmartMX, notwendig. Die Unterstützung für das RFID-Protokoll ISO/IEC 14443 Typ B (als Lesegerät) wurde im Nachfolgermodell, dem *PN512 Transmission Module*, ergänzt.

Der PN531 bzw. der PN532 sind die nächste Generation dieser NFC-Transceiver. Diese Chips haben zusätzlich einen Mikrocontroller für die Verarbeitung der Kontaktlosprotokolle integriert.

Die neusten NFC-Chips von NXP Semiconductors sind der PN533 und der PN544. Dabei handelt es sich um NFC-Controller, welche die vollständige Verarbeitung der Kontaktlosprotokolle übernehmen und eine weitgehende Entkopplung der NFC-Verarbeitung von anderen Komponenten eines NFC-Geräts ermöglichen. Der PN544 unterstützt zudem die neuesten Protokolle für die Emulation kontaktloser Chipkarten.

Auch andere Hersteller haben NFC-Controller entwickelt. Ein solches Produkt ist der MicroRead von Inside Contactless. Dieser unterstützt neben ISO/IEC 14443 und NFCIP-1 auch noch den Übertragungsstandard ISO/IEC 15693, sowie das *Host Controller Interface* (HCI) und das *Single Wire Protocol* (SWP) zur Emulation kontaktloser Chipkarten.

Ein weiterer NFC-Controller ist der ST21NFCA von STMicroelectronics. Auch dieser unterstützt die wesentlichen RFID-Protokolle, das NFC-Protokoll und das Single Wire Protocol.

1.3.2 Mobiltelefone

Von allen NFC-Geräten sind Mobiltelefone die häufigsten und populärsten NFC-Geräte. Die ersten NFC-Mobiltelefone waren das Nokia 3220 (dank einem in die austauschbare Gehäuseschale integrierten NFC-Modul, der „*NFC Shell*") und das Samsung D500E. Beide Telefone verwendeten NFC-ICs von NXP. Das *Secure Element*, d. h. der Smartcard-Mikrochip zur Emulation kontaktloser Chipkarten, wurde direkt in das Telefon (bzw. die Gehäuseschale) integriert und war somit nicht austauschbar. Das Nokia 3220 mit „NFC Shell" (Abb. 1.3a) war zudem das erste kommerziell verfügbare NFC-Telefon.

Eines der ersten NFC-Mobiltelefone, bei dem die SIM-Karte als Secure Element verwendet wurde, ist das Sagem my700X. Es verwendet den MicroRead NFC-Controller von Inside Contactless. Damit kann es mit speziellen Single Wire Protocol SIM-Karten kommunizieren.

Auch ein NFC-Telefon, das eine spezielle SD-Speicherkarte als Secure Element verwendet, ist verfügbar: das BenQ T80 (Abb. 1.3d). Es verwendet den PN532 von NXP als NFC-Transceiver.

Andere bekannte NFC-Mobiltelefone sind das Nokia 6131 NFC (Abb. 1.3b), das Nokia 6212 Classic und das Samsung SGH-X700N (Abb. 1.3c). Weitere NFC-Telefone sind das Sagem Cosyphone und Samsung S5230. Das Cosyphone ist, laut Hersteller, ein einfach bedienbares Telefon, das speziell für die Generation 50+ entwickelt wurde.

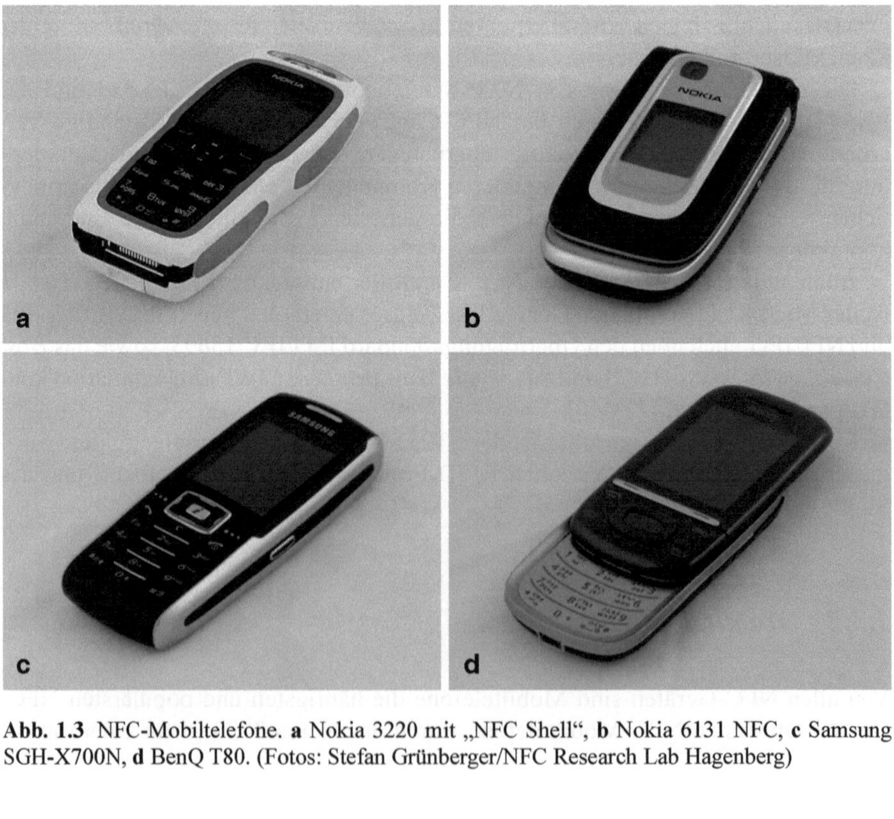

Abb. 1.3 NFC-Mobiltelefone. **a** Nokia 3220 mit „NFC Shell", **b** Nokia 6131 NFC, **c** Samsung SGH-X700N, **d** BenQ T80. (Fotos: Stefan Grünberger/NFC Research Lab Hagenberg)

Literatur

[1] Kern C: Anwendungen von RFID-Systemen, Springer Verlag, Berlin, Heidelberg, New York (2006)

[2] NFC Forum: NFC Forum Organizational Chart. http://www.nfc-forum.org/aboutus/committees_and_wgs/nfc_forum_organization_chart (Stand: März 2010)

[3] NFC Times: Austria: „Rollout“ Uses NFC Reader Mode To Sell Tickets and Snacks. http://www.nfctimes.com/project/austria-rollout-uses-nfc-reader-mode-sell-tickets-and-snacks (Stand: März 2010)

[4] Norm ECMA-340 (2004): Near Field Communication Interface and Protocol (NFCIP-1)

[5] Norm ISO/IEC 14443: Identification cards – Contactless integrated circuit cards – Proximity cards

[6] Norm ISO/IEC 18092:2004: Information technology – Telecommunications and information exchange between systems – Near Field Communication – Interface and Protocol (NFCIP-1)

[7] NXP Semiconductors: City of Caen, France, to demonstrate simplicity of Near Field Communication (NFC) technology, News Release (Okt 2005) http://www.nxp.com/news/content/file_1193.html (Stand: Feb 2010)

[8] Rankl W, Effing W: Handbuch der Chipkarten, 3. Aufl. Carl Hanser Verlag, München, Wien (1999)

[9] Rosol C: RFID. Vom Ursprung einer (all)gegenwärtigen Kulturtechnologie, Kulturverlag Kadmos, Berlin (2008)

Kapitel 2
Technische Grundlagen

Dieses Kapitel gibt einen Überblick über die physikalischen und technischen Grundlagen der Near Field Communication. Es werden darin die Übertragungsmechanismen über das magnetische Feld, die unterschiedlichen Arten der Modulation und Codierung, sowie die Übertragung der Daten beschrieben.

Die Übertragungstechnologie der Near Field Communication basiert zu einem großen Teil auf bestehenden RFID-Standards und ist daher großteils rückwärtskompatibel zu bereits installierten Systemen. Dies ist besonders für Ticketing-Anwendungen im öffentlichen Personennahverkehr und für Bezahlfunktionen mit Kreditkarten ein großer Vorteil, da auf bereits bestehende Infrastruktur aufgesetzt werden kann.

2.1 Induktive Kopplung

Die Übertragungstechnologie der Near Field Communication baut auf bestehende RFID-Systeme auf. RFID-Systeme lassen sich, anhand des Übertragungsprinzips, in drei große Gruppen einteilen: kapazitiv gekoppelte Systeme, induktiv gekoppelte Systeme und UHF-Backscatter-Systeme [2]. Während kapazitiv gekoppelte Systeme ein hochfrequentes elektrisches Feld zur Energie- und Datenübertragung verwenden, nutzen induktiv gekoppelte Systeme ein hochfrequentes magnetisches Feld. UHF-Backscatter-Systeme arbeiten mit Hilfe der elektromagnetischen Wellenausbreitung und nutzen, wie in der Radartechnik, die Reflektion von Energie (Backscattering).

Bei NFC-Systemen handelt es sich ausschließlich um induktiv gekoppelte Systeme mit einer Betriebsfrequenz von 13,56 MHz. Analog zum Prinzip eines Transformators wird das magnetische Nahfeld stromdurchflossener Leiterspulen zur Kopplung von Leseeinheit und Transpondern verwendet.

Zur Betrachtung induktiv gekoppelter Systeme sind einige physikalische Grundkenntnisse notwendig. Weiterführende Literatur zu diesem Thema findet man in [2, 3, 11, 12, 14].

J. Langer, M. Roland, *Anwendungen und Technik von Near Field Communication (NFC)*, DOI 10.1007/978-3-642-05497-6_2, © Springer-Verlag Berlin Heidelberg 2010

2.1.1 Magnetisches Feld

Jeder Stromfluss, d. h. jedes Bewegen einer elektrischen Ladung, bewirkt ein magnetisches Feld. Das magnetische Feld ist ein Vektorfeld. Das bedeutet, dass jedem Raumpunkt ein Vektor bzw. ein Betrag und eine Richtung zugeordnet werden. Magnetische Felder lassen sich daher mit Hilfe von Feldlinien darstellen. Abbildung 2.1 zeigt die magnetischen Feldlinien um einen stromdurchflossenen Leiter. Das magnetische Feld wird durch die materialunabhängige magnetische Feldstärke **H** beschrieben. Diese wird in Ampere pro Meter (A/m) angegeben.

2.1.2 Magnetische Spannung

Die magnetische Spannung U_m ist die Summe der Stromstärken I_n aller Ströme durch eine von einem Weg **s** umschlossene Fläche. Sie ist gleich dem Kurvenintegral der magnetischen Feldstärke **H** entlang dieses geschlossenen Weges **s** [14],

$$U_m = \sum_n I_n = \oint_s \mathbf{H}\, d\mathbf{s}. \tag{2.1}$$

2.1.3 Magnetische Feldstärke

Aus der Definition der magnetischen Spannung ergibt sich der Zusammenhang zwischen der Anordnung von stromdurchflossenen Leitern und dem sie umgebenden magnetischen Feld. So ist die Feldstärke im Abstand r eines geraden Leiters (Abb. 2.1)

$$H = \frac{I}{2\pi \cdot r}. \tag{2.2}$$

Allgemein lässt sich die magnetische Feldstärke drahtförmiger Leiter mit dem Gesetz von Biot-Savart berechnen [14]:

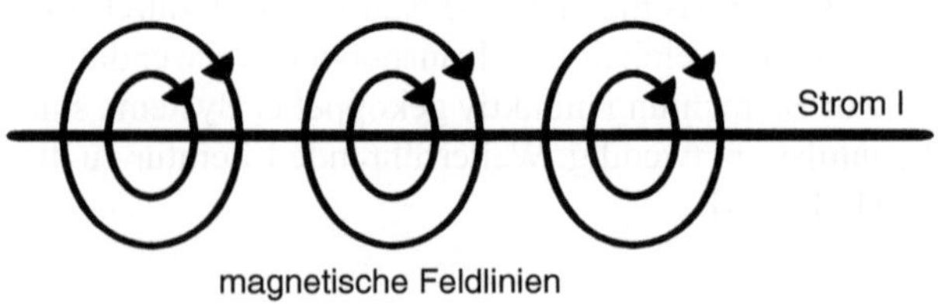

Abb. 2.1 Magnetische Feldlinien um einen stromdurchflossenen Leiter [14]

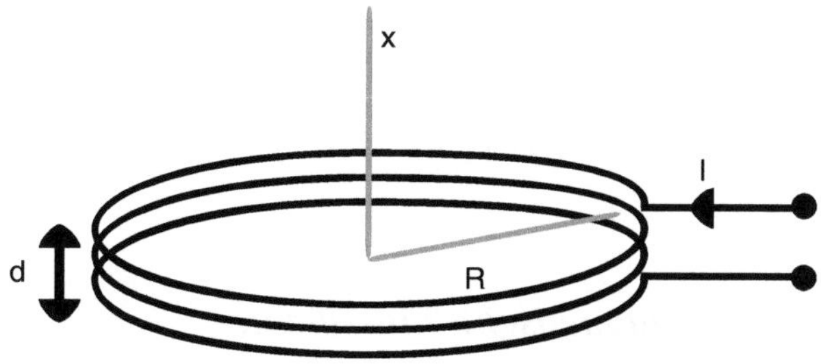

Abb. 2.2 Stromdurchflossene Leiterspule mit $d \ll R$ [2]

$$\mathbf{H} = \frac{I}{4\pi} \cdot \int_s \frac{\mathrm{d}\mathbf{s} \times \mathbf{r}}{|\mathbf{r}|^3}. \tag{2.3}$$

Dabei ist I der konstante Strom durch den Leiter, s der Weg entlang des Leiters und $\mathbf{r}$ der Abstandsvektor.

Die Feldstärke im Abstand x vom Mittelpunkt einer zylindrischen Leiterspule (Abb. 2.2) mit N Windungen, der Breite d und dem Radius R ergibt sich, unter der Bedingung $d \ll R$, zu

$$H = \frac{I \cdot N \cdot R^2}{2 \cdot \sqrt{(R^2 + x^2)^3}}. \tag{2.4}$$

Abbildung 2.3 zeigt den Feldstärkeverlauf im Nahbereich verschiedener Leiterspulen bzw. Antennen. Dabei ist erkennbar, dass Spulen mit kleinen Durchmessern in kurzen Entfernungen eine höhere Feldstärke als große Spulen aufweisen. Große Spulen liefern hingegen in großen Entfernungen eine höhere Feldstärke als kleine Spulen. Es lässt sich also für jeden Abstand x ein optimaler Antennenradius R bestimmen.

Die Feldstärke im Inneren einer langen zylindrischen Leiterspule, d. h. $d \gg R$, ergibt sich zu

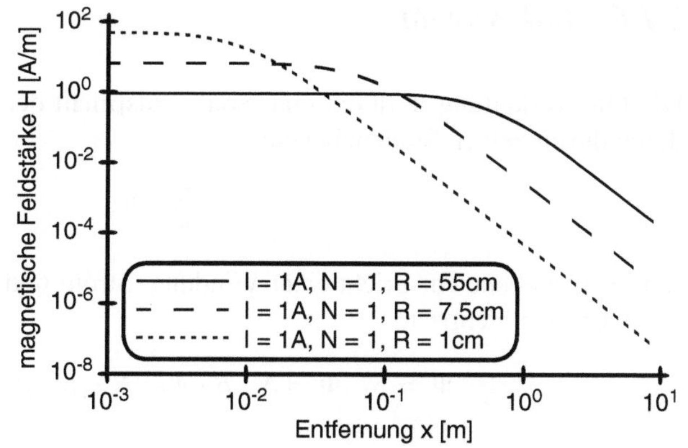

Abb. 2.3 Magnetische Feldstärke von Spulen in Abhängigkeit von Spulenradius R und Abstand x zum Spulenmittelpunkt [2]

$$H = \frac{I \cdot N}{d}, \tag{2.5}$$

und ist somit homogen [14].

2.1.4 Magnetische Flussdichte

Die magnetische Flussdichte B gibt an, welche Kraft ein Magnetfeld auf eine bewegte Ladung ausübt. Sie wird in Tesla (T) angegeben. Die Flussdichte entspricht der Feldliniendichte. Sie ist materialabhängig und proportional zur magnetischen Feldstärke:

$$\mathbf{B} = \mu_\mathbf{0} \cdot \mu_r \cdot \mathbf{H}. \tag{2.6}$$

Dabei ist μ_0 die magnetische Feldkonstante. Diese gibt die Permeabilität, d. h. die magnetische Leitfähigkeit, von Vakuum an. μ_r ist die relative Permeabilität des durchfluteten Materials.

2.1.5 Magnetischer Fluss

Der magnetische Fluss Φ entspricht der Anzahl der Feldlinien, die eine bestimmte Fläche $\mathbf{A}$ durchsetzen. Er wird in Weber (Wb) angegeben und berechnet sich zu

$$\Phi = \int_A \mathbf{B} \, \mathrm{d}\mathbf{A}. \tag{2.7}$$

2.1.6 Induktivität

Die Flussverkettung Ψ durch eine Spule entspricht der Summe aller Teilflüsse Φ durch die einzelnen Spulenebenen:

$$\Psi = \sum_n \Phi_n. \tag{2.8}$$

Jede Spulenebene entspricht einer Windung. Strom und Fläche sind daher für jede der N Ebenen identisch:

$$\Psi = N \cdot \Phi = N \cdot B \cdot A = N \cdot \mu_0 \cdot \mu_r \cdot H \cdot A. \tag{2.9}$$

Die Induktivität L einer Spule ist das Verhältnis zwischen der Flussverkettung Ψ und der Stromstärke I durch die Spule und wird in Henry (H) angegeben:

$$L = \frac{\Psi}{I}. \tag{2.10}$$

Für eine lange zylindrische Leiterspule ergibt sich daher

$$\begin{aligned} L &= \frac{N \cdot \mu_0 \cdot \mu_r \cdot H \cdot R^2 \pi}{I} \\ &= \frac{N \cdot \mu_0 \cdot \mu_r \cdot R^2 \pi}{I} \cdot \frac{I \cdot N}{d} \\ &= N^2 \cdot \mu_0 \cdot \mu_r \cdot \frac{R^2 \pi}{d}. \end{aligned} \tag{2.11}$$

Gleichung 2.11 zeigt, dass die Induktivität nur von der Bauform (Windungen N, Radius R und Länge d) der Spule und den Materialeigenschaften (relative Permeabilität μ_r) des durchfluteten Raumes abhängt.

2.1.7 Gegeninduktivität

Schiebt man zwei lange zylindrische Spulen mit unterschiedlichen Radien R_1 und R_2 und gleicher Länge d vollständig ineinander, so durchsetzt der Fluss der einen Spule die jeweils andere Spule. Es sei N_1 die Windungszahl, I_1 der Strom und R_1 der Radius der äußeren Spule und N_2 die Windungszahl, I_2 der Strom und R_2 der Radius der inneren Spule. Die gemeinsame Fläche beider Spulen ist somit

$$A_2 = R_2^2 \pi. \tag{2.12}$$

Die durch die äußere Spule verursachte Flussdichte ($I_2 = 0$) berechnet sich zu

$$B_1 = \mu_0 \cdot \mu_r \cdot \frac{N_1 \cdot I_1}{d}. \tag{2.13}$$

Der gesamte durch die äußere Spule in der inneren Spule verursachte verkettete Fluss Ψ_{21} ist daher

$$\Psi_{21} = N_2 \cdot B_1 \cdot A_2 = \mu_0 \cdot \mu_r \cdot N_1 \cdot N_2 \cdot I_1 \cdot \frac{R_2^2 \pi}{d}. \tag{2.14}$$

Die durch die innere Spule verursachte Flussdichte ($I_1 = 0$) berechnet sich zu

$$B_2 = \mu_0 \cdot \mu_r \cdot \frac{N_2 \cdot I_2}{d}. \tag{2.15}$$

Der gesamte durch die innere Spule in der äußeren Spule verursachte verkettete Fluss Ψ_{12} ist daher

$$\Psi_{12} = N_1 \cdot B_2 \cdot A_2 = \mu_0 \cdot \mu_r \cdot N_1 \cdot N_2 \cdot I_2 \cdot \frac{R_2^2 \pi}{d}. \tag{2.16}$$

Die Stromkreise der Spulen beeinflussen sich also gegenseitig über den magnetischen Fluss. Die Gegeninduktivität M_{21} der Spule 2 zur Spule 1 ist das Verhältnis zwischen dem verketteten Fluss Ψ_{21} und der Stromstärke I_1 durch Spule 1:

$$M_{21} = \frac{\Psi_{21}}{I_1} = \mu_0 \cdot \mu_r \cdot N_1 \cdot N_2 \cdot \frac{R_2^2 \pi}{d}. \tag{2.17}$$

Die Gegeninduktivität M_{12} der Spule 1 zur Spule 2 ist das Verhältnis zwischen dem verketteten Fluss Ψ_{12} und der Stromstärke I_2 durch Spule 2:

$$M_{12} = \frac{\Psi_{12}}{I_2} = \mu_0 \cdot \mu_r \cdot N_1 \cdot N_2 \cdot \frac{R_2^2 \pi}{d}. \tag{2.18}$$

Die Gegeninduktivitäten stimmen folglich überein:

$$M = M_{21} = M_{12}. \tag{2.19}$$

2.1.8 Kopplungsfaktor

Der Kopplungsfaktor k ist definiert als

$$k = \frac{M}{\sqrt{L_1 \cdot L_2}}. \tag{2.20}$$

Er gibt Aufschluss über die Verkopplung zweier Spulen. Ist der Kopplungsfaktor $k = 0$, so sind die beiden Spulen vollständig entkoppelt. Sie beeinflussen sich daher nicht. Ein Kopplungsfaktor $k = 1$ bedeutet, dass die Spulen vom selben magnetischen Fluss durchsetzt sind [2].

2.1.9 Induktion

Variiert man den magnetischen Fluss durch eine Leiterspule über die Zeit, dann entsteht an den Spulenenden eine Spannung. Diesen Vorgang nennt man Induktion. Die induzierte Spannung U_{ind} ist also

$$U_{ind} = -\frac{\mathrm{d}\Psi}{\mathrm{d}t}. \tag{2.21}$$

Die Selbstinduktion einer stromdurchflossenen Spule mit der konstanten Induktivität L ist

$$U_{ind} = -L \cdot \frac{\mathrm{d}I}{\mathrm{d}t}. \tag{2.22}$$

2.1.10 Transformator

Hat man zwei gekoppelte Spulen, dann bewirkt eine Stromänderung in einer Spule eine Flussänderung in beiden Spulen. Durch die Flussänderung wird in der zweiten Spule eine Spannung induziert. Abbildung 2.4 zeigt das Ersatzschaltbild eines Transformators, d. h. zweier gekoppelter Spulen.

Aus der Definition der induzierten Spannung (Gl. 2.21) ergeben sich folgende Zusammenhänge zwischen Strom, Spannung und Induktivität:

$$U_{i1} = +L_1 \cdot \dot{I}_1 - M \cdot \dot{I}_2, \tag{2.23}$$

$$U_{i2} = -L_2 \cdot \dot{I}_2 + M \cdot \dot{I}_1, \tag{2.24}$$

$$U_2 = U_{i2} - R_2 \cdot I_2 = -L_2 \cdot \dot{I}_2 + M \cdot \dot{I}_1 - R_2 \cdot I_2. \tag{2.25}$$

Mit sinusförmigen Strömen, wie sie auch bei RFID- und NFC-Systemen zum Einsatz kommen, kann die komplexe Wechselstromrechnung verwendet werden:

$$U_{i1} = +j\omega L_1 \cdot I_1 - j\omega M \cdot I_2, \tag{2.26}$$

$$U_{i2} = -j\omega L_2 \cdot I_2 + j\omega M \cdot I_1. \tag{2.27}$$

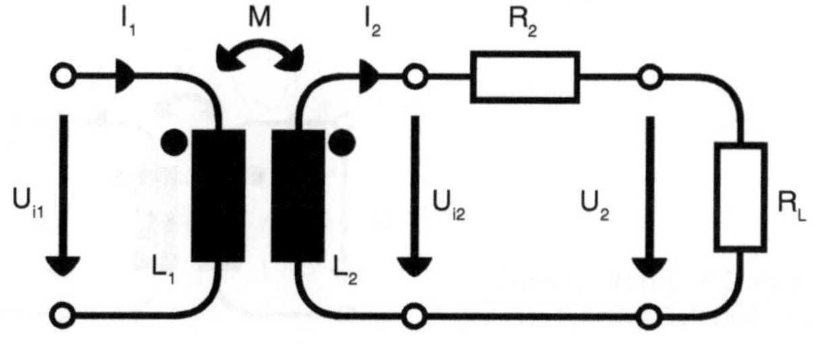

Abb. 2.4 Ersatzschaltbild magnetisch gekoppelter Leiterschleifen [2]

Durch Umformen und Einsetzen des Kopplungsfaktors (Gl. 2.20) ergibt sich, unter Vernachlässigung des Innenwiderstands, folgender Zusammenhang zwischen U_{i1} und U_{i2}:

$$U_{i2} = k \cdot \sqrt{\frac{L_2}{L_1}} \cdot U_{i1} + j\omega L_2 \cdot I_2 \cdot (k^2 - 1). \tag{2.28}$$

Für den Fall, dass Spule 2 unbelastet ist,

$$R_L \to \infty \rightsquigarrow I_2 = 0, \tag{2.29}$$

gilt

$$U_{i2} = k \cdot \sqrt{\frac{L_2}{L_1}} \cdot U_{i1} \tag{2.30}$$

bzw.

$$U_{i2} = j\omega \cdot k \cdot \sqrt{L_1 \cdot L_2} \cdot I_1. \tag{2.31}$$

Die Spannungen an den Spulenenden des Transformators sind folglich proportional zueinander. Der Proportionalitätsfaktor ist abhängig vom Kopplungsfaktor und vom Verhältnis der Eigeninduktivitäten der beiden Spulen.

2.1.11 Schwingkreis

Schaltet man, wie in Abb. 2.5, parallel zu Spule 2 eine Kapazität C_2, dann erhält man einen Parallelschwingkreis. Der Schwingkreis hat die Resonanzfrequenz

$$f_r = \frac{1}{2\pi \cdot \sqrt{L_2 \cdot C_2}}. \tag{2.32}$$

Durch den Schwingkreis ist der Zusammenhang aus Gl. 2.31 nicht mehr gegeben (Abb. 2.6):

- Für Frequenzen $f << f_r$ hat die Kapazität C_2 kaum eine Auswirkung auf das Verhalten des Transformators.

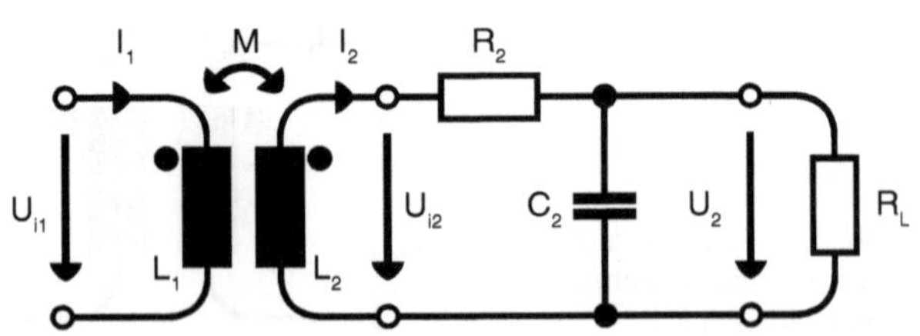

Abb. 2.5 Ersatzschaltbild mit Parallelschwingkreis [2]

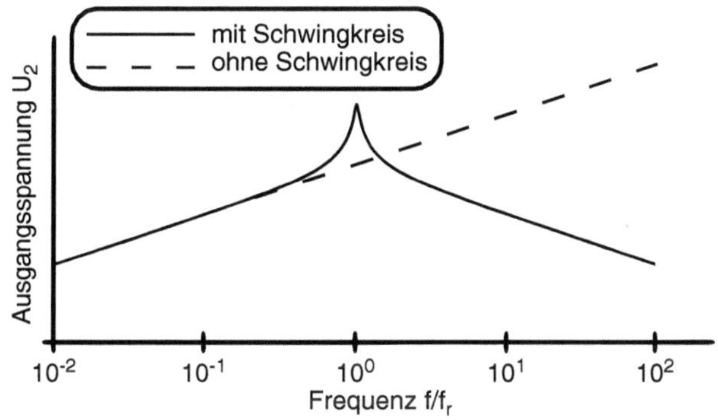

Abb. 2.6 Spannungsüberhöhung durch Resonanz im Vergleich zur einfachen Spule ohne Schwingkreis [2]

- Für Frequenzen $f >> f_r$ wirkt die Kapazität C_2 dämpfend und führt daher zu einer niedrigeren Ausgangsspannung U_2.
- Für Frequenzen f nahe f_r ist der Schwingkreis in Resonanz. Dadurch ist die Ausgangsspannung U_2 um ein vielfaches höher, als ohne die Kapazität C_2. Dies wird als Spannungsüberhöhung bezeichnet.

Ein Maß für die Spannungs- und Stromüberhöhung im Schwingkreis ist der Gütefaktor Q. Dieser gibt an, wie schnell die Schwingung im Schwingkreis abklingt. Ein niedriger Gütefaktor bedeutet, dass die Schwingung rasch abklingt. Daher ist auch die Spannungsüberhöhung gering. Ein hoher Gütefaktor bedeutet, dass der Schwingkreis lange nachschwingt. Die Spannungsüberhöhung ist deshalb groß [2].

Für Abb. 2.5 berechnet sich der Gütefaktor zu

$$Q = \frac{1}{\frac{R_2}{\omega L_2} + \frac{\omega L_2}{R_L}}. \tag{2.33}$$

2.2 Energieversorgung

Induktiv gekoppelte RFID- und NFC-Systeme nutzen das Prinzip des Transformators zur Energie- und Datenübertragung. Dabei lassen sich die drei Betriebsarten, passiv, semi-passiv und aktiv, des Transponders unterscheiden [2]. Während passive Transponder ihre gesamte Versorgungsenergie aus dem Feld des Lesegeräts beziehen, besitzen aktive Transponder eine eigene Energieversorgung und erzeugen ihr eigenes Hochfrequenzsignal. Semi-passive Transponder werden typischerweise durch eine Batterie versorgt. Zur Kommunikation erzeugen sie jedoch kein eigenes Hochfrequenzsignal, sondern benutzen das hochfrequente Feld des Lesegeräts.

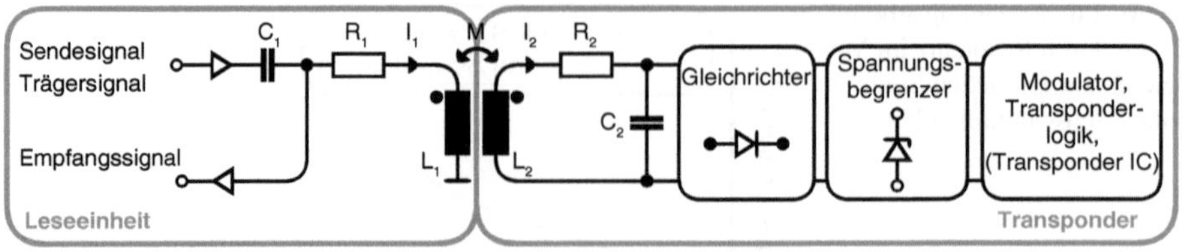

Abb. 2.7 Prinzipieller Aufbau induktiv gekoppelter RFID- und NFC-Systeme

Der prinzipielle Aufbau induktiv gekoppelter, passiver RFID- und NFC-Systeme folgt Abb. 2.7. Zur Übertragung der Energie speist die Leseeinheit ihre Antenne (Spule 1) mit einem sinusförmigen Strom, dem Trägersignal. Nach Gl. 2.31 wird dadurch in der Transponderantenne (Spule 2) eine Spannung induziert. Diese Wechselspannung wird anschließend mit Hilfe eines Brückengleichrichters gleichgerichtet.

Bei RFID- und NFC-Systemen treten üblicherweise Kopplungsfaktoren $k << 1$ auf. Aus diesem Grund ist der Schwingkreis am Transponder bzw. dessen Resonanzüberhöhung bei der Trägerfrequenz notwendig, um den Transponderchip mit einer ausreichend hohen Spannung zu versorgen. Ein hoher Gütefaktor bewirkt also eine bessere Energieversorgung des Transponders.

Gleichzeitig kann der Kopplungsfaktor eines Systems sehr stark schwanken. Dies geschieht z. B. durch Abstands- oder Lageänderung des Transponders oder durch unterschiedliche Materialien im Umfeld der Leseantenne. Daher durchstreift die Amplitude der induzierten Spannung einen relativ großen Bereich von einigen Volt bis zu einigen hundert Volt. Transponderchips arbeiten jedoch nur in einem sehr eingeschränkten Spannungsbereich. Der übliche Bereich für die Versorgungsspannung von ICs (*Integrated circuits*, engl. integrierte Schaltungen) liegt derzeit zwischen 0,8 und 5 V. Es ist daher nicht nur eine Spannungsüberhöhung, sondern auch eine Spannungsbegrenzung notwendig. Diese Spannungsbegrenzung kann mit Z-Dioden oder spannungsabhängigen Shuntwiderständen realisiert werden.

2.3 Datenübertragung

In Abhängigkeit der Energieversorgung gibt es zwei Arten der Datenübertragung bei RFID- und NFC-Systemen. Bei passiven und semi-passiven Systemen sind die Rollen des Lesegeräts und des Transponders fest verteilt. Für die Datenübertragung stehen zwei Übertragungskanäle zur Verfügung: Ein Kanal wird für die Datenübertragung vom Lesegerät zum Transponder und der zweite für die Datenübertragung vom Transponder zum Lesegerät verwendet.

Bei aktiven Systemen hingegen übernimmt immer das gerade sendende Gerät die Rolle der aktiven Lese- und Schreibeinheit. Für die Datenübertragung wird daher auch nur der Kanal vom Lesegerät zum Transponder, jedoch mit abwechselndem Rollentausch, genutzt.

Während bei der Energieversorgung ein hoher Gütefaktor bessere Ergebnisse erzielt, bedeutet ein hoher Gütefaktor für die Datenübertragung lange Nachschwingzeiten und damit eine geringe Bandbreite. Nach [1] gilt für den Zusammenhang zwischen Gütefaktor Q und Bandbreite B_w:

$$B_w = \frac{f_r}{Q}. \tag{2.34}$$

Für einen optimalen Gütefaktor muss also ein Kompromiss zwischen Energieversorgung und Bandbreite gefunden werden.

2.3.1 Modulationsverfahren

Für die Datenübertragung werden verschiedene digitale Modulationsverfahren verwendet:

- n-ASK (*Amplitude-shift keying*, engl. Amplitudenumtastung) bezeichnet ein n-stufiges Modulationsverfahren, bei dem jedes der n Symbole als unterschiedlicher Amplitudenwert des Trägersignals dargestellt wird. Eine besondere Variante des ASK ist OOK (*On-off keying*, engl. Ein-Aus-Tastung). Dabei wird das Trägersignal an- bzw. ausgeschaltet. Eine zweistufige ASK-Modulation ist in Abb. 2.8a dargestellt.
- n-PSK (*Phase-shift keying*, engl. Phasenumtastung) bezeichnet ein n-stufiges Modulationsverfahren, bei dem jedes der n Symbole als unterschiedliche Phasenlage des Trägersignals dargestellt wird. Abbildung 2.8b zeigt eine zweistufige PSK-Modulation.

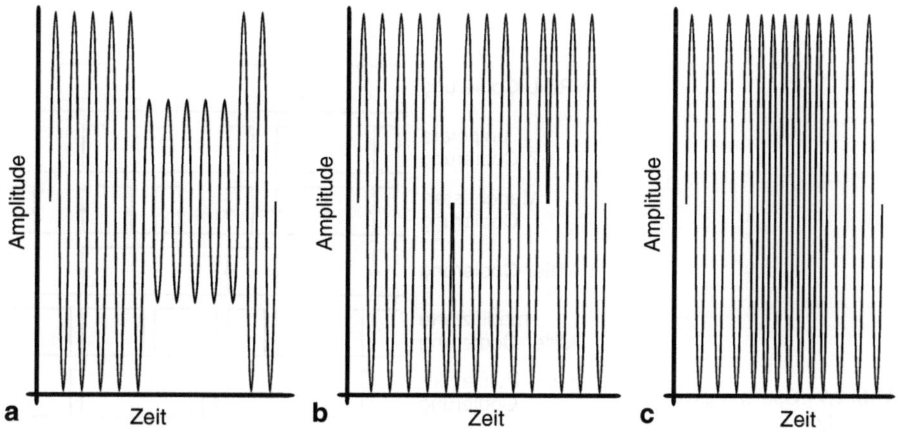

Abb. 2.8 Digitale Modulationsverfahren [13]. **a** 2-ASK, **b** 2-PSK, **c** 2-FSK

- *n*-FSK (*Frequency-shift keying*, engl. Frequenzumtastung) bezeichnet ein *n*-stufiges Modulationsverfahren, bei dem jedes der *n* Symbole als unterschiedliche Frequenz dargestellt wird. Abbildung 2.8c zeigt eine zweistufige FSK-Modulation.

2.3.2 Codierungsverfahren

Um die Daten an das Modulationsverfahren und den Übertragungskanal anzupassen, werden diese codiert. Für NFC-Systeme sind die folgenden Codierungsverfahren (Abb. 2.9) besonders wichtig [2]:

- Bei der NRZ-L-Codierung (*Non-return-to-zero level*) wird jedes Datenbit als ein bestimmter Signalpegel codiert.
- Bei der unipolaren RZ-Codierung (*Return-to-zero*) wird eine logische Null als bestimmter Signalpegel codiert. Für eine logische Eins wechselt der Signalpegel für die erste Hälfte der Symboldauer.
- Bei der Manchestercodierung wird jedes Datenbit als eine bestimmte Signalflanke (in der Symbolmitte) codiert. Eine logische Eins wird auf den einen Pegelwechsel und eine logische Null auf den anderen Pegelwechsel abgebildet.
- Bei der Millercodierung wird eine logische Eins als Pegelwechsel (in der Symbolmitte) codiert. Bei einer logischen Null bleibt der Pegel unverändert. Bei mehreren aufeinander folgenden Nullen wird für jede folgende Null der Pegel gewechselt.
- Bei der modifizierten Millercodierung wird jede Flanke eines entsprechenden millercodierten Signals durch einen Puls codiert.
- Bei der Pulslagen-Codierung wird jedes Datensymbol als Position eines Pulses fester Breite innerhalb einer Symboldauer codiert. Bei einer 1-aus-*N*-Codierung

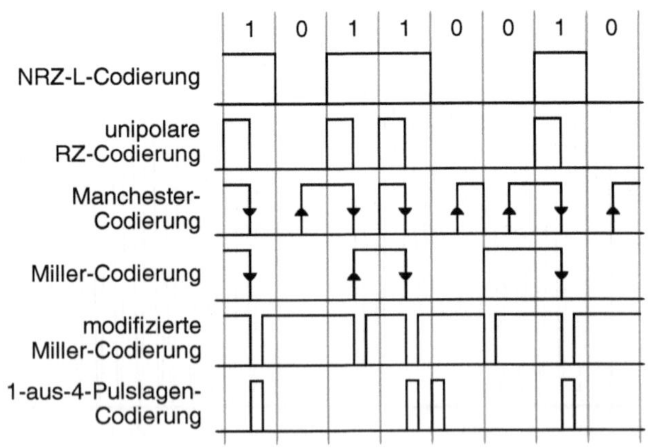

Abb. 2.9 Codierungsverfahren [2]

kann der Puls also an N verschiedenen Positionen innerhalb des Symbols auftreten. Damit können N Werte (bzw. $\log_2(N)$ Bits) in einem Symbol dargestellt werden.

2.3.3 Datenübertragung vom Lesegerät zum Transponder

Diese Übertragungsrichtung wird auch als Uplink bezeichnet. Bei aktiven Systemen ist sie die einzige Übertragungsrichtung. Sie entspricht der Richtung der Energieversorgung. Es liegt also nahe, das Trägersignal, welches auch zur Energieversorgung genutzt wird, mit dem Datenstrom zu modulieren.

Für die Datenübertragung vom Lesegerät zum Transponder eignen sich verschiedene digitale Modulationsverfahren. In den handelsüblichen induktiv gekoppelten RFID-Chipkarten-Systemen werden vorwiegend ASK und PSK eingesetzt [4, 5, 7]. FSK wird hingegen in diesen Systemen nicht verwendet.

Die am häufigsten eingesetzten induktiven RFID-Chipkarten-Systeme in Europa sind *Proximity-* [5] und *Vicinity-Cards* [7]. Diese Systeme verwenden ausschließlich zweistufige ASK-Modulationsverfahren. Dabei wird, je nach System, die Amplitude entweder 100 % (Abb. 2.10a) oder zehn Prozent (Abb. 2.10b) moduliert.

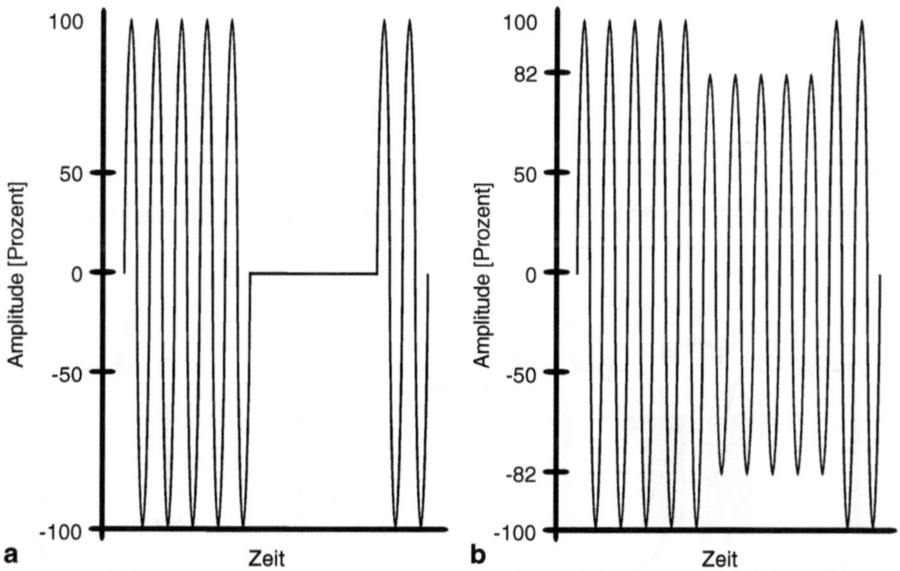

Abb. 2.10 Zweistufige Amplitudenumtastung (2-ASK) [13]. **a** Modulationsindex: 100 %, **b** Modulationsindex: 10 %

2.3.4 Datenübertragung vom Transponder zum Lesegerät

Diese Übertragungsrichtung wird auch als Downlink bezeichnet. Sie kommt bei passiven und semi-passiven Systemen zum Einsatz.

Die Kopplung der Spulen verursacht nicht nur eine Wirkung des Lesegeräts auf den Transponder (Gl. 2.24), sondern auch eine Wirkung des Transponders auf das Lesegerät (Gl. 2.23). Dieses Prinzip wird für die Datenübertragung vom Transponder zum Lesegerät verwendet.

Das Lesegerät sieht den Transponder als transformierte Impedanz Z'. Abbildung 2.11 zeigt, wie sich diese aus der tatsächlichen Transponderimpedanz Z und der induktiven Kopplung ergibt.

Änderungen der Transponderimpedanz bewirken daher Amplituden- bzw. Phasenänderungen der Spannung an der Antenne des Lesegerätes. Variiert nun der Transponder seine Impedanz, dann lassen sich diese Änderungen vom Lesegerät als Spannungsänderungen detektieren. Dieses Modulationsverfahren wird als Lastmodulation bezeichnet.

Für RFID- und NFC-Systeme gibt es zwei mögliche Arten der Lastmodulation [2]. Zum einen gibt es die ohmsche Lastmodulation. Dabei wird ein zusätzlicher Modulationswiderstand R_{mod} parallel zum Lastwiderstand R_L des Transponders geschaltet. Dieser bewirkt eine reine Amplitudenmodulation der Antennenspannung am Lesegerät. Zum anderen gibt es die kapazitive Lastmodulation. Dabei wird eine zusätzliche Modulationskapazität C_{mod} parallel zur Schwingkreiskapazität C_2 geschaltet. Diese bewirkt sowohl eine Amplituden- als auch eine Phasenmodulation der Antennenspannung am Lesegerät.

Bei Proximity- [5] und Vicinity-Cards [7] wird diese Lastmodulation mit einem Hilfsträger durchgeführt. Abbildung 2.12 zeigt das Spektrum eines lastmodulierten Signals. Dabei ist zu erkennen, dass die Modulationsseitenbänder eine deutlich geringere Energie als das Trägersignal aufweisen. Die Modulation mit einem Hilfsträger ist notwendig, um das dominierende, für den Energietransport verwendete Trägersignal vom Datensignal zu trennen. Dadurch wird eine Filterung und Detektion des Datensignals im Lesegerät möglich.

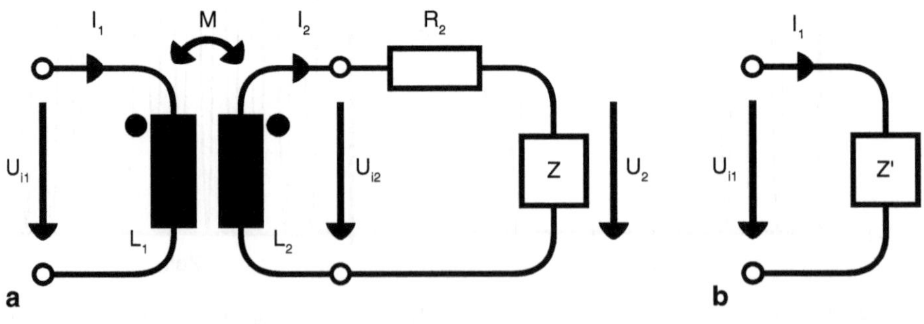

Abb. 2.11 Überführung der Transponderimpedanz Z (**a**) in die transformierte Transponderimpedanz Z' (**b**) [13]

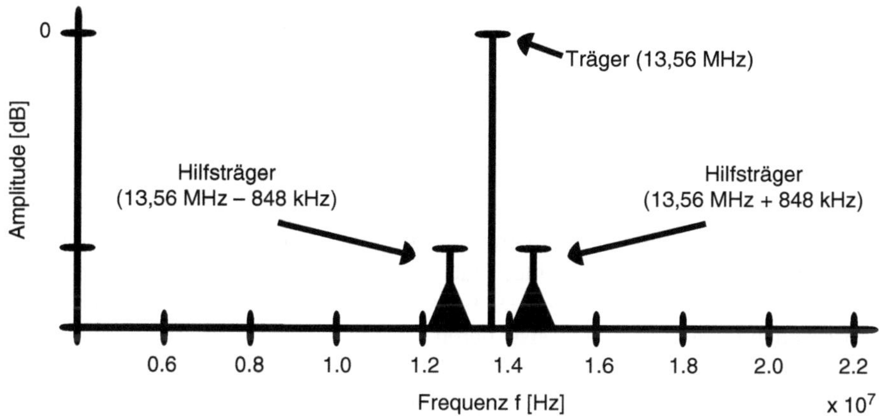

Abb. 2.12 Lastmodulation eines 13,56-MHz-Trägersignals mit einem 848-kHz-Hilfsträger [13]

2.4 Mehrfachzugriffsverfahren

Ein RFID-System besteht typischerweise aus einer Leseeinheit und mehreren Transpondern. Innerhalb einer RFID-Infrastruktur können sogar mehrere Leseeinheiten gleichzeitig betrieben werden. Bei NFC-Systemen ist keine klare Trennung in Lesegerät und Transponder gegeben. NFC-Geräte können sowohl die Rolle des aktiven als auch des passiven Kommunikationsteilnehmers übernehmen. Jedes RFID- und NFC-System hat daher mehrere Kommunikationsteilnehmer, die sich einen gemeinsamen Übertragungskanal teilen. Wenn mehrere Teilnehmer gleichzeitig auf derselben Frequenz senden, dann kommt es zur Kollision der gesendeten Daten. Die gesendeten Datenströme überlagern sich. Dadurch wird die Rekonstruktion der ursprünglichen Datenströme für den Empfänger unmöglich.

Mehrfachzugriffsverfahren (oft auch als Vielfachzugriffsverfahren oder Multiple-Access-Verfahren bezeichnet) regeln den Zugriff auf einen Übertragungskanal. Es gibt vier grundlegende Verfahren zur Trennung der einzelnen Kommunikationsteilnehmer [10, 15]:

- FDMA (*Frequency Division Multiple Access*),
- TDMA (*Time Division Multiple Access*),
- CDMA (*Code Division Multiple Access*) und
- SDMA (*Space Division Multiple Access*).

Bei FDMA wird die gesamte Kanalbandbreite in mehrere Frequenzbereiche unterteilt. Jeder Kommunikationsteilnehmer erhält einen dieser Frequenzbereiche. Nachdem sich die Frequenzbereiche der einzelnen Teilnehmer nicht überschneiden, ist die Übertragung auch dann kollisionsfrei, wenn alle Teilnehmer gleichzeitig senden.

Bei TDMA werden die einzelnen Kommunikationsteilnehmer zeitlich voneinander getrennt. Jeder Teilnehmer erhält eine bestimmte Sendezeit. Während dieser

Zeit steht der Kommunikationskanal einem Teilnehmer exklusiv zur Verfügung. Die Sendezeit kann entweder durch Zeitschlitze vorgegeben sein oder dynamisch durch Antikollision bestimmt werden.

Bei CDMA sind die einzelnen Kommunikationsteilnehmer weder zeitlich, noch frequenzmäßig voneinander getrennt. Dadurch haben die einzelnen Teilnehmer sowohl eine größere Zeitspanne, als auch einen größeren Frequenzbereich zur Verfügung, wodurch sich kurzzeitige zeit- und frequenzabhängige Störungen vermeiden lassen [10]. Die Trennung der Teilnehmer erfolgt durch speziell codierte Trägersignale die zueinander orthogonal sind. Jeder Teilnehmer verwendet ein Trägersignal mit seiner eigenen Codesequenz. Der Empfänger kann das Sendesignal mit Hilfe der passenden Codesequenz rekonstruieren.

Ein weiteres Verfahren ist SDMA. Dabei werden die Übertragungen räumlich getrennt. Das bedeutet, jede Kommunikation zwischen einem Sender und einem Empfänger erfolgt an einer anderen Stelle bzw. über eine andere Strecke im Raum. Die Sendeleistung und die Ausrichtung der Antennen werden dabei so gewählt, dass jeder Empfänger nur den Sender seiner eigenen Übertragungsstrecke wahrnimmt.

Bei induktiv gekoppelten RFID- und NFC-Systemen im Bereich von 13,56 MHz kommen eine räumliche und eine zeitliche Trennung zum Einsatz. Mehrere Leseeinheiten sind räumlich so voneinander getrennt, dass die Transponder immer nur das Trägersignal eines Lesegeräts wahrnehmen. Durch die starke Richtwirkung der Koppelelemente und den Betrieb im Nahfeld ist diese Trennung relativ einfach realisierbar. Die einzelnen Transponder innerhalb der Reichweite einer Leseeinheit werden zeitlich voneinander getrennt, wobei das Lesegerät bestimmt, welcher Transponder zu welchem Zeitpunkt senden darf.

2.4.1 Antikollision

Neben den grundlegenden Verfahren zur Trennung der einzelnen Kommunikationsteilnehmer gibt es auch noch Verfahren zur Erkennung und Vermeidung von Kollisionen. Dazu zählen einfache Methoden, wie *Collision Avoidance* (Kollisionsvermeidung), aber auch komplexe Antikollisionsverfahren. Im Zusammenhang mit induktiv gekoppelten RFID- und NFC-Systemen im Bereich von 13,56 MHz werden diese Verfahren zur zeitlichen Trennung der einzelnen Kommunikationsteilnehmer eingesetzt. Die folgenden Abschnitte zeigen einige Methoden auf.

2.4.1.1 Collision Avoidance

Die Collision Avoidance (nach [8]) ist ein Verfahren, bei dem jeder Kommunikationsteilnehmer vorab prüft, ob bereits ein anderer Kommunikationsteilnehmer aktiv ist. Bei NFC-Systemen wird diese Methode vor der Aktivierung des Trägersignals eingesetzt. Ein NFC-Gerät hört dazu den Kanal ab. Nur dann, wenn es innerhalb einer gewissen, zufällig gewählten Zeitspanne kein HF-Feld eines anderen

RFID- oder NFC-Geräts wahrnimmt, aktiviert es sein eigenes hochfrequentes Trägersignal.

2.4.1.2 Binäre Suche

Die binäre Suche wird von einem Lesegerät dazu verwendet, um alle erreichbaren Transponder zu erkennen. Das Lesegerät übernimmt die Aufgabe einer zentralen Steuereinheit, die sowohl den Ablauf der Antikollision durchführt, als auch die Kollisionen in der Bitübertragung detektiert.

Für das binäre Suchverfahren hat jeder Transponder einen numerischen Wert als eindeutige Kennung („ID“, *Identification*). In einem ersten Durchgang fordert die Leseeinheit alle Transponder dazu auf ihre Kennung zu senden. Alle Transponder antworten zeitgleich mit ihrer jeweiligen ID und einer Prüfsumme über die Antwort. Ist nur ein Transponder vorhanden, dann wird die Kennung fehlerfrei übertragen und das Lesegerät kann den Transponder anhand dieser ID auswählen. Sind jedoch mehrere Transponder vorhanden, dann kommt es zu einer Kollision und infolge dessen zu einem Übertragungsfehler. In diesem Fall fordert die Leseeinheit die Transponder erneut zum Senden ihrer Kennung auf (*Automatic Repeat Request*), wobei nun nur mehr jene Transponder antworten dürfen, deren Kennungen einen gewissen Wert (die Hälfte der verfügbaren ID-Nummern) nicht übersteigen. Diese schrittweise Halbierung wird solange fortgesetzt, bis sich genau ein einzelner oder überhaupt kein Transponder meldet. Falls kein Transponder mehr antwortet, muss in der anderen Hälfte weitergesucht werden. Wenn genau ein Transponder seine ID sendet, dann kann das Lesegerät diesen anhand seiner Kennung auswählen. Die Leseeinheit kann diese Suche fortsetzen, bis alle Transponder enumeriert sind.

Eine beschleunigte Variante dieses Verfahrens kommt bei Proximity-Systemen [6] zur Anwendung: Das bisherige Verfahren basiert darauf, dass das Lesegerät eine Kollision anhand der fehlerhaften Prüfsumme erkennt. Wird jedoch ein geeignetes Codierungsverfahren eingesetzt, dann sind Kollisionen bereits bei der Decodierung der einzelnen Bits erkennbar. Die Manchestercodierung ist eine solche Codierung. Sie besitzt zwei gültige Symbole: eine steigende Flanke codiert eine logische Null und eine fallende Flanke codiert eine logische Eins. Symbole ohne Flanke sind ungültig. Abbildung 2.13 zeigt, wie diese Eigenschaft zur Kollisionserkennung nutzbar ist. Es ist daher möglich, die exakte Bitposition der Kollision festzustellen. Dadurch muss der ID-Nummernbereich nicht mehr in jedem Schritt halbiert werden, sondern lässt sich rascher einschränken.

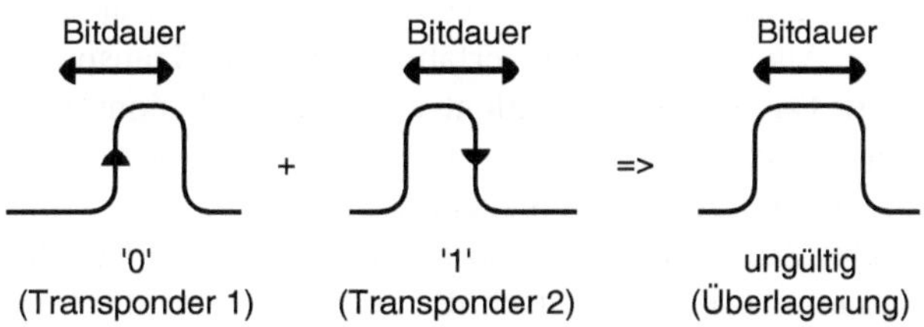

Abb. 2.13 Die Überlagerung zweier unterschiedlicher manchestercodierter Symbole ergibt ein flankenloses, ungültiges Symbol

	1.Schritt		2.Schritt		3.Schritt
Lesegerät	sendet Anfrage an alle (Präfix ' ')	empfängt '1X0X' (ID '1X0X')	sendet Anfrage an alle mit Präfix '10'	empfängt '0X' (ID '100X')	Transponder '1000' und '1001' erkannt
Transponder 8		'1000'		'00'	
Transponder 9		'1001'		'01'	
Transponder 13		'1101'			

Abb. 2.14 Beispiel zur Funktionsweise des Antikollisionsverfahrens „binäre Suche"

Das folgende Beispiel zeigt die Funktionsweise des beschleunigten Verfahrens (s. auch Abb. 2.14):

Die Transponderkennung besteht aus vier Bits. Die ID kann daher die Werte 0 ('0000'b) bis 15 ('1111'b) annehmen. Somit können maximal 16 Transponder mit eindeutiger ID existieren. Es befinden sich drei Transponder, mit den Kennungen 8 ('1000'b), 9 ('1001'b) und 13 ('1101'b) im Feld des Lesegeräts. Um die IDs einer Reihe von Transpondern abzufragen, sendet das Lesegerät einen Anfragebefehl. Dieser enthält ein Bitpräfix. Ein Transponder darf genau dann antworten, wenn seine ID mit diesem Präfix beginnt.
Zunächst sendet das Lesegerät eine Anfrage an alle Transponder (kein Präfix). Daraufhin geben alle drei Transponder ihre ID-Nummer zurück. Das vom Lesegerät empfangene Summensignal ist '1X1X'b. Es enthält Kollisionen an der zweiten und der vierten Stelle. Die Leseeinheit weiß daher, dass es sowohl Transponder mit IDs im Bereich von 8 bis 11 ('1000'b bis '1011'b) als auch im Bereich von 12 bis 15 ('1100'b bis '1111'b) gibt. Transponder mit IDs kleiner 8 sind nicht vorhanden.
Im zweiten Schritt wird daher eine Anfrage an alle Transponder mit Kennungen im Bereich von 8 bis 11, d. h. mit dem Präfix '10' gesendet. Es Antworten nur mehr die Transponder 8 und 9, wodurch sich das Summensignal '0X'b (vollständig '100X'b) ergibt. Daraus kann das Lesegerät schließen, dass sowohl ein Transponder mit der Kennung 8 als auch mit der Kennung 9 vorhanden ist. Es kann daher einen dieser Transponder zur weiteren Kommunikation aktivieren oder die Enumeration im Bereich von 12 bis 15 fortsetzen.

2.4.1.3 ALOHA-Verfahren mit Zeitraster

Während der binäre Suchalgorithmus systematisch, in einer endlichen Anzahl von Schritten einen Transponder findet, gibt es auch Verfahren, die auf dem Zufallsprinzip basieren. Ein Beispiel dafür sind ALOHA-Verfahren. Bei einem herkömmlichen ALOHA-Verfahren würden alle Transponder jeweils einen beliebigen Sendezeitpunkt wählen und kollidierte Datenpakete erneut senden. Bei Proximity-Systemen [6, 9] werden jedoch alle Befehlszyklen vom Lesegerät initiiert.

Zu diesem Zweck gibt es das ALOHA-Verfahren mit Zeitraster (*Slotted ALOHA*). Auch bei diesem Verfahren hat jeder Transponder eine eindeutige Kennung (ID). Das Lesegerät beginnt einen Antikollisionszyklus, indem es alle Transponder auffordert, ihre ID zu senden. Diese Anfrage enthält als zusätzlichen Parameter die Anzahl der nachfolgenden Zeitschlitze. Jeder Transponder wählt zufällig einen dieser Zeitschlitze aus und überträgt seine ID (wieder kombiniert mit einer Prüfsumme) in diesem Zeitschlitz. Die Leseeinheit hört in jedem Zeitschlitz den Kanal ab und prüft, ob eine gültige ID empfangen wurde. Wenn während dem gesamten Zeitraster keine einzige Kennung kollisionsfrei übertragen wurde, wird die Prozedur wiederholt. Sobald das Lesegerät eine gültige ID erkennt, kann es mit dem Transponder kommunizieren. Wenn es noch weitere Transponder enumerieren möchte, dann deaktiviert es zuerst den erkannten Transponder. Dadurch nimmt der Transponder an der weiteren Antikollision nicht mehr teil. Anschließend setzt es das Antikollisionsverfahren fort.

Gegenüber der systematischen Suche hat diese Methode sowohl einen Vorteil als auch einen Nachteil: Im Normalfall wird mit dem Zufallsverfahren sehr rasch ein Transponder eindeutig identifiziert. Allerdings kann die zufällige Auswahl eines Antwort-Zeitschlitzes auch dazu führen, dass nie ein Transponder alleine antwortet. Es kann also nicht garantiert werden, dass dieses ALOHA-Verfahren in endlicher Zeit einen Transponder erkennt.

Nachfolgend wird das ALOHA-Verfahren mit Zeitraster an einem Beispiel erklärt (s. auch Abb. 2.15):

Die Transponderkennung besteht aus vier Bits. Die ID kann daher die Werte 0 ('0000'b) bis 15 ('1111'b) annehmen. Somit können maximal 16 Transponder mit eindeutiger ID existieren. Es befinden sich drei Transponder, mit den Kennungen 8 ('1000'b), 9 ('1001'b) und 13 ('1101'b) im Feld des Lesegeräts. Um einen Durchgang des Antikollisionsverfahrens zu starten, sendet das Lesegerät einen Anfragebefehl. Dieser sorgt für die Synchronisation aller Teilnehmer und enthält die Anzahl *N* der nachfolgenden Zeitschlitze.

Jeder aktive Transponder bestimmt eine Zufallszahl im Bereich von 1 bis *N*, d. h. in diesem Fall entweder 1 oder 2. Transponder 8 und 13 wählen in diesem Durchgang die Zahl 1 und Transponder 9 wählt die Zahl 2. Die Transponder antworten genau in den durch die Zufallszahlen bestimmten Zeitschlitzen.

Nachdem nur drei Transponder vorhanden sind, muss zumindest in einem der beiden Zeitschlitze ein Transponder alleine Antworten. Weil Transponder 9 als einziger die Zahl 2 gewählt hat, empfängt das Lesegerät die ID 9 ('1001'b) kollisionsfrei im zweiten Zeitschlitz.

Im ersten Zeitschlitz kollidieren hingegen die Antworten von Transponder 8 und 13.

Transponder 9 wurde nun eindeutig identifiziert und das Lesegerät kann die weitere Kommunikation mit diesem Transponder beginnen. Sobald weitere Transponder enumeriert werden sollen, muss das Lesegerät zuerst den Transponder mit der Kennung 9 stumm schalten. Anschließend kann das Antikollisionsverfahren für die übrigen Transponder wiederholt werden.

	Synchronisation	**Zeitschlitz 1**	**Zeitschlitz 2**
Lesegerät	sendet Anfrage an alle (2 Zeitschlitze)	empfängt Kollision (ID unbekannt)	empfängt '1001' (ID '1001')
Transponder 8		'1000'	
Transponder 9			'1001'
Transponder 13		'1101'	

Abb. 2.15 Beispiel zur Funktionsweise des ALOHA-Antikollisionsverfahrens mit Zeitraster

Literatur

[1] Carr JJ: Practical antenna handbook, 4th ed. McGraw-Hill Professional (2001)
[2] Finkenzeller K: RFID-Handbuch, 5. Aufl. Carl Hanser Verlag, München (2008)
[3] Küpfmüller K: Einführung in die theoretische Elektrotechnik, 10. Aufl. Springer-Verlag, Berlin (1973)
[4] Norm ISO/IEC 10536-3:2006: Identification cards – Contactless integrated circuit(s) cards – Part 3: Electronic signals and reset procedures
[5] Norm ISO/IEC 14443-2:2001: Identification cards – Contactless integrated circuit(s) cards – Proximity cards – Part 2: Radio frequency power and signal interface
[6] Norm ISO/IEC 14443-3:2001: Identification cards – Contactless integrated circuit(s) cards – Proximity cards – Part 3: Initialization and anticollision
[7] Norm ISO/IEC 15693-2:2006: Identification cards – Contactless integrated circuit cards – Vicinity cards – Part 2: Air interface and initialization
[8] Norm ISO/IEC 18092:2004: Information technology – Telecommunications and information exchange between systems – Near Field Communication – Interface and Protocol (NFCIP-1)
[9] Norm JIS X 6319-4:2005: Specification of implementation for integrated circuit(s) cards – Part 4: High Speed proximity cards
[10] Ohm JR, Lüke HD: Signalübertragung – Grundlagen der digitalen und analogen Nachrichtenübertragungssysteme, 10. Aufl. Springer-Verlag, Berlin (2007)
[11] Prechtl A: Vorlesungen über die Grundlagen der Elektrotechnik, Band 1, 2. Aufl. Springer-Verlag, Wien (2006)
[12] Prechtl A: Vorlesungen über die Grundlagen der Elektrotechnik, Band 2, 2. Aufl. Springer-Verlag, Wien (2007)
[13] Roland M: Demonstrator für hochratige RFID- und NFC-Systeme. Diplomarbeit, Fachhochschule Hagenberg, Masterstudiengang Embedded Systems Design (2009)
[14] Stöcker H (Hrsg.): Taschenbuch der Physik, 5. Aufl. Verlag Harri Deutsch, Frankfurt/Main (2004)
[15] Weidenfeller H: Grundlagen der Kommunikationstechnik. Teubner Verlag, Stuttgart (2002)

Kapitel 3
Smartcard Technologie

Die Smartcard-Technologie ist eine zentrale Komponente der Near Field Communication. Zum einen bilden kontaktlose Smartcard-Systeme die Grundlage der Near Field Communication. Zum anderen werden gerade in GSM-Mobiltelefonen viele sicherheitskritische Aufgaben mit Hilfe von Smartcards, z. B. der SIM-Karte (Subscriber Identity Module), bewältigt.

Dieses Kapitel gibt einen Überblick über die verschiedenen Aspekte der Smartcard-Technologie. Beginnend mit einer Einteilung in verschiedene Klassen von Smartcards, erfolgt eine Beschreibung der physikalischen Eigenschaften, der wichtigsten Übertragungsprotokolle und der inneren Strukturen der Smartcard-Mikrochips. Anschließend wird gezeigt, wie Smartcard-Betriebssysteme arbeiten und wie Anwendungsprogramme auf Smartcards mit der Außenwelt kommunizieren können.

3.1 Definition: Smartcard

Smartcards sind Kunststoffkarten mit normierten Abmessungen, die mit einem Mikrochip ausgestattet sind. Die auf dem Mikrochip gespeicherten Daten werden z. B. zur Identifikation bei Zutrittssystemen, in Mobiltelefonanwendungen und bei elektronischen Bezahlsystemen verwendet.

3.2 Klassifizierung

Die Smartcard-Technologie kommt bei einer Vielzahl von Anwendungen zum Einsatz. Die Bandbreite reicht dabei von einfachen Identifikationsanwendungen über Bezahlsysteme bis hin zu multifunktionalen Bankkarten. Bankkarten enthalten neben der gewöhnlichen Bankomatfunktion noch eine elektronische Geldbörse (z. B. Quick, Geldkarte) und neuerdings auch eine Signatur- bzw. Bürgerkarten-

J. Langer, M. Roland, *Anwendungen und Technik von Near Field Communication (NFC)*,
DOI 10.1007/978-3-642-05497-6_3,

Abb. 3.1 Klassifizierung von Smartcards nach ihrer Funktionalität

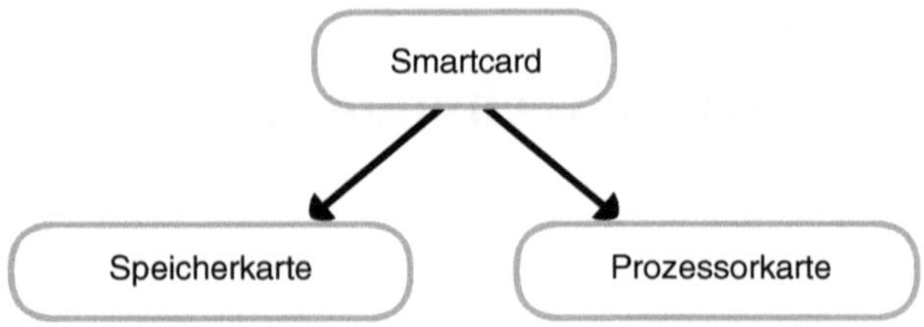

funktion. Um dieses breite Spektrum abzudecken, gibt es unterschiedliche Arten von Smartcards. Zwei wesentliche Kriterien bei der Klassifizierung von Chipkarten sind ihre Funktionalität und die verfügbaren Kommunikationsschnittstellen.

3.2.1 Funktionalität

Anhand ihrer Funktionalität lassen sich Chipkarten in zwei Gruppen (Abb. 3.1) unterteilen: Speicherkarten und Prozessorkarten. Während Prozessorkarten einen Mikrocontroller zur Abarbeitung von Anwendungsprogrammen, zur Ausführung kryptografischer Operationen und zur Verwaltung eines ganzen Dateisystems besitzen, enthalten Speicherkarten nur einen Speicher und eine verhältnismäßig einfache Zugriffslogik.

3.2.1.1 Speicherkarten

Es gibt Speicherkarten in verschiedenen Ausführungen (Abb. 3.2). Grundsätzlich können diese in Karten ohne und Karten mit Sicherheitslogik unterteilt werden [28].

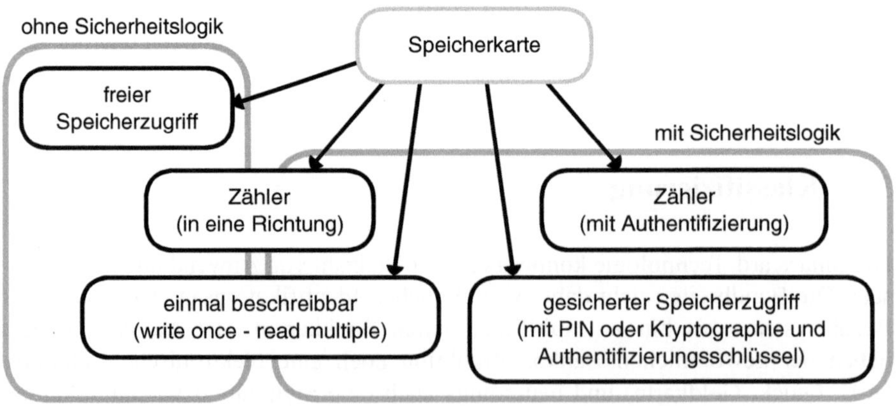

Abb. 3.2 Klassifizierung von Speicherkarten nach ihrem Funktionsumfang

Typische Vertreter der Karten ohne Sicherheitslogik sind EEPROM-Speicherkarten, deren Datenspeicher unbeschränkt schreib-, les- und löschbar ist.

Es gibt aber auch Mischformen. Bei solchen Smartcards sperrt die Zugrifflogik oder der Speicher selbst bestimmte Operationen. Darunter fallen Karten, deren Speicher einmal beschreibbar und anschließend nur mehr lesbar ist. Ebenso gehören Karten mit einem nur in eine Richtung veränderbaren Zähler dazu. Solche Zählerkarten haben zu Beginn den maximalen Zählerwert. Mit jeder Abbuchung (z. B. Kauf an einem Automaten oder Zähleinheit bei einem Wertkartentelefon) wird der Zählerwert um einen oder mehrere Schritte gesenkt. Ist der Zählerwert beim geringst möglichen Wert angelangt, so ist die Karte entwertet.

Speicherkarten mit Sicherheitslogik enthalten Schutzmechanismen um gewisse Zugriffe einzuschränken. Dabei kann sich der Schutz auf bestimmte Operationen (z. B. Lesen oder Schreiben), auf bestimmte Speicherbereiche oder auf Kombinationen daraus auswirken. Auch bei der Authentifizierung gegenüber dem Schutzmechanismus gibt es Unterschiede. Die Berechtigungsprüfung kann z. B. einfach anhand einer Identifikationsnummer (PIN) erfolgen. Es sind jedoch auch aufwendigere Verfahren mit kryptografischen Funktionen und längeren Authentifizierungsschlüsseln möglich.

3.2.1.2 Prozessorkarten

Speicherkarten erzielen ihre Funktion durch einen Speicher und eine Zugriffslogik. Die Zugriffslogik besteht aus einer einfachen Adressierungslogik oder ausgeklügelten Zustandsautomaten, welche einen fest vorgegebenen Ablauf abarbeiten.

Prozessorkarten enthalten hingegen als zentrales Element einen Mikrocontroller. Die Funktionalität einer solchen Karte wird durch die am Mikrocontroller abgearbeitete Software bestimmt. Die verschiedenen Prozessorkarten unterscheiden sich durch die zusätzlich verfügbaren Hardwareblöcke, ihrem Betriebssystem und der Art, wie und ob die Anwendungssoftware im Nachhinein an eine spezielle Anwendung anpassbar ist.

Neben dem zentralen Mikrocontroller können noch weitere Hardwareblöcke auf einer Prozessorkarte vorhanden sein. Dazu zählt ein Coprozessor für kryptografische Funktionen, ein Zufallszahlengenerator und eine MMU. Eine MMU (Memory Management Unit) ist ein Funktionsblock, der den Zugriff der im Mikrocontroller verarbeiteten Programme auf den Speicher regelt.

Prozessorkarten zusammen mit deren Betriebssystem und Anwendungssoftware können schon bei der Produktion auf bestimmte Spezialanwendungen ausgelegt sein. Bei der Personalisierung, d. h. der finalen Vorbereitung der Karte auf eine konkrete Anwendung, müssen dann nur mehr geheime Schlüssel und spezielle Adaptierungen am Programmablauf in der Karte gespeichert werden.

Es gibt jedoch auch Smartcards, deren Betriebssystem darauf ausgelegt ist, Programme nicht direkt bei der Produktion im ROM-Speicher zu verankern, sondern erst im Nachhinein, bei der Personalisierung oder sogar im Betrieb in den EEPROM-Speicher zu laden.

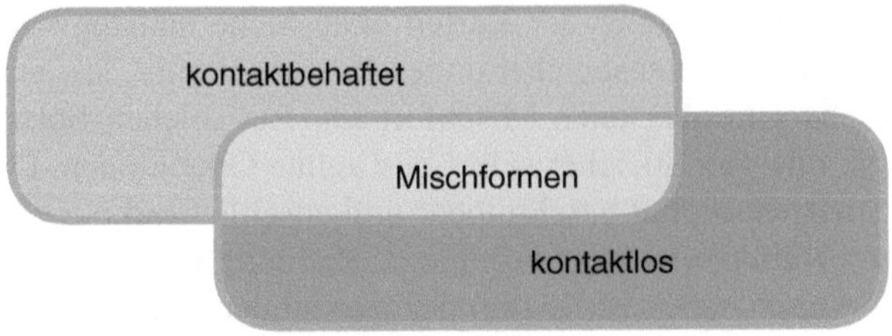

Abb. 3.3 Grundlegende Einteilung der Smartcard-Schnittstellen

3.2.2 Kommunikationsschnittstelle

Auch anhand der vorhandenen Kommunikationsschnittstellen lässt sich eine Einteilung der Chipkarten treffen. Ein grundlegendes Unterscheidungsmerkmal ist dabei die Art der Schnittstelle (Abb. 3.3).

Es gibt kontaktbehaftete und kontaktlose Schnittstellen. Darüber hinaus existieren auch Mischformen, d. h. Karten, die sowohl kontaktbehaftete, als auch kontaktlose Schnittstellen aufweisen.

3.2.2.1 Kontaktbehaftete Kommunikationsschnittstellen

Kontaktbehaftete Schnittstellen sind grundsätzlich in synchrone Übertragungsprotokolle für Speicherkarten und in Übertragungsprotokolle für Prozessorkarten trennbar (Abb. 3.4). Der grundlegende Aufbau der physikalischen Schnittstelle (d. h. der Kontakte und der elektrischen Signale) und die Rahmenbedingungen für Übertragungsprotokolle sind durch den Standard ISO/IEC 7816 [5–7] normiert.

Bei den Speicherkarten gibt es vier, von vielen Lesegeräten unterstützte, Protokolle:

- S = 8 (Serial Data Access Protocol),
- S = 9 (3-Wire Bus Protocol),
- S = 10 (2-Wire Bus Protocol) und
- SLE 4403 kompatibel.

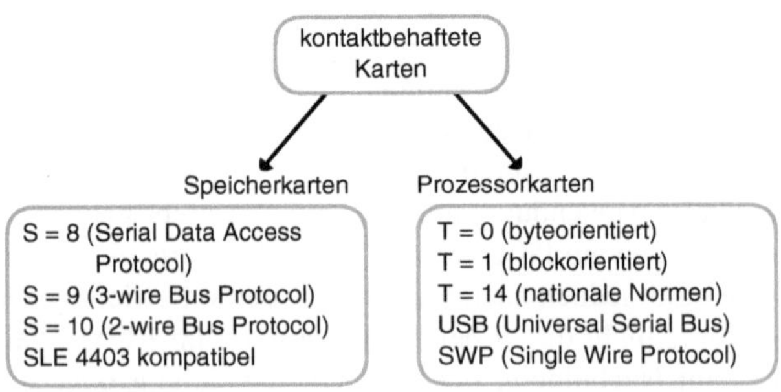

Abb. 3.4 Übersicht über die kontaktbehafteten Übertragungsprotokolle von Smartcards

Die Protokollkennung S = x bezeichnet synchrone Übertragungsprotokolle, die sich an die Normierung durch ISO/IEC 7816-10 [9] halten. Das bedeutet unter anderem, dass sie von sich aus auf ein Reset-Signal mit Informationen über die Karte und das Übertragungsprotokoll antworten. Das Serial Data Access Protocol, S = 8, ist eine Erweiterung der I^2C-Bus-Schnittstelle des Herstellers NXP Semiconductors um eben diese Reset-Antwort (ATR, Answer To Reset). „SLE 4403 kompatibel" bedeutet, dass die Kommunikationsschnittstelle jener des Speicherchips SLE 4403 des Herstellers Infineon gleicht. Dieser Chip und seine Nachfolger fanden typischerweise ihre Anwendung in Telefonwertkarten.

Für Prozessorkarten gibt es ebenfalls mehrere standardisierte Übertragungsprotokolle:

- T = 0 (byteorientiertes, asynchrones Protokoll),
- T = 1 (blockorientiertes, asynchrones Protokoll),
- T = 14 (in nationales Standards definierte Protokolle),
- USB (Universal Serial Bus) und
- SWP (Single Wire Protocol).

Die Protokollkennung T = x bezeichnet Übertragungsprotokolle (*transport protocol*) die dem Standard ISO/IEC 7816-3 folgen [28]. Für den Einsatz in Chipkartenlesegeräten sind vorwiegend T = 0 und T = 1 von Bedeutung. Diese Übertragungsprotokolle sind unter den Prozessorchipkarten weit verbreitet. Die Kennung T = 14 ist für nationale Standards reserviert.

Die USB-Schnittstelle für Smartcards ist in ISO/IEC 7816-12 [10] normiert und ist zur USB-Geräteklasse „Smart Card" kompatibel. Sie baut auf dem Protokoll T = 0 und der in ISO/IEC 7816-4 [8] standardisierten Anwendungsschicht auf. Die USB-Smartcards emulieren somit ein Smartcard-Lesegerät mit USB-Schnittstelle. Üblicherweise wird eine USB-Smartcard daher zusätzlich auch eine Schnittstelle nach ISO/IEC 7816-3 enthalten.

Das Single Wire Protocol (SWP) ist eine neue Schnittstelle für Smartcards. Es handelt sich dabei um ein in ETSI TS 102 613 [3] spezifiziertes Ein-Draht-Interface. Das SWP wurde speziell für die direkte, sichere Kommunikation zwischen der SIM-Karte und dem NFC-Chipsatz eines Mobiltelefons entwickelt. Die SWP-Schnittstelle ist deshalb als Ergänzung (und nicht als Ersatz) der Schnittstelle nach ISO/IEC 7816-3 vorgesehen.

3.2.2.2 Kontaktlose Kommunikationsschnittstellen

Es gibt eine Vielzahl verschiedener kontaktloser Schnittstellen für Smartcards. Tabelle 3.1 listet die wichtigsten Schnittstellen auf.

Diese Systeme unterscheiden sich in ihrem Funktionsprinzip, ihrer Betriebsfrequenz und ihrer Reichweite. Durch die unterschiedliche Funktionsweise und die unterschiedlichen Reichweiten deckt jedes dieser Systeme unterschiedliche Anwendungsgebiete ab.

Tab. 3.1 Übersicht über die wichtigsten Standards für kontaktlose Smartcards

Typ	Reichweite	Norm
Close Coupling	ca. 1 cm	ISO/IEC 10536 [11–13]
Proximity Coupling	ca. 10 cm	ISO/IEC 14443 [14–17]
FeliCa	ca. 10 cm	JIS X 6319-4 [24]
Vicinity Coupling	ca. 1 m	ISO/IEC 15693 [18–20]
EPCglobal UHF Class 1 Generation 2	ca. 10 m	ISO/IEC 18000-6C [21, 22]

Bei kontaktlosen Chipkarten muss neben den Daten auch noch die Versorgungsenergie über die kontaktlose Schnittstelle an die Karte übertragen werden. Aus diesem Grund wurde bei der Standardisierung mit Close-Coupling-Karten begonnen [28]. Durch den geringen Abstand zum Lesegerät lässt sich eine gute Energieversorgung des Smartcard-Mikrochips realisieren. Karten nach dem Standard ISO/IEC 10536 können sowohl kapazitive als auch induktive Kopplung unterstützen.

Proximity Coupling, FeliCa und Vicinity Coupling sind drei Systeme deren Übertragungsprinzip auf induktiver Kopplung bei einer Betriebsfrequenz von 13,56 MHz beruht. Es handelt sich dabei um jene Systeme, die auch die Grundlage für die Near Field Communication bilden.

Ein relativ neuer Standard ist ISO/IEC 18000-6C. Dieser spezifiziert ein kontaktloses Smartcard-System auf der Basis von elektromagnetischer Wellenausbreitung im UHF-Frequenzbereich um 900 MHz.

Bei kontaktlosen Chipkarten gibt es eine zusätzliche Unterscheidung auf der funktionalen Ebene: Obwohl der Begriff „Smartcard" grundsätzlich sowohl Prozessorkarten als auch Speicherkarten einschließt, wird bei kontaktlosen Chipkarten eine Trennung in „Tags" und „Smartcards" vorgenommen. Während der Begriff „Tag" für einfache Speicherkarten mit geringen Zugriffsschutzmaßnahmen und als reine Speichermedien eingesetzte Prozessorkarten verwendet wird, ist der Begriff „Smartcard" den kontaktlosen Chipkarten mit Mikrocontroller und aufwändigen Sicherheitsfunktionen vorbehalten.

3.2.2.3 Mischformen

Bei Smartcards gibt es auch Mischformen. Diese besitzen nicht nur ein sondern mehrere Kommunikationsschnittstellen. Dabei kann es sich um eine Kombination aus kontaktbehafteter und kontaktloser Schnittstelle aber auch um mehrere kontaktbehaftete oder mehrere kontaktlose Schnittstellen handeln.

Prinzipiell werden Chipkarten mit mehreren Schnittstellen in zwei Kategorien unterschieden:

- Multi-Interface-Karten und
- Hybrid-Karten.

Ein typischer Vertreter der Multi-Interface-Karten sind Dual-Interface-Karten mit einer kontaktbehafteten Schnittstelle nach ISO/IEC 7816-3 (T = 0 oder T = 1) und einer kontaktlosen Schnittstelle nach ISO/IEC 14443. Bei diesen Karten ermöglichen beide Schnittstellen den Zugriff auf denselben Mikrochip.

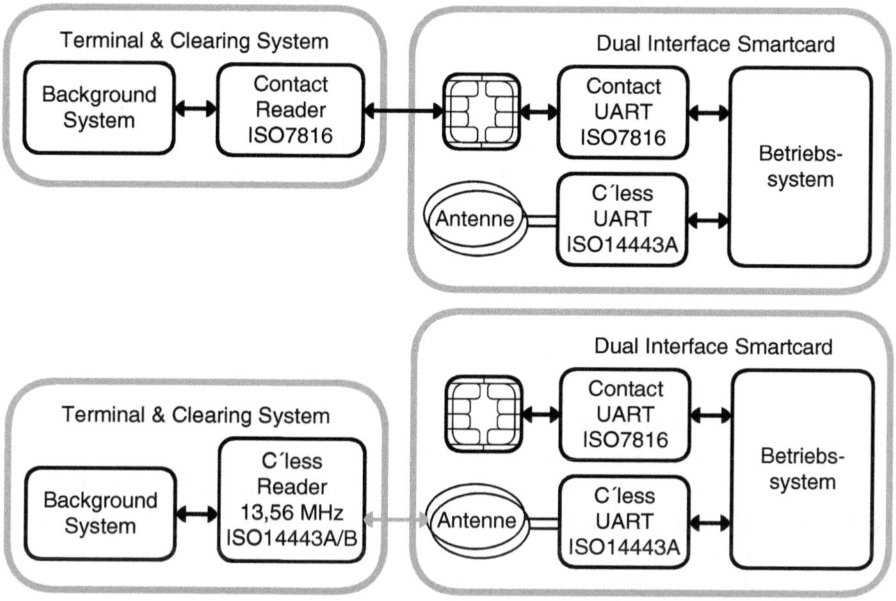

Abb. 3.5 Kombination einer kontaktbehafteten und einer kontaktlosen Karte in Form einer Dual-Interface-Smartcard

Ein Beispiel (Abb. 3.5) eines solchen Mikrochips ist der SmartMX von NXP Semiconductors. Diesen gibt es in Ausführungen mit einer, zwei oder drei Schnittstellen [25]. Die SmartMX-Plattform bietet dabei ein kontaktbehaftetes Interface nach ISO/IEC 7816-3, eine USB-Schnittstelle und ein kontaktloses Interface nach ISO/IEC 14443 (Typ A). Dieser Mikrochip kann daher für kontaktbehaftete Smartcards, für kontaktlose Smartcards oder Dual- und Tripple-Interface-Karten verwendet werden.

Auch Hybrid-Karten enthalten mehrere Schnittstellen. Dabei wird jedoch eine andere Strategie verfolgt: Jede verfügbare Schnittstelle ist mit einem eigenen Mikrochip verbunden. Das bedeutet, dass Informationen, die über eine Schnittstelle auf der Karte gespeichert wurden, nicht über die anderen Schnittstellen verfügbar sind. Hybrid-Karten gibt es als Kombination aus kontaktbehafteter und kontaktloser Smartcard. Ebenso existieren Hybriden mit mehreren kontaktlosen Schnittstellen wie z. B. eine Kombination aus einer Karte nach ISO/IEC 14443 und einer Karte nach ISO/IEC 18000-6C.

3.3 Physikalische Eigenschaften

Bereits lange vor den Smartcards gab es schon Identifikationskarten aus Kunststoff. Ziel dieser Identifikationskarten war und ist die Maschinenlesbarkeit. Kreditkarten enthielten dazu als erstes maschinenlesbares Merkmal die Kartendaten (Kartennummer, Name des Inhabers und Ablaufdatum) in Form einer hochgeprägten Schrift, dem sogenannten Embossing. Als elektronisch lesbares Merkmal kam in weiterer Folge ein Magnetstreifen dazu.

Neben den maschinenlesbaren Merkmalen muss die Kunststoffkarte auch in die entsprechenden Lesegeräte passen. Es liegt daher nahe, die Kartenabmessungen und die Position und Beschaffenheit der maschinenlesbaren Merkmale zu normieren.

3.3.1 Identifikationskarten nach ISO/IEC 7810

Die Abmessungen und verschiedene andere physikalische Eigenschaften von Identifikationskarten sind im Standard ISO/IEC 7810 [4] normiert. Zu den physikalischen Eigenschaften zählen das Grundmaterial, die Biegbarkeit, die Entflammbarkeit, die Widerstandsfähigkeit gegenüber verschiedener Umwelteinflüsse, wie z. B. Licht, Temperatur und Feuchtigkeit, und die Lebensdauer.

Für Identifikationskarten gibt es vier verschiedene Normformate:

- ID-1,
- ID-2,
- ID-3 und
- ID-000.

Für Smartcards sind davon die Formate ID-1 und ID-000 von besonderer Bedeutung. Diese beiden Kartendimensionen werden in handelsüblichen Smartcard-Lesegeräten eingesetzt. Während ID-1 das bekannte Scheckkartenformat darstellt, handelt es sich bei ID-000 um das Format der SIM-Karte für Mobiltelefone. ID-3 ist das Standardformat für Reisepässe und findet mit dem elektronischen Reisepass ebenfalls im Bereich der Smartcards eine Anwendung.

Alle Identifikationskarten haben eine Dicke von 0,76 mm. Das Format ID-1 (Abb. 3.6a) hat die Abmessungen 85,6 mm mal 54 mm und abgerundete Ecken mit einem Radius von 3,18 mm. Zu den Werten kommen noch Toleranzen hinzu.

Eine Karte im Format ID-000 (Abb. 3.6b) hat die Abmessungen 25 mm mal 15 mm und abgerundete Ecken mit einem Radius von einem Millimeter. Damit die Karte nur in der richtigen Orientierung in ein Lesergerät (z. B. SIM-Karten-Halterung im Mobiltelefon) passt, ist eine Ecke abgeschrägt. ID-000 kommt bei Anwendungen zum Einsatz, für welche die Abmessungen einer ID-1-Karte zu groß sind. Beispiele dafür sind Mobiltelefone und USB-Token.

Das Format ID-3 hat die Dimensionen 125 mm mal 88 mm. Während dieses Format nicht für kontaktbehaftete Smartcard-Anwendungen geeignet ist, weil Lesegeräte nur das Format ID-1 bzw. ID-000 unterstützen, spielen die Abmessungen bei kontaktlosen Anwendungen, wie dem Chip im elektronischen Reisepass, nur eine untergeordnete Rolle.

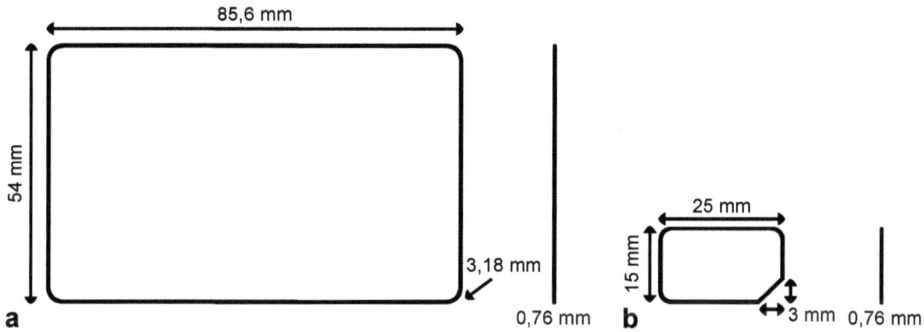

Abb. 3.6 Eine Karte im Format ID-1 hat die Abmessungen 85,6 mm × 54 mm (plus Toleranzen). Die Rundung der Ecken wird mit einem Radius von 3,18 mm vorgegeben. Eine Karte im Format ID-000 hat die Abmessungen 25 mm × 15 mm (plus Toleranzen). Neben den, mit einem Radius von 1 mm, abgerundeten Ecken, weist diese Karte auch eine abgeschrägte Ecke auf. Beide Karten haben eine Dicke von 0,76 mm. **a** Format: ID-1. **b** Format: ID-000. (Quelle: [28])

3.3.2 Kontaktbehaftete Chipkarten nach ISO/IEC 7816

Die Normierung der kontaktbehafteten Chipkarten baut auf dem Standard der Identifikationskarten auf. Zu den Abmessungen und den Eigenschaften der Karte kommen die Abmessungen, die Position und die physikalische Beschaffenheit des Chipmoduls hinzu.

Sowohl bei den Chipkarten als auch bei den Lesegeräten gibt es zahlreiche Hersteller. Die Normung ist daher notwendig, um durch die Wahl einer bestimmten Chipkarte nicht an einen bestimmten Lesegerätehersteller und, umgekehrt, durch die Wahl eines bestimmten Lesegeräts nicht an einen bestimmten Smartcard-Hersteller gebunden zu sein.

Aus diesem Grund definiert der Standard ISO/IEC 7816-2 [6] die exakte Position der Kontakte, die Funktion der einzelnen Anschlüsse und die elektrischen und logischen Signale. Es wird z. B. klar festgelegt, welche Versorgungsspannungen, welche Signalpegel und welche Signalfrequenzen zulässig sind.

Der Mikrochip ist für die Smartcard in ein spezielles Gehäuse, das Chipmodul, verpackt. Abbildung 3.7 zeigt die Position und die Funktion der einzelnen Kontakte. Die Kontakte C1 und C5 sind für die Stromversorgung zuständig. Über den Kontakt C2 liegt das Resetsignal an. Die Kontakte C3 und C7 werden für den Takt und den Datenaustausch verwendet. Die Kontakte C4 und C8 kommen bei Chips mit USB-Schnittstelle für die USB-Datenleitungen zum Einsatz, sind aber nicht auf jedem Chipmodul vorhanden. Der Kontakt C6 wurde ursprünglich für die Programmierspannung des EEPROM-Speichers verwendet. Neuere Mikrochips erzeugen diese Spannung jedoch direkt aus der Versorgungsspannung wodurch dieser Kontakt wieder für eine neue Schnittstelle frei wurde. Eine solche Schnittstelle ist das Single Wire Protocol (SWP). Das SWP verwendet den Kontakt C6 als Takt- und Datenleitung.

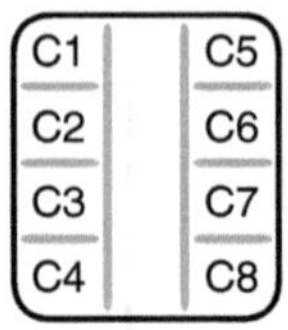

Kontakt	Signal	Funktion
C1	VCC	Versorgungsspannung
C2	RST	Resetsignal
C3	CLK	Taktsignal
C4	AUX1	USB (D+)
C5	GND	Masse
C6	SPU	z.B. Single Wire Protocol
C7	I/O	Datensignal
C8	AUX2	USB (D−)

Abb. 3.7 Position und Funktion der einzelnen Kontakte eines Smartcard-Chipmoduls

Auch der Mikrochip selbst muss bestimmte Anforderungen erfüllen. Der Chip kann nicht beliebig groß sein. Die maximalen Abmessungen sind durch das Chipmodul begrenzt. Die maximale Chipfläche beträgt dabei nur etwa 25 mm^2. Auch die Dicke des Siliziumchips ist durch die genormten Kartenabmessungen limitiert. Die gesamte Smartcard muss eine Dicke von 0,76 mm einhalten. Bedenkt man, dass sowohl die Kontaktfläche als auch der Rest des Chipmoduls (Rahmen zur Stabilisierung, Vergussmasse, ...) einigen Platz benötigen, bleibt nur ein Bruchteil der Kartendicke für die Dicke des Mikrochips übrig.

Ein weiterer einschränkender Faktor ist die Biegbarkeit der Smartcard. Obwohl die Karte zu einem gewissen Grad biegbar sein muss, dürfen dadurch weder der Siliziumchip noch das Chipmodul beschädigt werden.

3.3.3 Kontaktlose Chipkarten nach ISO/IEC 14443

Bei kontaktbehafteten Chipkarten ist ein physischer Kontakt zu einem Lesegerät notwendig, um mit der Karte zu kommunizieren. Die Bauform der Smartcard muss daher zur Bauform des Kartensteckplatzes passen.

Bei kontaktlosen Chipkarten gibt es diese Einschränkung nicht. Mit einer induktiv gekoppelten Karte kann das Lesegerät ohne physischen Kontakt kommunizieren. Es ist ausreichend, wenn der Anwender die Karte in die Nähe des Lesegerätes bringt. Viele Lesegeräte bieten dafür eine zum Teil speziell gekennzeichnete Auflagefläche oder Auflageschale. Aus diesem Grund ist die Einhaltung eines normierten Kartenformats nach ISO/IEC 7810 nicht mehr notwendig.

Kontaktlose Tags und Smartcards (Abb. 3.8) gibt es daher in den unterschiedlichsten Formen. Dazu zählen Klebeetiketten, Schlüsselanhänger oder in Alltagsgegenständen verbaute Mikrochips.

Dennoch spielt das Kartenformat ID-1 bei kontaktlosen Smartcards eine Rolle. Dual-Interface-Karten mit kontaktloser und kontaktbehafteter Schnittstelle müssen das Format ID-1 einhalten. Ebenso ist es zweckmäßig, kontaktlose Karten, die für die Aufbewahrung in der Brieftasche bestimmt sind, in diesem Format herzustellen.

Eine kontaktlose Smartcard nach ISO/IEC 14443 [14–17] besteht aus dem Smartcard-Mikrochip mit Gehäuse, einer Antennenspule und einem Kartenkörper.

Abb. 3.8 Kontaktlose Transponder. (Foto: Stefan Grünberger/NFC Research Lab Hagenberg)

Ein typisches Chipgehäuse hat dabei zwei Kontakte für die beiden Spulenenden. Für die Antennenspule gibt es verschiedene Bauarten und Bauformen. Die Antenne kann mit Kupferdraht auf einem Kunststoffkörper verlegt, aus einer Kupferfläche geätzt, aus Aluminium ausgestanzt oder mit leitfähiger Tinte aufgedruckt werden.

Die maximalen Ausdehnungen ISO/IEC 14443 konformer Antennen liegen bei 86 mm mal 54 mm mal 3 mm. Länge und Breite wurden also so gewählt, dass die Antenne entlang des Randes einer Identifikationskarte im Format ID-1 passt. In Abhängigkeit der weiteren Kartenmerkmale kann die Antenne jedoch nicht immer die gesamte Fläche der Chipkarte ausnutzen. Ein Beispiel dafür sind Kreditkarten. Der Bereich der hochgeprägten Schrift darf die Antennenspule nicht überdecken. Ansonsten könnte die Antenne während dem Prägevorgang zerstört werden. Aus diesem Grund erstreckt sich die Antenne bei Dual-Interface-Kreditkarten nur über die obere Kartenhälfte.

Die Bauform der Antenne ist dennoch nicht vollständig frei wählbar. Smartcard-Mikrochips werden angepasst an eine bestimmte Antennenimpedanz, d. h. eine bestimmte Induktivität und einen bestimmten ohmschen Widerstand der Antennenspule, hergestellt. Die Impedanz einer Antenne wird durch das Material, die Abmessungen und die Windungszahl beeinflusst. Starke Abweichungen vom Optimalwert der Impedanz führen dazu, dass eine Energie- und Datenübertragung zwischen Lesegerät und Chipkarte nicht mehr möglich ist.

3.4 Übertragungsprotokolle

Abgesehen vom physikalischen Aufbau und den Kommunikationsschnittstellen einer Smartcard müssen auch die Übertragungsprotokolle, d. h. die Strukturen und Abläufe der Kommunikation zwischen einem Lesegerät und einer oder mehreren Smartcards, genau definiert sein. Diese Strukturen und Abläufe werden dazu in einzelne, eigenständige und austauschbare Schichten unterteilt. Die Grundlage für eine solche Gliederung bildet das OSI-Referenzmodell (*Open Systems Interconnection Reference Model*). Dieses Modell teilt Kommunikationsprotokolle in sieben Schichten ein:

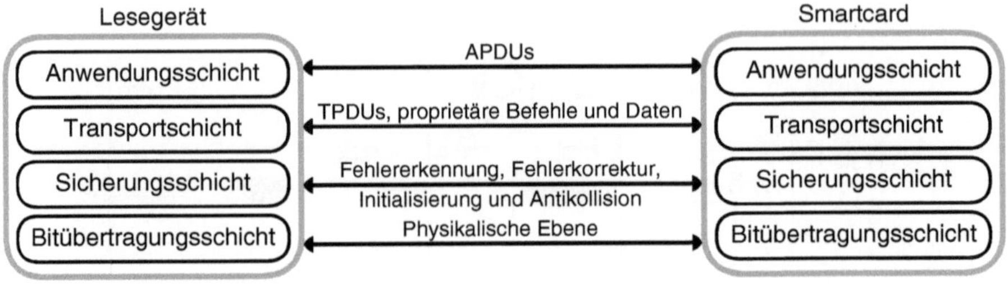

Abb. 3.9 Typischer Protokollstapel eines Smartcard-Kommunikationsprotokolls

1. Bitübertragungsschicht
2. Sicherungsschicht
3. Vermittlungsschicht
4. Transportschicht
5. Kommunikationssteuerungsschicht
6. Darstellungsschicht
7. Anwendungsschicht

Für die Kommunikation mit Smartcards kommen typischerweise vier dieser Ebenen zum Einsatz. Abbildung 3.9 zeigt den Protokollstapel aus diesen vier Schichten.

Die Bitübertragungsschicht (OSI-Schicht 1) definiert die zum Datenaustausch verwendeten Signalpegel und Signalformen. Die Aufgabe der Sicherungsschicht (OSI-Schicht 2) ist die Initialisierung der Chipkarte, die eventuell notwendige Antikollision mehrerer Chipkarten und die Erkennung und Korrektur von Übertragungsfehlern. Auf der Ebene der Transportschicht (OSI-Schicht 4) werden Befehlspakete (TPDUs, *transport protocol data unit*) zeichenweise oder blockweise übermittelt. Die oberste Schicht wird durch die Anwendungen bestimmt. Die übertragenen anwendungsspezifischen Befehle, Befehlsdaten und Antworten sind dabei in APDUs (*application protocol data unit*) verpackt. Die anwendungsspezifischen Protokolle setzen sich üblicherweise aus Elementen der OSI-Schichten 5, 6 und 7 (Kommunikationssteuerungsschicht, Darstellungsschicht und Anwendungsschicht) zusammen.

Bei Smartcards gibt es mehrere unterschiedliche Übertragungsprotokolle. In Abhängigkeit des Kartentyps kommt jeweils ein passendes Protokoll zum Einsatz. Die Protokollvielfalt hat verschiedene Ursachen. Eine kontaktbehaftete Smartcard stellt andere Anforderungen an die Bitübertragungs- und Sicherungsschichten als eine kontaktlose Karte. Das Übertragungsprotokoll einer einfachen Speicherkarte muss weniger aufwändig gestaltet sein, als das einer Prozessorkarte. Es gibt jedoch nicht nur technische Unterschiede. Zum Teil sind Protokolle bereits vor der Normierung entstanden. Vor der Festlegung auf eine Norm hatte jeder Hersteller sein eigenes Protokoll. In der Standardisierungsphase wurde jedoch nur ein Teil der einzelnen Protokolle in den Standard aufgenommen.

3.4.1 Kontaktbehaftete Chipkarten nach ISO/IEC 7816

ISO/IEC 7816-3 [7] definiert die zwei wesentlichen Protokolle, T = 0 und T = 1, für kontaktbehaftete Prozessorsmartcards. Während T = 0 ein byteorientiertes, asynchrones Übertragungsprotokoll ist, handelt es sich bei T = 1 um ein blockorientiertes, asynchrones Protokoll.

Alle ISO/IEC 7816-3 konformen Protokolle haben eine gemeinsame Bitübertragungsebene und eine gemeinsame Anfangsprozedur.

3.4.1.1 Asynchrone Zeichenübertragung

Zur Datenübertragung und Steuerung über die kontaktbehaftete Schnittstelle nach ISO/IEC 7816-3 werden insgesamt drei Signalleitungen verwendet. Die Resetleitung (RST) ist für die Aktivierung und die Rückführung in einen definierten Anfangszustand notwendig. Die Taktleitung (CLK) gibt dem Mikrochip einen Grundtakt vor. Aus diesem Takt leitet sich unter anderem die Zeitmessung für die Bitübertragung ab. Alle Daten werden byteweise, in Form von asynchronen Zeichen, über die Datenleitung (I/O) übertragen. Jedes Bit dauert dabei eine bestimmte Anzahl von Taktzyklen. Die Zeiteinheit eines Bits wird als elementare Zeiteinheit (etu, *elementary time unit*) bezeichnet.

Jedes Zeichen (Abb. 3.10) besteht aus einem Startbit, acht Datenbits, einem Paritätsbit und einer Pausenzeit (*Guardtime*). In der Pausenzeit hat der Empfänger die Möglichkeit, Übertragungsfehler an den Sender zu signalisieren.

Die Bedeutung der acht Datenbits wird während der Anfangsprozedur festgelegt. Dabei hat die Karte die Auswahl zwischen der direkten und der inversen Konvention. Die direkte Konvention bedeutet, dass das erste gesendete Bit das niederwertigste Bit (LSB, *Least Significant Bit*) ist und eine logische Eins durch den hohen Signalpegel bzw. eine logische Null durch den niedrigen Signalpegel codiert wird. Die inverse Konvention bedeutet hingegen, dass das erste gesendete Bit das höchstwertige Bit (MSB, *Most Significant Bit*) ist und eine logische Eins durch den niedrigen Signalpegel bzw. eine logische Null durch den hohen Signalpegel codiert wird.

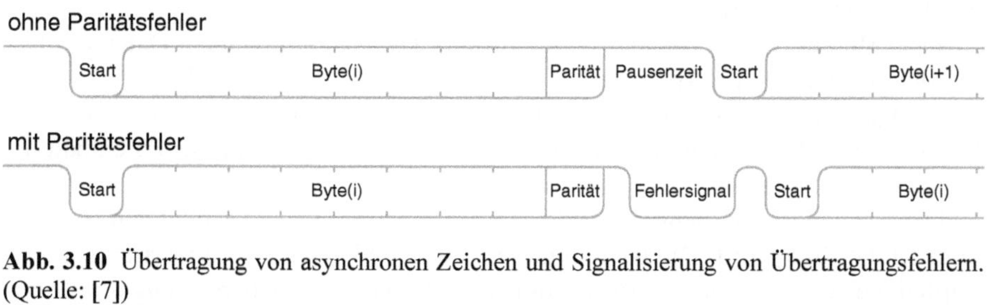

Abb. 3.10 Übertragung von asynchronen Zeichen und Signalisierung von Übertragungsfehlern. (Quelle: [7])

3.4.1.2 Anfangsprozedur

Die Anfangsprozedur beginnt mit dem Aktivierungsvorgang. Dabei legt das Lesegerät die Versorgungsspannung und das Taktsignal an die Kontakte der Karte an. Anschließend wird für die Dauer von mindestens 400 Taktzyklen der Reset ausgelöst. Nach dem Deaktivieren des Resetsignals antwortet die Smartcard mit der Answer-to-Reset (ATR). Die ATR ist eine Liste aus asynchronen Zeichen, die sich in vier Abschnitte gliedern lässt:

- Synchronisationszeichen,
- Formatzeichen,
- Schnittstellenzeichen,
- historische Zeichen und
- Prüfzeichen.

Das Synchronisationszeichen ermöglicht die Berechnung der elementaren Zeiteinheit (etu) und legt die Zeichenkonvention fest. Das Formatzeichen gibt Aufschluss über die vorhandenen Schnittstellenzeichen und über die vorhandenen historischen Zeichen. Die Schnittstellenzeichen legen Parameter, wie die Relation einer etu zum Taktsignal, die unterstützten Schnittstellenprotokolle und die Länge der Pausenzeit zwischen den Zeichen fest. Die historischen Zeichen enthalten Produktionsdaten, wie z. B. die Herstellerkennung. Das abschließende Prüfzeichen enthält die Exklusiv-Oder-Verknüpfung aller vorangegangenen Zeichen, jedoch ohne das Synchronisationszeichen.

Wurde in der ATR ein bestimmtes Protokoll vorgeschrieben, wird die Kommunikation mit diesem fortgesetzt. Ansonsten sendet das Lesegerät als Reaktion auf die ATR eine Protokoll- und Paramterauswahl-Anfrage (PPS, *protocol and parameter selection*). Dabei handelt es sich um eine Liste aus asynchronen Zeichen, die das gewünschte Protokoll und die Protokollparameter enthält. Die Chipkarte beantwortet die Anfrage durch eine Antwort mit den ausgewählten Parametern.

3.4.1.3 Das Protokoll T = 0

Das Protokoll T = 0 ist ein byteorientiertes, asynchrones Übertragungsprotokoll, das im Halbduplexbetrieb arbeitet. Das bedeutet, dass eine byteweise Verarbeitung der übertragenen Befehle und Daten stattfindet. Darüber hinaus können Lesegerät und Chipkarte nur abwechselnd senden.

Jeder Befehl besteht aus einem Befehlskopf (*Header*) und einem Datenteil. Der Header besteht aus fünf Bytes (Abb. 3.11): CLA, INS, P1, P2 und P3.

CLA gibt die Instruktionsklasse an. INS ist der Instruktionscode. Die Kombination aus P1 und P2 beschreibt eine Referenz, wie z. B. eine Adresse. P3 enthält die Länge des Datenfeldes.

Der Ausgangspunkt jedes Befehls ist das Lesegerät. Dieses sendet den Befehlskopf an die Smartcard. Die Richtung einer anschließenden Datenübertragung geht implizit aus dem gesendeten Instruktionscode hervor. Eine Übertragung von Daten

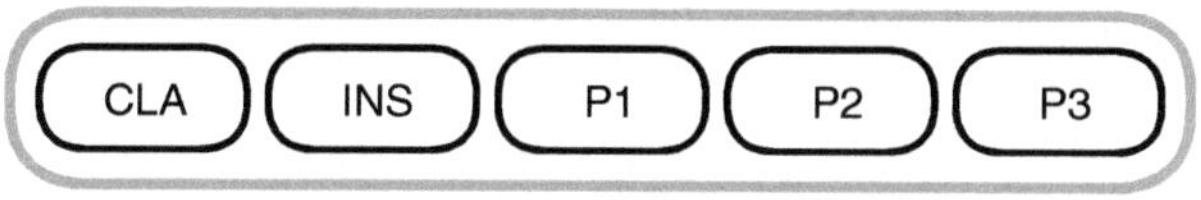

Abb. 3.11 Aufbau des Befehlskopfs beim Protokoll T = 0

in beide Richtungen innerhalb einer einzelnen Befehl-Antwort-Sequenz ist mit dem Protokoll T = 0 nicht möglich. Dazu muss zunächst ein Befehl Daten an die Karte übertragen und anschließend ein weiterer Befehl die Antwortdaten der Karte abfragen.

Der Datenfluss wird durch die Chipkarte mit sogenannten Procedure-Bytes gesteuert. Es gibt drei Arten von Procedure-Bytes: NULL, ACK und SW1.

NULL wird durch den Hexadezimalwert '60' codiert. Dieser Code gibt an, dass sich die Karte noch bei der Abarbeitung eines Kommandos befindet. Dadurch wird ein Abbruch durch die Überschreitung der maximalen Antwortzeit hinausgezögert.

Als ACK-Byte (*Acknowledge*) verwendet die Smartcard den Instruktionscode bzw. den invertierten Instruktionscode. Das LSB des ACK-Bytes gab dabei bei Chipkarten mit externer Programmierspannung den erwarteten Zustand dieser Spannung an. Das als invertierter Instruktionscode codierte ACK-Byte bewirkt, dass das Lesegerät genau ein einzelnes Byte des Datenfeldes sendet. Das als Instruktionscode codierte ACK-Byte führt hingegen dazu, dass alle übrigen Datenbytes gesendet werden.

SW1 ist der erste Teil des Statuswortes, einer Sequenz aus zwei Bytes (SW1 und SW2), die das Ende des Befehls signalisiert und dem Lesegerät das Befehlsergebnis mitteilt. Die vier höherwertigen Bits von SW1 sind durch die Hexadezimalwerte '6' oder '9' codiert. Während mit '6' beginnende Statuswerte durch das Protokoll T = 0 definiert sind, werden mit '9' beginnenden Statuswerte, mit Ausnahme des Wertes '9000', durch die Anwendungsebene definiert. Tabelle 3.2 enthält einen Überblick über die Rückgabewerte des Protokolls T = 0.

Eine typische Datenübertragung beginnt damit, dass das Lesegerät den Befehlskopf an die Smartcard sendet. Die Chipkarte empfängt und verarbeitet jedes einzelne Byte getrennt voneinander. Wird ein Paritätsfehler erkannt, fordert die Karte innerhalb der Guardtime eine Wiederholung des Zeichens an. Am Ende des Headers antwortet die Karte mit einem Procedure-Byte. Ist die Karte noch mit der Befehlsabarbeitung beschäftigt, dann antwortet sie mit NULL, ansonsten fordert sie mit

Tab. 3.2 Statuswerte des Protokolls T = 0

SW1 | SW2	Beschreibung
'9000'	Der Befehl wurde normal beendet
'6700'	Die angegebene Länge ist ungültig
'6B00'	Die angegebene Referenz ist ungültig
'6D00'	Der Instruktionscode ist ungültig oder wurde nicht implementiert
'6E00'	Die Instruktionsklasse wird nicht unterstützt
'6F00'	Der Befehl wird nicht unterstützt und es ist keine exakte Fehlerbeschreibung möglich

ACK ein oder alle ausstehenden Datenbytes an. Abschließend quittiert sie den Befehl mit einem Statuswort.

Falls das Statuswort signalisiert, dass Antwortdaten zum Abruf bereitstehen, sendet das Lesegerät als nächstes den Befehlskopf zum Empfangen dieser Daten. Auf diesen Befehl reagiert die Karte durch das Senden der angeforderten Anzahl an Datenbytes und eines Statuscodes.

3.4.1.4 Das Protokoll T = 1

Das Protokoll T = 1 ist ein blockorientiertes, asynchrones Übertragungsprotokoll, das im Halbduplexbetrieb arbeitet. Das bedeutet, dass eine blockweise Verarbeitung der übertragenen Befehle und Daten stattfindet. Darüber hinaus können Lesegerät und Chipkarte nur abwechselnd senden.

Bei einem blockorientierten Protokoll ist die kleinste Dateneinheit ein Block. T = 1 definiert drei verschiedene Blockarten:

- I-Block (Informationsblock): Dieser transportiert Daten der Anwendungsebene.
- R-Block (Empfangsbestätigungsblock): Dieser bestätigt den Empfang oder meldet einen erkannten Übertragungsfehler.
- S-Block (Steuerungsblock): Dieser transportiert Steuerinformationen, welche das Übertragungsprotokoll selbst betreffen.

Jeder Block besteht aus einem Prologfeld, einem Informationsfeld und einem Epilogfeld (Abb. 3.12). Das Prologfeld enthält Quell- und Zieladressierungsinformationen (NAD, *Node Address*) für logische Ende-zu-Ende-Verbindungen, das Protokollsteuerungsbyte (PCB, *Protocol Control Byte*) und die Länge des Informationsfeldes (LEN). Das Informationsfeld (INF) enthält das Paket der Anwendungsschicht bei einem I-Block bzw. die Befehlsparameter bei einem S-Block. Bei einem R-Block ist das Informationsfeld nicht vorhanden. Im Epilogfeld steht nur der Fehlererkennungscode (EDC, *Error Detection Code*). Dabei handelt es sich um eine, entweder durch eine Exclusiv-Oder-Verknüpfung oder durch das CRC-Verfahren (*Cyclic Redundancy Check*), über die vorangegangenen Bytes gebildete Prüfsumme.

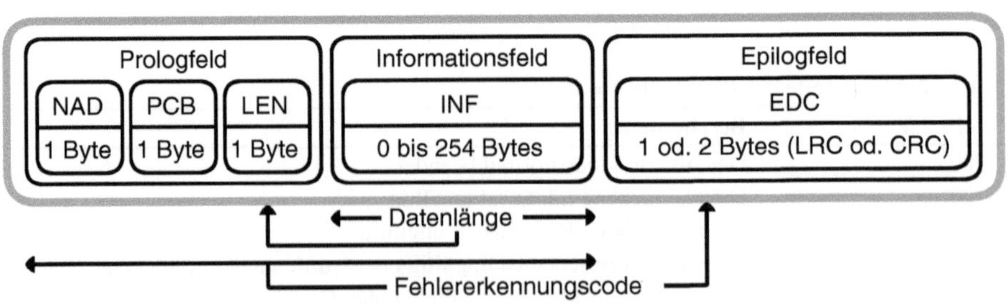

Abb. 3.12 Aufbau eines Blocks des Protokolls T = 1. (Nach [7])

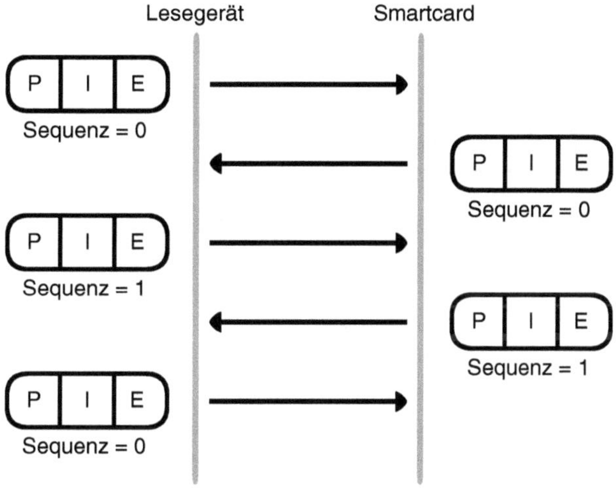

Abb. 3.13 Ablauf beim Austausch von I-Blöcken. Die Buchstaben P, I und E stehen für Prolog, Informationsfeld und Epilog

Das Protokollsteuerungsbyte (PCB) gibt an, um welche Blockart es sich handelt. Für I-Blöcke sind darin zusätzlich die Sendesequenznummer und eine Fragmentierungsinformation codiert. Die Fragmentierungsinformation gibt an, ob das transportierte Paket der Anwendungsschicht abgeschlossen ist, oder ob ein weiterer Teil des Pakets im nächsten I-Block folgt. Für R-Blöcke enthält das PCB den Fehlercode, d. h. ob der empfangene Block fehlerfrei war, ob ein Prüfsummen- oder Paritätsfehler auftrat oder ob ein anderer Fehler detektiert wurde. Für S-Blöcke enthält das Protokollsteuerungsbyte den Steuerungsbefehl oder die Befehlsantwort. Mit diesen Befehlen lassen sich eine Resynchronisation der Kommunikationsschnittstelle, der Abbruch eines fragmentierten Befehls der Anwendungsebene und eine Verlängerung der maximalen Wartezeit zwischen den Blöcken erzwingen oder die voreingestellte Maximallänge des Informationsfeldes verändern.

Der Ablauf des Protokolls T = 1 beginnt entweder direkt nach der ATR oder nachdem das Protokoll im Zuge einer Protokoll- und Parameterauswahl (PPS) ausgewählt wurde: Das Lesegerät fängt mit dem Blockaustausch an. Anschließend senden immer abwechselnd einmal die Karte und einmal das Lesegerät einen Block. Abbildung 3.13 zeigt diesen Ablauf.

Ist ein Paket der Anwendungsebene größer als die Maximallänge des Informationsfeldes, dann muss dieses Paket auf mehrere I-Blöcke aufgeteilt werden. Im PCB aller I-Blöcke, mit Ausnahme des letzten I-Blocks, ist das More-Data-Bit (Fragmentierungsinformation) gesetzt. Diese Blöcke werden mit R-Blöcken quittiert. Wichtig ist dabei, dass innerhalb eines Befehls der Anwendungsschicht nur die Pakete einer Übertragungsrichtung fragmentiert sein dürfen. Abbildung 3.14 zeigt diesen, als Block-Chaining bezeichneten, Ablauf.

Treten bei der Übertragung Fehler auf, dann sieht das Protokoll T = 1 drei Ebenen der Fehlerbehandlung vor:

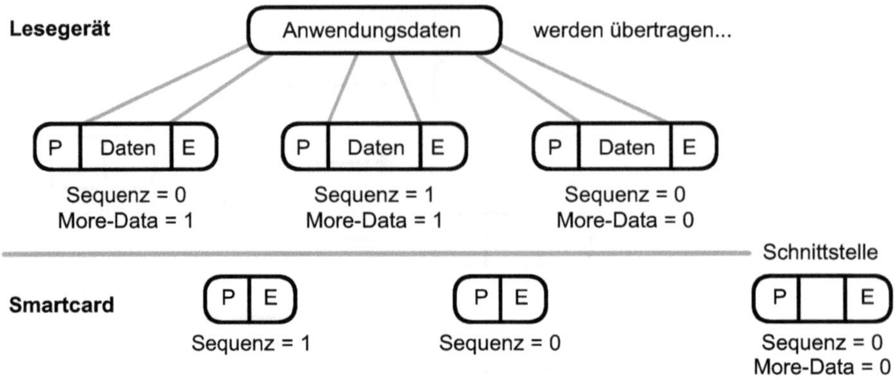

Abb. 3.14 Ablauf beim Austausch von I-Blöcken mit Block-Chaining. Die Buchstaben P und E stehen für Prolog und Epilog. (Nach [7])

1. In einem ersten Schritt wird versucht, den fehlerhaften Block erneut zu übertragen.
2. Schlagen die Versuche den Block fehlerfrei zu übertragen fehl, wird in einem nächsten Schritt die Resynchronisation der Kommunikationsschnittstelle durch einen entsprechenden S-Block ausgelöst. Als Reaktion auf diesen Befehl setzen beide Kommunikationsteilnehmer den Protokollablauf an den Anfang zurück.
3. Schlägt auch dieser Schritt fehl, ignoriert die Chipkarte jede weitere Kommunikation auf der Datenleitung. Das Lesegerät hat dann die Möglichkeit entweder eine Resetprozedur durchzuführen oder die Karte vollständig zu deaktivieren.

3.4.1.5 APDUs

Die Abkürzung APDU steht für *Application Protocol Data Unit*. Es handelt sich daher um die Protokolldatenpakete der Anwendungsschicht. Die Bytesequenzen bzw. Blöcke der Transportprotokolle T = 0 und T = 1 werden hingegen als TPDU (*Transport Protocol Data Unit*), d. h. als Protokolldatenpakete der Transportschicht, bezeichnet.

Eine Sequenz des APDU-Austauschs besteht immer aus einem Kommando-Antwort-Paar. Das Lesegerät sendet eine Kommando-APDU und empfängt eine Antwort-APDU der Chipkarte.

Eine Kommando-APDU (Abb. 3.15a) setzt sich aus einem Paketkopf (Header) und einem Datenteil (Body) zusammen. Der obligatorische Paketkopf besteht aus vier Bytes. CLA gibt die Instruktionsklasse an. In Abhängigkeit der Klasse sind darin auch der logische Kanal und der Typ der sicheren Nachrichtenübertragung codiert. INS ist der Instruktionscode. P1 und P2 sind die beiden Befehlsparameter. P3 enthält die Länge des Datenfeldes.

Je nach Befehl kann auf den Befehlskopf ein Datenteil folgen. Für den Aufbau des Datenteils gibt es vier mögliche Varianten:

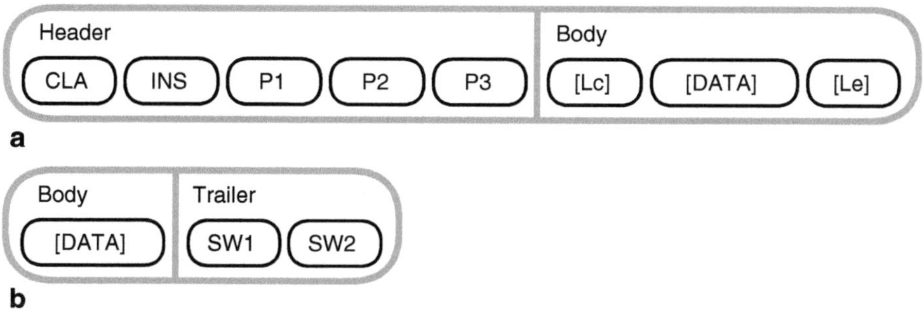

Abb. 3.15 Aufbau von Kommando- und Antwort-APDU. **a** Kommando-APDU. **b** Antwort-APDU. (Nach [8])

1. Weder der Befehl, noch die Antwort enthalten Daten. In diesem Fall ist der Body leer.
2. Nur der Befehl enthält Daten. In diesem Fall gibt L_c die Länge des Befehlsdatenfeldes (DATA) an. L_e ist leer.
3. Nur die Antwort enthält Daten. In diesem Fall gibt L_e die maximale Länge des Antwortdatenfeldes an. L_c und DATA sind leer. Wenn L_e den Wert 0 enthält, kann die Antwort beliebig groß sein.
4. Sowohl der Befehl, als auch die Antwort enthalten Daten. In diesem Fall geben L_c die Länge des Befehlsdatenfeldes (DATA) und L_e die maximale Länge des Antwortdatenfeldes an.

Eine Antwort-APDU (Abb. 3.15b) setzt sich aus einem Datenteil (Body) und einem Paketanhang (Trailer) zusammen. DATA ist das Antwortdatenfeld. SW1 und SW2 sind die zwei Bytes des Statuswortes. Das Statuswort gibt an, ob der Befehl erfolgreich ausgeführt wurde, oder ob Fehlerzustände aufgetreten sind. Es gibt vier verschiedene Statusklassen:

- normales Ergebnis,
- Warnung,
- Ausführungsfehler und
- Eingabefehler.

Tabelle 3.3 gibt einen Überblick über die wesentlichen Statuscodes.

3.4.1.6 Transport von APDUs

Die Protokolle der Datensicherungs- und Transportschicht übertragen TPDUs. Die APDUs der Anwendungsschicht sind zur Übertragung zwischen Lesegerät und Karte in solchen TPDUs gekapselt. Beim Protokoll T = 1 wird eine APDU in einen oder mehrere I-Blöcke verpackt. Das Protokoll T = 0 weist hingegen keine so ausgereifte Schichtentrennung auf. Hierbei werden die Elemente der APDU auf die gleichnamigen Elemente der TPDU abgebildet. Alternativ lassen sich die APDUs

Tab. 3.3 Statuscodes nach ISO/IEC 7816-4 [8]

Typ	SW1 | SW2	Beschreibung
Normales Ergebnis	'9000'	Der Befehl wurde fehlerfrei beendet
	'61nn'	Es sind noch 'nn' Bytes der Antwort abrufbar
Warnung	'62xx'	Der Zustand des nichtflüchtigen Speichers blieb unverändert
	'63xx'	Der Zustand des nichtflüchtigen Speichers wurde verändert
Ausführungs-fehler	'64xx'	Der Zustand des nichtflüchtigen Speichers blieb unverändert
	'65xx'	Der Zustand des nichtflüchtigen Speichers wurde verändert
Eingabefehler	'6700'	Die angegebene Länge ist ungültig
	'68xx'	Die in CLA codierten Parameter werden nicht unterstützt
	'69xx'	Der Befehl ist nicht erlaubt
	'6Axx'	Die Parameter P1 und P2 sind ungültig
	'6B00'	Die Parameter P1 und P2 sind ungültig
	'6Cnn'	Die richtige Antwortlänge ist 'nn'
	'6D00'	Der Instruktionscode ist ungültig oder wurde nicht implementiert
	'6E00'	Die Instruktionsklasse wird nicht unterstützt
	'6F00'	Der Befehl wird nicht unterstützt und es ist keine exakte Fehlerbeschreibung möglich

mit dem ENVELOPE-Befehl kapseln. Im Gegensatz zu APDUs können TPDUs des Protokolls T = 0 Daten nur in eine Richtung übertragen. Für Befehle, die eine Datenübertragung in beide Richtungen übertragen gibt es ein GET_RESPONSE-Kommando, mit dem sich die Antwortdaten explizit anfordern lassen.

3.4.2 Kontaktlose Chipkarten nach ISO/IEC 14443

Der Standard ISO/IEC 14443 normiert den Aufbau und die Funktionsweise von Proximity Systemen. Das ist eine kontaktlose Chipkartentechnologie für kurze Distanzen von einigen Zentimetern.

Die Energie- und Datenübertragung erfolgt über die induktive Kopplung von Lesegerät (PCD, *Proximity Coupling Device*) und Chipkarte (PICC, *Proximity Integrated Circuit Card*). Zur Übertragung vom Lesegerät zum Transponder wird ein 13,56-MHz-Trägersignal verwendet. In der entgegengesetzten Richtung kommt die Lastmodulation mit einem 848-kHz-Hilfsträger zum Einsatz. Proximity Systeme erreichen derzeit Übertragungsraten bis zu 848 kbit/s.

Bei der Bitübertragungsschicht (ISO/IEC 14443-2 [15]) und der Sicherungsschicht (ISO/IEC 14443-3 [16]) unterscheidet der Standard zwei verschiedene Systeme: Typ A und Typ B. Die Unterscheidung betrifft die Modulationsverfahren, die

Antikollision und den Betrieb mehrerer Transponder, das Übertragungsprotokoll der Datensicherungsschicht und den Austausch von Schnittstellen- und Protokollparametern. Erst die Transportschicht (ISO/IEC 14443-4 [17]) stimmt bei beiden Typen überein. Die zwei grundlegend verschiedenen Varianten sind aus vorangegangenen, proprietären Systemen in die Norm eingeflossen. Ein PCD muss beide Übertragungsverfahren unterstützen, um zur Kommunikation mit allen PICCs in der Lage zu sein. Für eine PICC ist es hingegen ausreichend entweder zu Typ A oder zu Typ B kompatibel zu sein [1]. Bei solchen PICCs dürfen allerdings Befehle des jeweils anderen Typs keine Störungen verursachen.

3.4.2.1 Typ A

Als Modulationsverfahren für die Kommunikation vom PCD zur PICC kommt 2-ASK mit einem Modulationsindex von 100 % zum Einsatz. Als Codierung für den Datenstrom wird die modifizierte Millercodierung verwendet. In die entgegengesetzte Richtung gibt es, je nach verwendeter Übertragungsgeschwindigkeit, zwei Übertragungsverfahren. Bei einer Übertragung mit 106 kbit/s wird der Hilfsträger mit OOK moduliert und der Datenstrom manchestercodiert. Für höhere Übertragungsgeschwindigkeiten kommt eine BPSK-Modulation des Hilfsträgers zusammen mit einer NRZ-L-Codierung des Datenstroms zum Einsatz.

Über die kontaktlose Schnittstelle ist es möglich, nicht nur eine, sondern mehrere Smartcards in Kommunikationsreichweite zu bringen. Würden sich alle Chipkarten ständig gleichzeitig angesprochen fühlen, dann wäre eine Kommunikation unmöglich. Aus diesem Grund wird zu Beginn der Kommunikation ein Antikollisionsverfahren zur Adressierung und Auswahl einer einzelnen PICC durchgeführt. Bei Systemen vom Typ A kommt ein binäres Suchverfahren zur Antikollision der Transponder zur Anwendung.

Für den Datenaustausch gibt es drei verschiedene Frameformate: Kurzframe, Standardframe und Antikollisionsframe. Ein Frame ist dabei ein Datenpaket der Datensicherungsschicht. Kurzframes (Abb. 3.16a) enthalten nur sieben Datenbits und werden im Zuge der PICC-Erkennung verwendet. Standardframes (Abb. 3.16b)

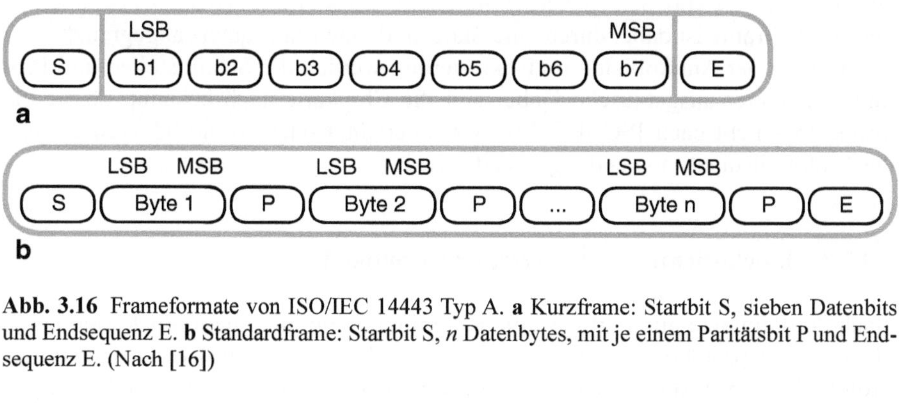

Abb. 3.16 Frameformate von ISO/IEC 14443 Typ A. **a** Kurzframe: Startbit S, sieben Datenbits und Endsequenz E. **b** Standardframe: Startbit S, *n* Datenbytes, mit je einem Paritätsbit P und Endsequenz E. (Nach [16])

enthalten ein oder mehrere Datenbytes und werden für den normalen Datenaustausch verwendet. Antikollisionsframes kommen bei der binären Suche des Antikollisionsverfahrens zum Einsatz. Sie sind ähnlich aufgebaut wie Standardframes, jedoch wird ein Teil des Frames vom PCD gesendet und die am Antikollisionsverfahren teilnehmenden PICCs antworten mit dem übrigen Teil des Frames.

Beim Antikollisionsverfahren wird eine PICC anhand ihrer eindeutigen Kennung (UID) ausgewählt. Die UID ist zumindest während eines Aktivierungszyklus konstant. Zur Antikollision aktiviert das PCD alle PICCs, deren UID ein bestimmtes Präfix aufweist. Kommt es zur Kollision, dann wird in einem weiteren Schritt eine Variante des jeweils kollidierten Bits ausgewählt und das Präfix um diese Bits bis zur Stelle der Kollision verlängert. Die Antikollision wird mit der Auswahl einer PICC und der Bestätigung durch diese PICC abgeschlossen. Im Zuge dieser Bestätigung (SAK, *Select Acknowledge*) gibt die Chipkarte bekannt, ob sie die Transportschicht nach ISO/IEC 14443-4 unterstützt oder ob die höheren Ebenen des Protokollstapels, wie z. B. bei MIFARE, anwendungsspezifisch sind. Wird ISO/IEC 14443-4 unterstützt, erfolgt im Anschluss an das iterative binäre Suchverfahren der Antikollision, analog zur kontaktbehaften Übertragung, der Austausch von Schnittstellen- und Protokollparametern.

3.4.2.2 Typ B

Als Modulationsverfahren für die Kommunikation vom PCD zur PICC kommt 2-ASK mit einem Modulationsindex von 10 % zum Einsatz. Für die entgegengesetzte Richtung wird der Hilfsträger mit BPSK moduliert. Für beide Übertragungsrichtungen wird der Datenstrom NRZ-L-codiert.

Zur Antikollision wird, anders als bei Systemen vom Typ A, ein ALOHA-Verfahren mit Zeitraster angewendet. Bereits bei der Einleitung des Antikollisionsverfahrens hat das PCD die Möglichkeit anhand von Anwendungsprofilen nur eine bestimmte Gruppe von PICCs für die Teilnahme am Antikollisionsverfahren auszuwählen.

Für den Datenaustausch gibt es ein zeichenbasiertes Frameformat. Mehrere asynchrone Zeichen (Abb. 3.17a) werden innerhalb eines Frames (Abb. 3.17b) übertragen. Jedes Frame ist dabei durch eine Start- und eine Endsequenz abgegrenzt.

Im Zuge der Antikollision und Aktivierung werden die Schnittstellen und Protokollparameter ausgetauscht. Dabei gibt die Chipkarte auch bekannt, ob sie die Transportschicht nach ISO/IEC 14443-4 unterstützt oder ob die höheren Ebenen des Protokollstapels anwendungsspezifisch sind.

3.4.2.3 Blockorientiertes Übertragungsprotokoll

Nach der Parameterauswahl wird die Kommunikation mit einem blockorientierten Übertragungsprotokoll fortgesetzt. Sowohl Typ A als auch Typ B verwenden dieses Protokoll. Die Struktur der Blöcke und vor allem der Kommunikationsablauf ähnelt

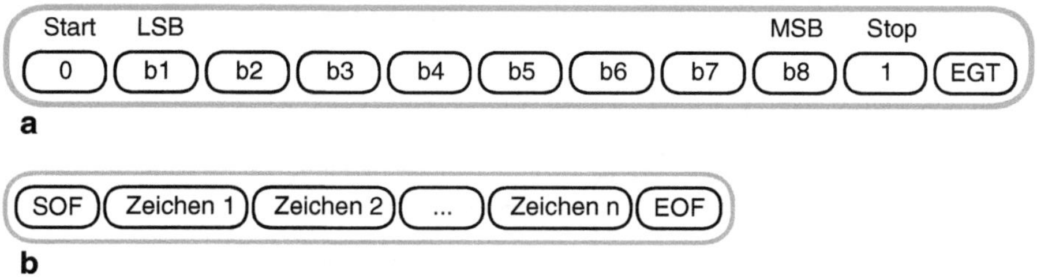

Abb. 3.17 Zeichen- und Frameformat von ISO/IEC 14443 Typ B. **a** Zeichen: Startbit, acht Datenbits, Stoppbit und Totzeit (EGT, *extra guard time*). **b** Frame: Startsequenz SOF, *n* Datenzeichen und Endsequenz EOF. (Nach [16])

Abb. 3.18 Aufbau eines Blocks des Übertragungsprotokolls. (Nach [17])

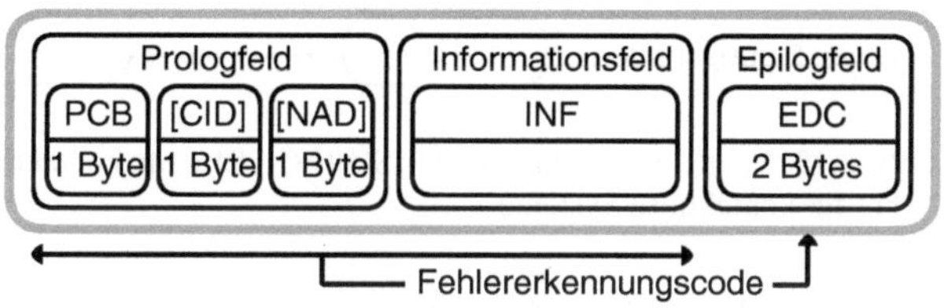

dem Protokoll T = 1. Dieses Protokoll wird deshalb oft auch als „T = CL" bezeichnet, wobei „CL" für kontaktlos (*contact less*) steht.

Wie beim Protokoll T = 1 gibt es die drei Blocktypen I-Block, R-Block und S-Block. Jeder Block (Abb. 3.18) besteht aus einem Prologfeld, einem optionalen Informationsfeld und einem Epilogfeld. Das Prologfeld ist ein, zwei oder drei Byte lang und enthält das Protokollsteuerungsbyte (PCB), ein optionales Kartenidentifikationsbyte (CID) und ein optionales Byte mit der Quell- und Zieladresse einer logischen Verbindung. Das optionale Informationsfeld (INF) enthält das Paket der Anwendungsschicht (APDU) bei einem I-Block bzw. die Befehlsparameter bei einem S-Block. Bei einem R-Block ist das Informationsfeld nicht vorhanden. Im Epilogfeld steht nur der Fehlererkennungscode (EDC). Dabei handelt es sich um eine durch das CRC-Verfahren, über die vorangegangenen Bytes gebildete Prüfsumme.

Der Kommunikationsablauf und der Transport von APDUs sind im Wesentlichen mit dem Ablauf des Protokolls T = 1 identisch. Jedoch lassen sich durch eine Adressierung über das Kartenidentifikationsbyte mehrere PICCs parallel betreiben.

3.4.3 Vergleich der Standards ISO/IEC 7816 und ISO/IEC 14443

Sowohl der Standard ISO/IEC 7816 als auch der Standard ISO/IEC 14443 ermöglichen die Kommunikation mit Smartcards. Während die beiden Normen viele Gemeinsamkeiten aufweisen, gibt es durch die Unterschiede zwischen der kontaktbe-

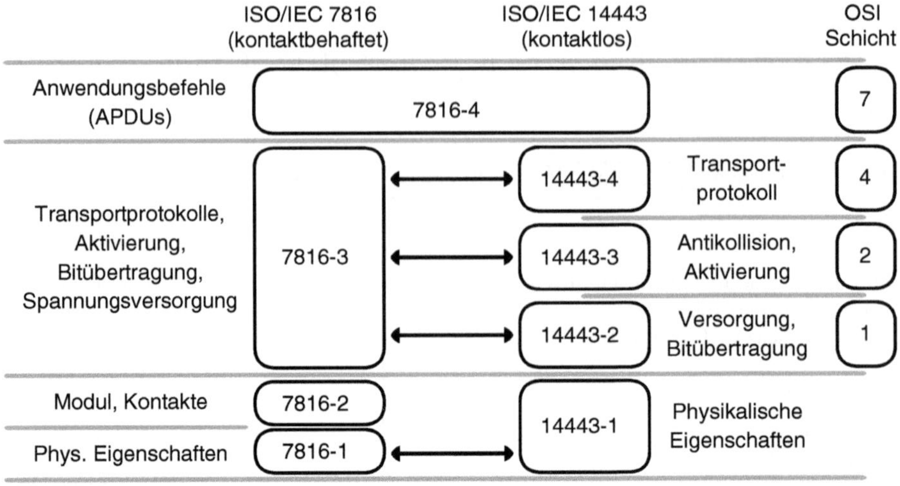

Abb. 3.19 Vergleich der Standards ISO/IEC 7816 für kontaktbehaftete Systeme und ISO/IEC 14443 für kontaktlose Systeme

hafteten und der kontaktlosen Schnittstelle auch einige Abweichungen. In Abb. 3.19 sind ein Vergleich beider Normen und eine Zuordnung zum OSI-Referenzmodell dargestellt.

Teil 1 beider Normen beschreibt die physikalischen Eigenschaften der Chipkarte. Kontaktbehaftete Karten benötigen eine exakt definierte Anordnung der Kontakte und des Chipmoduls, um die Kommunikation mit einem Lesegerät zu ermöglichen. Diese Eigenschaften werden in ISO/IEC 7816-2 definiert. In ISO/IEC 7816-3 sind alle Schichten, von der Spannungsversorgung über die Bitübertragung bis zur Transportschicht enthalten. Diese Aufgaben sind bei ISO/IEC 14443 anhand der OSI-Schichten getrennt. Teil 2 (ISO/IEC 14443-2) spezifiziert die Versorgung und die Bitübertragungsschicht (OSI-Schicht 1). Teil 3 (ISO/IEC 14443-3) beschreibt die Antikollision, die Aktivierung und die Sicherung der Datenübertragung (OSI-Schicht 2). Die Transportschicht (OSI-Schicht 4) wird in Teil 4 (ISO/IEC 14443-4) definiert. Die blockorientierten Transportprotokolle kontaktbehafteter und kontaktloser Smartcards weisen bereits nur mehr geringfügige Unterschiede auf. Die Anwendungsschicht, d. h. OSI-Schicht 7 und zum Teil auch Elemente aus den OSI-Schichten 5 und 6, basiert sowohl bei kontaktbehafteten als auch bei kontaktlose Chipkarten auf APDUs. Diese gemeinsame Ebene wird in ISO/IEC 7816-4 spezifiziert.

3.4.4 FeliCa

FeliCa ist ein kontaktloses Chipkartensystem der Firma Sony. Wie bei Systemen nach ISO/IEC 14443 handelt es sich bei FeliCa um ein Poximity-System. Bemü-

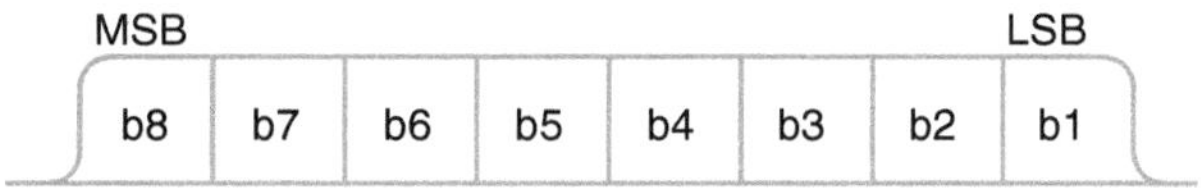

Abb. 3.20 Ein Zeichen besteht aus acht Datenbits. (Nach [24])

hungen, FeliCa als Typ C in den internationalen Standard ISO/IEC 14443 aufzunehmen, scheiterten. Jedoch wurde FeliCa im nationalen, japanischen Industriestandard JIS X 6319-4 [24] und, zum Teil, im internationalen NFC-Standard (ISO/IEC 18092 [23]) normiert.

Die Energie- und Datenübertragung erfolgt über die induktive Kopplung von PCD und PICC. Zur Übertragung vom PCD zur PICC wird ein 13,56-MHz-Trägersignal verwendet. In der entgegengesetzten Richtung kommt die Lastmodulation ohne Hilfsträger zum Einsatz. FeliCa erreicht im passiven Betrieb eine Übertragungsrate von 212 kbit/s.

Als Modulationsverfahren für die Kommunikation vom PCD zur PICC kommt 2-ASK mit einem Modulationsindex von 10 % zum Einsatz. Für die entgegengesetzte Richtung wird das Trägersignal mit dem OOK-Verfahren lastmoduliert. Als Codierung wird in beiden Übertragungsrichtungen die Manchestercodierung angewendet.

Das Antikollisionsverfahren ist jenem von Systemen nach ISO/IEC 14443 Typ B sehr ähnlich. Auch bei FeliCa werden das ALOHA-Verfahren mit Zeitraster und Anwendungsprofile (sogenannte Systemcodes) zur Vorauswahl einer bestimmten Gruppe von PICCs verwendet.

Für den Datenaustausch gibt es ein zeichenbasiertes Frameformat. Mehrere synchrone Zeichen (Abb. 3.20) werden als Datenstrom direkt nacheinander übertragen und ergeben ein Frame (Abb. 3.21).

Jedes Frame besteht aus einem Headerfeld, einem Informationsfeld und einem Endfeld. Das Headerfeld enthält eine Präambel (mindestens sechs Wiederholungen eines Bytes mit dem Wert '00' und eine Synchronisationssequenz (zwei Bytes mit dem Wert 'B24D'). Das Informationsfeld setzt sich aus der Längenangabe (LEN) und einem Datenteil (DATA) zusammen. Die Längenangabe gibt die Größe des ge-

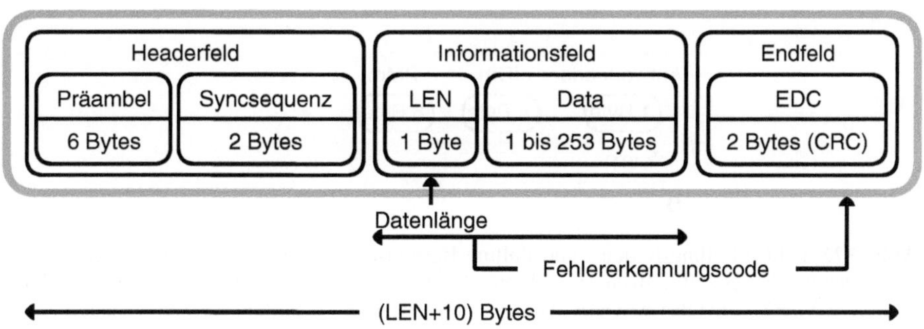

Abb. 3.21 Ein Frame besteht aus einem Headerfeld, einem Informationsfeld und einem Endfeld. (Nach [24])

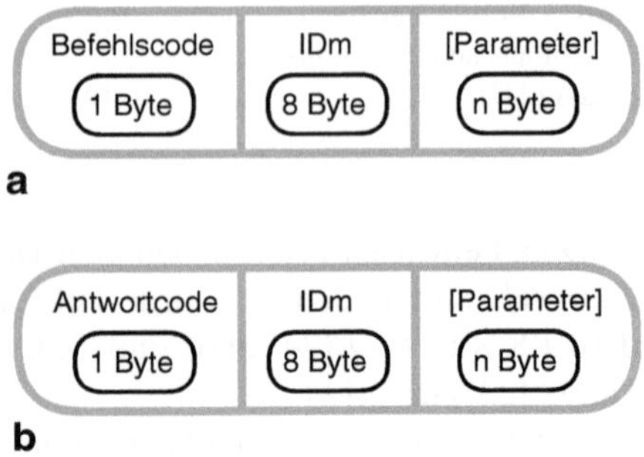

Abb. 3.22 FeliCa-Befehl und -Befehlsantwort. **a** FeliCa-Befehl: Befehlscode, eindeutige Kennung (IDm) der adressierten PICC und optionale Befehlsparameter. **b** FeliCa-Befehlsantwort: Antwortcode, eindeutige Kennung (IDm) der antwortenden PICC und optionale Befehlsparameter

samten Informationsfelds in Bytes an. Im Endfeld steht nur der Fehlererkennungscode (EDC). Dabei handelt es sich um eine durch das CRC-Verfahren, über die Bytes des Informationsfelds gebildete Prüfsumme.

Im Datenteil werden sowohl die Befehle vom PCD zur PICC als auch die Befehlsantworten von der PICC zum PCD transportiert. Die Abb. 3.22a, b zeigen den typischen Aufbau von Befehlen und Befehlsantworten für FeliCa.

Ein Beispiel für einen solchen Befehl ist der Polling-Befehl, auch REQC genannt. Er wird zur Antikollision und Initialisierung eingesetzt. Der Polling-Request (Abb. 3.23a) fordert alle FeliCa-Transponder mit einem bestimmten Systemcode zur Teilnahme am Antikollisionsverfahren auf.

Die Polling-Response (Abb. 3.23b) enthält die acht Bytes lange, eindeutige Kennung des Transponders (IDm, *Manufacturer ID*) und einen Parameterblock (PMm, *Manufacturer Parameter*). Die PICCs lassen sich in weiterer Folge über die Kennung (IDm) eindeutig adressieren.

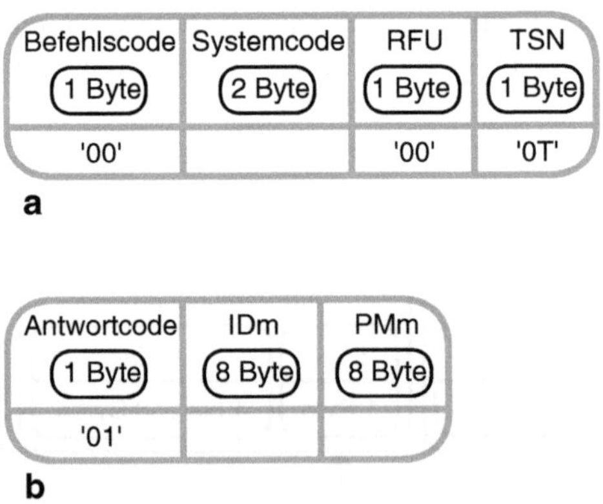

Abb. 3.23 FeliCa Polling-Request und Polling-Response. **a** Der FeliCa Polling-Request startet einen Durchgang des Antikollisionsverfahrens. T + 1 entspricht der Anzahl der Zeitschlitze (TSN, *Time Slot Number*) für das ALOHA-Antikollisionsverfahren. **b** Polling-Response eines FeliCa-PICCs. Der *Manufacturer Parameter* PMm gibt Aufschluss über die maximalen Antwortzeiten für die verschiedenen Befehlsklassen

3.4.5 ISO/IEC 15693

Neben den Proximity-Systemen (ISO/IEC 14443 und FeliCa) gibt es noch weitere Systeme im Frequenzbereich von 13,56 MHz: die Vicinity-Systeme nach ISO/IEC 15693 [18–20] für Reichweiten bis zu einem Meter.

Auch bei Vicinity-Systemen erfolgt die Energie- und Datenübertragung über die induktive Kopplung von Lesegerät (VCD, *Vicinity Coupling Device*) und Chipkarte (VICC, *Vicinity Integrated Circuit Card*). Zur Übertragung vom VCD zur VICC wird ein 13,56-MHz-Trägersignal verwendet. Als Modulation wird 2-ASK mit einem Modulationsindex von 10 oder 100 % eingesetzt. Das Datensignal wird pulslagencodiert. In der entgegengesetzten Richtung kommt die Lastmodulation mit einem 424-kHz-Hilfsträger (bei OOK-Modulation) bzw. einem zusätzlichen 484-kHz-Hilfsträger (bei FSK-Modulation) zum Einsatz. Das Datensignal wird manchestercodiert. Im Gegensatz zu Proximity-Systemen erreichen Vicinity-Systeme nur Übertragungsraten bis etwa 26 kbit/s.

3.5 Aufbau von Smartcards

3.5.1 Speicherkarten

Abbildung 3.24 zeigt den grundlegenden Aufbau einer Speicherkarte. Das Kernelement einer Speicherkarte ist der nichtflüchtige Speicher (z. B. EEPROM). Um Daten für Zugriffsschutzmechanismen und die eindeutige Kennung jeder Karte zu speichern, ist zusätzlich noch ein einmal beschreibbarer Speicher (WORM, *Write once, Read multiple*) oder ein nicht beschreibbarer Speicher (ROM) vorhanden. Der Zugriff auf den Speicher wird durch eine Adressierungs- und Sicherheitslogik verwaltet. Dabei kann es sich um eine feste Verdrahtung des Speichers mit der Schnittstelle oder um einen Zustandsautomaten handeln.

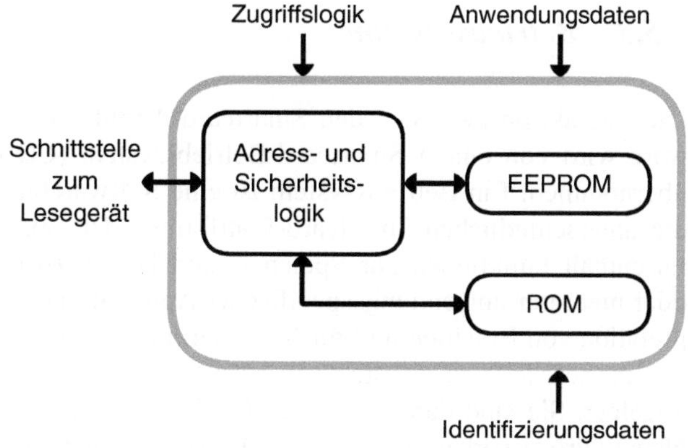

Abb. 3.24 Grundlegende Blöcke einer Speicherkarte. (Quelle: [28])

3.5.2 Prozessorkarten

Abbildung 3.25 zeigt den grundlegenden Aufbau einer Prozessorkarte. Das Kernstück jeder Prozessorkarte ist der Mikroprozessor. Zum Ablegen des Programmcodes und der Daten gibt es verschiedene Speichertypen. Das Smartcard-Betriebssystem und die Anwendungen befinden sich im ROM-Speicher und zum Teil im EEPROM-Speicher. Die Daten werden im flüchtigen RAM bzw. im nichtflüchtigen EEPROM gespeichert.

Eine MMU (*Memory Management Unit*) überwacht alle Speicherzugriffe. Dadurch lässt sich sicherstellen, dass einzelne Smartcard-Anwendungen nur auf ihre eigenen Speicherbereiche zugreifen können.

Für sicherheitskritische Aufgaben und spezielle Berechnungen stehen verschiedene Coprozessoren zur Verfügung. So enthalten Smartcards oft Coprozessoren für verschiedene Kryptografieverfahren (z. B. Public-Key-Kryptografie, symmetrische Kryptografie). Zur Erzeugung von privaten Schlüsseln und für verschiedene kryptografische Verfahren sind Zufallszahlen notwendig. Die Berechnung qualitativ hochwertiger Zufallszahlen erfolgt mit Hilfe eines *True Random Number Generators* (TRNG). Eine weitere, in Smartcards enthaltene Verarbeitungseinheit ist ein CRC-Generator. CRC (*Cyclic Redundancy Check*) ist eine Form der Prüfsummenberechnung. Der CRC-Generator berechnet also für eine bestimmte Bytefolge die Prüfsumme.

Zur Kommunikation mit der Außenwelt hat die Smartcard verschiedene Schnittstellen. Jede dieser Schnittstellen besteht aus einem UART (*Universal Asynchronous Receiver and Transmitter*) und einem Analogteil (z. B. kontaktlose Schnittstelle). Zusammen übertragen diese Blöcke die Daten als Bits und Bytes bzw. als elektrische Signale über eine kontaktbehaftete oder kontaktlose Schnittstelle.

Um die Chipkarte gegen verschiedene Angriffe zu schützen, enthält der Smartcard-Mikrochip auch noch verschiedene Sicherheitssensoren. Diese überwachen die elektrischen Signale und verschiedene andere Angriffsflächen des Chips.

3.5.3 Betriebssysteme

Die Interaktion zwischen den Smartcard-Applikationen und der Smartcard-Hardware wird von einem Smartcard-Betriebssystem (COS, *Card Operating System*) übernommen. Ein Betriebssystem ist eine Softwarebibliothek, die den Zugriff auf die unterschiedlichen Smartcard-Plattformen der einzelnen Hersteller abstrahiert. Es enthält Funktionen zur Speicher- und Dateiverwaltung, zur Verwaltung einer oder mehrerer anwendungsspezifischer Applikationen, zur Verarbeitung und Interpretation von Befehlen und für Kryptografieaufgaben [28].

Smartcard-Betriebssysteme werden bei der Chipherstellung im ROM-Speicher abgelegt. Sie sind daher nach der Produktion prinzipiell nicht mehr veränderbar. Neuere Prozessorkarten bzw. deren Betriebssysteme bieten jedoch die Möglichkeit,

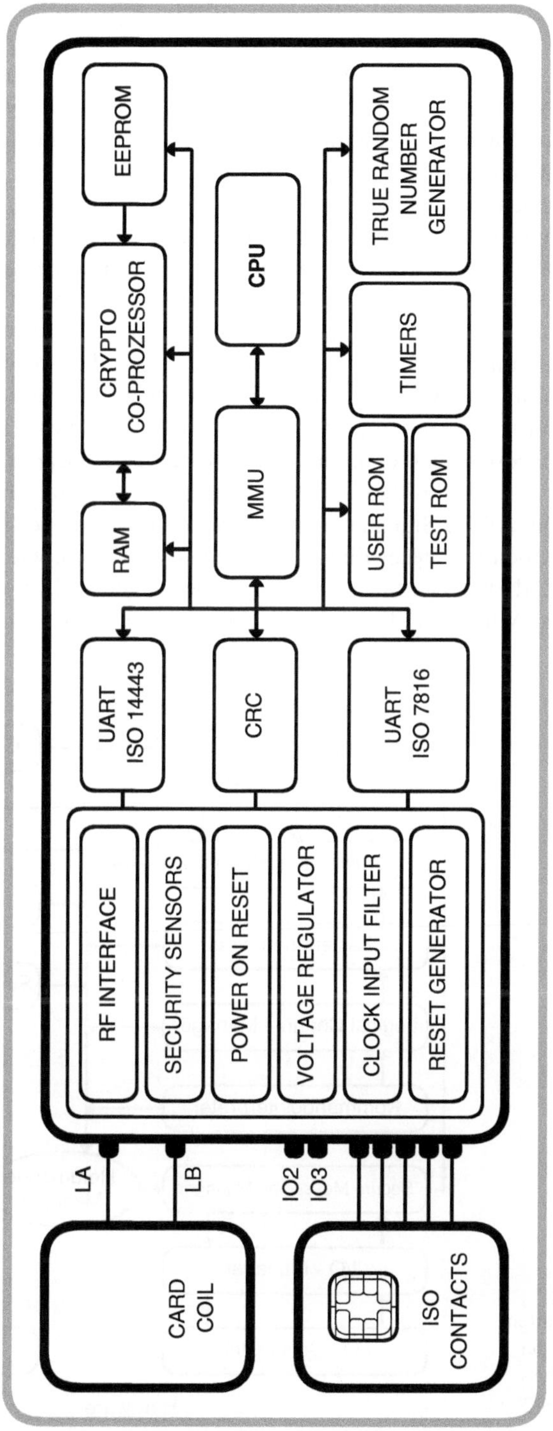

Abb. 3.25 Grundlegende Blöcke einer Prozessorkarte. (Nach [1])

geringfügige Änderungen und anwendungsspezifische Anpassungen des Betriebssystems im EEPROM-Speicher durchzuführen.

Die sehr eingeschränkte nachträgliche Veränderbarkeit stellt hohe Anforderungen an die Betriebssystementwicklung. Alle Funktionen müssen zuverlässig arbeiten. Dies wird durch einen streng modularen Aufbau, den Verzicht auf undokumentierte Funktionalität und ausführliche Tests erreicht.

Unter einem streng modularen Aufbau versteht man die strikte Trennung der einzelnen Verarbeitungsebenen in eigene Funktionsblöcke. Jeder dieser Funktionsblöcke lässt sich unabhängig von den anderen entwickeln, verändern oder austauschen. Die modulare Struktur eines typischen COS ist in Abb. 3.26 dargestellt.

Jede Hardwarekomponente wird durch ein eigenes Betriebssystemmodul verwaltet. Der Speichermanager organisiert den Zugriff auf die Speicher der Chipkarte. Die Kryptobibliothek verwaltet die Kryptografiehardware und -software. Für die Kommunikationsschnittstellen gibt es den I/O-Manager. Dieser übernimmt die Aufgaben der Transportschicht, d. h. die Verarbeitung des Transportprotokolls. Die nächste Schicht über dem I/O-Manager ist der Secure Messaging Manager. Dieses Modul führt bei Bedarf die Signatur oder die Verschlüsselung der APDUs durch. Darüber hinaus werden auf dieser Ebene Sicherheitsfunktionen, wie z. B. die PIN-Überprüfung, abgearbeitet. Der Secure Messaging Manager reicht die empfangenen und entschlüsselten APDUs an den Kommandointerpreter weiter. Dieser überprüft

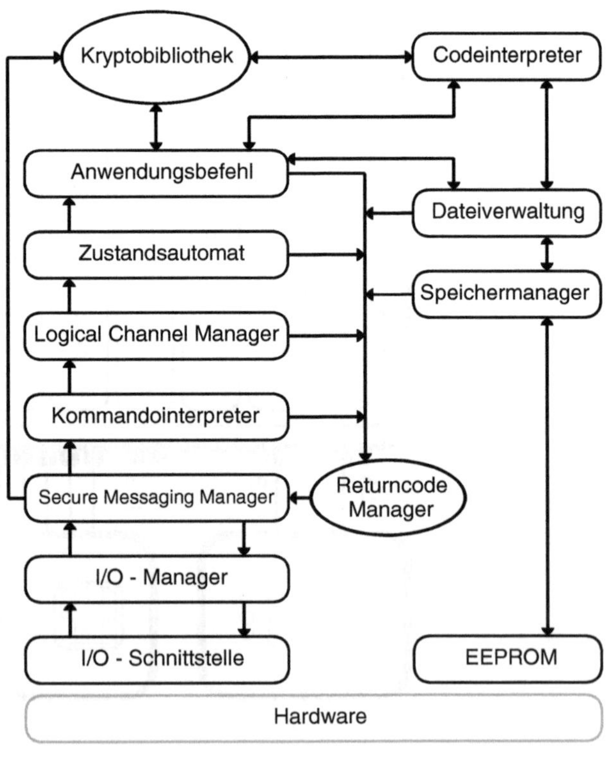

Abb. 3.26 Modulare Struktur eines Chipkarten-Betriebssystems und der Befehls- und Datenfluss innerhalb des Betriebssystems. (Nach [1, 28])

den Befehl und die Befehlsparameter. Auf der nächsten Ebene werden die empfangenen Befehle vom Logical Channel Manager auf logische Kanäle aufgeteilt. Die logischen Kanäle sind voneinander abgeschottet. Der Zustand und die Zugriffsrechte der einzelnen logischen Anwendungskanäle sind dabei vollständig voneinander getrennt, wodurch sich die einzelnen Anwendungsstränge nicht gegenseitig beeinflussen. Nach der Trennung in logische Kanäle folgt der Zustandsautomat. Dieser steuert den Programmfluss. Er sorgt für die Einhaltung einer bestimmten Befehlsabfolge und testet, ob die einzelnen Befehl-Parameter-Kombinationen im aktuellen Zustand zulässig sind. Zulässige Befehle werden anschließend an die entsprechende Anwendung weitergeleitet. Die Anwendung kann über die Kryptobibliothek auf kryptografische Mechanismen zugreifen, über den Codeinterpreter beispielsweise in Dateien abgelegten Programmcode ausführen oder über die Dateiverwaltung Zugriff auf Dateien anfordern. Sowohl im Fehlerfall, als auch im Erfolgsfall, generiert der Returncode Manager aus den Ergebnisinformationen eine Antwort-APDU.

Während es Smartcards gibt, die nur ein Anwendungsprogramm enthalten, welches zum Teil bereits bei der Produktion im ROM-Speicher abgelegt wird, gibt es auch Chipkarten, die mehr als eine Anwendung verwalten können. Zum Teil lassen sich sogar nach der Produktion mehrere Anwendungen auf die Smartcard laden. Gerade die Möglichkeit mehrere unabhängige Anwendungsprogramme auf einer Chipkarte zu betreiben birgt eine große Gefahr. Ein Angreifer könnte versuchen, Sicherheitslücken einer Anwendung auszunützen, um auf die geschützten Daten einer anderen Anwendung zuzugreifen. Er könnte sogar versuchen, eine eigene Anwendung zur Umgehung der Sicherheitsfunktionen auf die Smartcard zu laden.

Smartcard-Betriebssysteme sind jedoch mit speziellen Vorkehrungen ausgestattet, um solche Angriffe abzuwehren. Die Speicherverwaltung trennt die einzelnen Anwendungen mit Hilfe der MMU des Smartcard-Chips und verhindert eine wechselseitige Beeinflussung. Die sogenannte Hardwarefirewall (Abb. 3.27) erlaubt den einzelnen Anwendungsprogrammen nur auf ihre eigenen Daten in RAM, ROM und EEPROM zuzugreifen.

3.5.3.1 Beispiel: Java Card

Bei Java Card handelt es sich weder um eine bestimmte Hardware, noch um ein einzelnes Betriebssystem. Die Java Card Plattform ist eine Spezifikation, die es ermöglicht, Java-basierte Anwendungen, sogenannte Applets, auf Smartcards auszuführen. Ziel der Java-Card-Plattform ist es, Java-basierte Anwendungen unabhängig von der Hardwareplattform und unabhängig vom Betriebssystemhersteller auf verschiedenen Smartcards betreiben zu können. Ein Beispiel für ein Java Card Betriebssystem ist Java Card Open Platform (JCOP).

Im Vergleich zu Java weist Java Card einige Einschränkungen auf. So werden etwa nicht alle Datentypen unterstützt. Weiters ist kein Multithreading vorgesehen. Jedoch umfasst Java Card auch für Smartcards typische Eigenschaften. Ein Beispiel dafür ist die Trennung der einzelnen Anwendungen durch eine Applet Firewall. Diese Firewall schützt die Applets jeder Anwendung gegen Zugriffe aus einem fremden

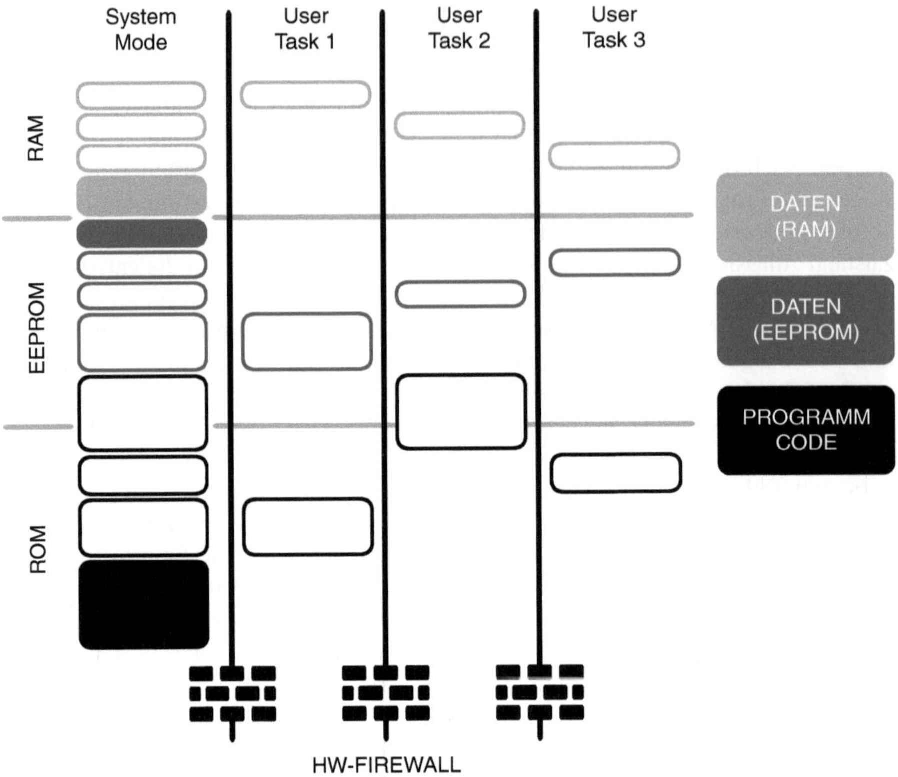

Abb. 3.27 Gegenseitige Abschottung der einzelnen Anwendungsprogramme auf einer Smartcard durch die Hardwarefirewall (MMU)

Anwendungskontext. Nur wenn ein Applet den Zugriff auf ein Objekt explizit erlaubt, lässt das Betriebssystem einen solchen Aufruf zu [26].

Java Card ist in einen On-Card- und einen Off-Card-Teil getrennt. Der On-Card-Teil besteht aus der Laufzeitumgebung (JCRE, *Java Card Runtime Environment*), eventuellen herstellerspezifischen Erweiterungen und den Java Card Applets. Das JCRE ist unterteilt in das Kartenbetriebssystem, den Java-Interpreter (JCVM, *Java Card Virtual Machine*) und die Programmierschnittstelle (*Java Card Framework* und *Application Programming Interface*) [26]. Der Off-Card-Teil betrifft einerseits die Entwicklung und Installation von Applets und andererseits die Kommunikation mit den Applets. Die Off-Card-Virtual-Machine erzeugt aus einer Java-Klasse ein Java-Card-Applet und installiert dieses auf der Java Card [27]. Zur Kommunikation mit den installierten Applets wird vom Betriebssystemhersteller üblicherweise eine Programmierschnittstelle zur Verfügung gestellt [26]. Die Java-Card-Plattform bietet zwei Möglichkeiten mit den Applets zu kommunizieren: Zum einen lässt sich das ausgewählte Applet direkt über APDU-Befehle ansprechen und zum anderen gibt es einen objektorientierten Datenaustausch.

3.5.4 *Dateisystem*

Die Daten auf einer Smartcard sind in einem Dateisystem organisiert. Die Befehle zum Zugriff auf diese strukturierten Daten sind im Standard ISO/IEC 7816-4 [8] normiert.

Der Verzeichnisbaum (Abb. 3.28) einer Chipkarte besteht aus einem Wurzelverzeichnis, Unterverzeichnissen und Dateien. Das Wurzelverzeichnis, das sogenannte Master File (MF), ist der Startknoten und ist allen anderen Verzeichnissen und Dateien übergeordnet. Ein Dedicated File (DF) bildet einen Verzweigungsknoten. Es kann für ein einfaches Verzeichnis oder eine ganze Anwendung stehen. Einem DF können weitere DFs oder Elementary Files (EFs) untergeordnet sein. Jedes EF ist ein Endknoten. Es gibt zwei Arten von EFs: Working EFs und Internal EFs. Während Working EFs von außen zugängliche Daten enthalten, die von der Smartcard-Software typischerweise nicht verarbeitet werden, ist der Zugriff auf Internal EFs ausschließlich der Smartcard-Software vorbehalten.

Jede Datei enthält Metainformationen. Diese geben den Dateityp, die Dateigröße, den Zugriffsschutz und, bei EFs, die Struktur der Datei an.

Die gesamte Smartcard, eine einzelne Anwendung bzw. ein DF oder einzelne Dateien können zugriffsgeschützt sein. Der Zugriffsschutz kann durch Zugriffsberechtigungen (z. B. Leserecht, Schreibrecht) gelockert werden. Dazu muss das Lesegerät über entsprechende Befehle mit einem geheimen Kennwort (z. B. PIN) oder einem Zugriffsschlüssel beweisen, dass es über eine entsprechende Berechtigung verfügt.

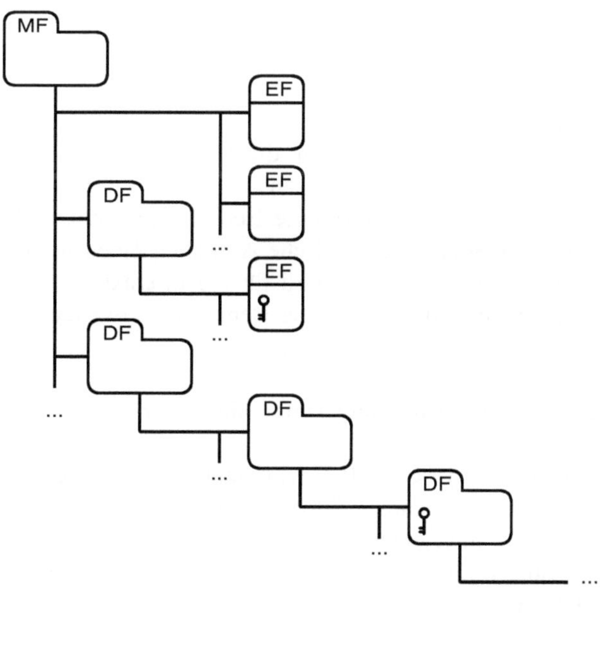

Abb. 3.28 Verzeichnisbaum einer Smartcard

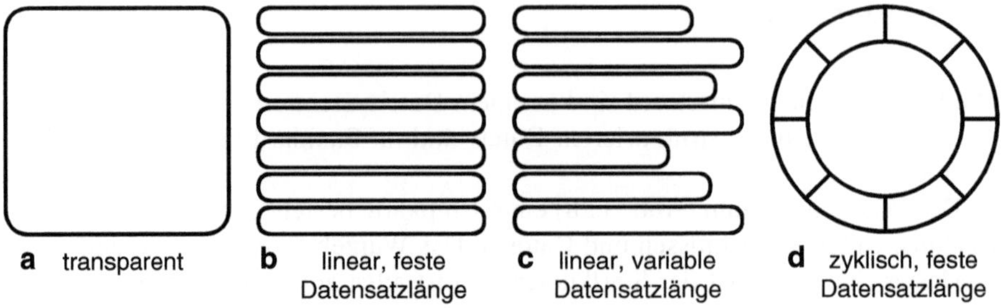

Abb. 3.29 Strukturvarianten von Elementary Files

Elementary Files können vier verschiedene Formen (Abb. 3.29) haben:

- transparent,
- linear angeordnete Datensätze fester Länge,
- linear angeordnete Datensätze variabler Länge und
- zyklisch angeordnete Datensätze fester Länge.

Transparente Dateien ermöglichen einen byteweisen Zugriff und haben eine beliebige innere Struktur. Dateien mit Datensätzen ermöglichen hingegen einen datensatzweisen Zugriff. Die Datensätze können dabei linear, d. h. in Listenform, oder zyklisch angeordnet sein. Die zyklische Anordnung wird beispielsweise dann verwendet, wenn eine bestimmte Anzahl an vergangenen Transaktionen aufgezeichnet werden soll. Jeder hinzugefügte Log-Eintrag bewirkt die Löschung des ältesten vorhandenen Eintrags.

3.5.5 Befehle

APDUs sind Container für die Übertragung von Befehlen, Befehlsparametern, Daten und Befehlsergebnissen. Während Smartcards beliebige Befehle, auch nicht in ISO/IEC 7816-4 normierte Befehle, unterstützen können, gibt es für verschiedene, für Smartcards typische Aufgaben einen normierten Grundbefehlssatz. Ein Großteil dieser Befehle wird für die Interaktion mit dem Smartcard-Dateisystem und zur Authentifizierung des Benutzers verwendet.

3.5.5.1 Auswahl einer Datei oder einer Anwendung

Mit dem SELECT_FILE-Kommando kann eine Datei (Master File, Dedicated File oder Elementary File) bzw. eine Anwendung (Dedicated File) anhand der Dateikennung, eines Pfads oder eines Anwendungsnamens ausgewählt werden. Darüber hinaus lassen sich mit dieser Instruktion die Metainformationen einer Datei auslesen.

3.5.5.2 Zugriff auf transparente Dateien

Zum Zugriff auf transparente Dateien gibt es vier Kommandos:

- READ_BINARY,
- WRITE_BINARY,
- UPDATE_BINARY und
- ERASE_BINARY.

Damit ist es möglich, Daten byteweise aus einer Datei zu lesen (READ), in eine Datei zu schreiben (WRITE), vorhandene Daten zu überschreiben (UPDATE) und vorhandene Datenbits in den gelöschten Zustand zu versetzen (ERASE).

3.5.5.3 Zugriff auf Datensätze

Auch zum Zugriff auf Dateien mit Datensätzen gibt es vier Befehle:

- READ_RECORD(S),
- WRITE_RECORD,
- APPEND_RECORD und
- UPDATE_RECORD.

Mit diesen Befehlen ist es möglich, Datensätze zu lesen (READ), Datensätze zu schreiben (WRITE), neue Datensätze an eine Datei anzuhängen (APPEND) und vorhandene Datensätze zu aktualisieren (UPDATE).

3.5.5.4 Authentifizierung durch die Überprüfung von Identifikationsdaten

Eine Möglichkeit zur Authentifizierung eines Benutzers ist die Überprüfung eines geheimen Kennwortes oder einer Identifikationsnummer (PIN, Personal Identification Number). Um solche Identifikationsdaten zur Überprüfung an die Chipkarte zu senden, wird das VERIFY-Kommando verwendet. Im Erfolgsfall bestätigt die Karte die Identifikationsdaten mit dem Statuscode '9000' und gibt den Zugriff auf die geschützten Ressourcen frei. Sind die Identifikationsdaten ungültig, dann gibt die Smartcard die Anzahl der verbleibenden Fehlversuche zurück.

3.5.5.5 Authentifizierung durch das Challenge-Response-Verfahren

Eine weitere Möglichkeit zur Authentifizierung eines Benutzers ist das Challenge-Response-Verfahren (Anfrage-Antwort-Verfahren). In einem ersten Schritt fordert das Lesegerät mit dem GET_CHALLENGE-Kommando eine „Challenge" (z. B. eine Zufallszahl) an. Aus diesen Daten und einem Zugriffsschlüssel berechnet das Lesegerät die „Response" (Authentifikationsdaten). Diese „Response" wird mit dem Befehl EXTERNAL_AUTHENTICATE an die Chipkarte gesendet. Die Smartcard überprüft anhand der zuvor gesendeten „Challenge" und eines auf der Karte gespeicherten Schlüssels die Gültigkeit der empfangenen Authentifikationsdaten.

3.6 Sicherheit von Smartcard-Mikrochips

Viele Anwendungen stellen hohe Anforderungen an die Sicherheit von Smartcards. Im Vergleich zu herkömmlichen Datenträgern oder Karten mit Magnetstreifen haben Smartcards den Vorteil, dass darauf abgelegte sicherheitskritische Informationen zuverlässig gegen unbefugte Zugriffe geschützt sind. So werden darauf z. B. geheime Schlüssel gespeichert oder sicherheitskritische Anwendungsprogramme (Kreditkarten, Bankomatkarten, GSM, ...) ausgeführt. Um diese zuverlässige Sicherheit zu gewährleisten, enthalten Smartcards eine Vielzahl von Schutzmaßnahmen gegen die unterschiedlichsten Arten von Angriffen. Dabei ist jedoch zu beachten, dass diese Vorkehrungen niemals eine hundertprozentige Sicherheit bieten. Sie gestalten lediglich den Aufwand für einen potentiellen Angreifer ausreichend groß, um den Kosten-Nutzen-Faktor gering zu halten und damit einen eventuellen Angriff unrentabel zu machen [28].

3.6.1 Klassifizierung von Angriffen

Angriffe gegen Smartcard-Anwendungen lassen sich nach [28] in drei Gruppen einteilen:

- physikalische,
- logische und
- soziale Attacken.

Bei physikalischen Attacken versucht der Angreifer Informationen aus dem Smartcard-Mikrochip auszuspähen oder das Betriebsverhalten des Mikrochips durch gezielte Manipulationen zu beeinflussen. Logische Attacken greifen die Ausführung des Smartcard-Betriebssystems und der Anwendungsprogramme an. Sie nutzen Schwachstellen in Algorithmen und Applikationen. Soziale Attacken (*Social engineering*) beziehen sich nicht direkt auf Manipulationen am Smartcard-Mikrochip, sondern auf die Interaktion zwischen der Smartcard-Anwendung und dem Anwender oder die Beeinflussung von an der Entwicklung und Produktion beteiligten Personen. Ein Angreifer könnte dabei versuchen, geheime Informationen des Anwenders, wie z. B. die PIN oder ein Kennwort, auszuspionieren. Durch Manipulation von Entwicklern und Know-how-Trägern wäre es einem Angreifer möglich, an detaillierte Informationen über den inneren Aufbau einer Smartcard zu erhalten oder sogar Schadsoftware bei der Entwicklung einfließen zu lassen. Aus diesem Grund lässt sich diese Klasse von Angriffen auch nicht über Schutzmaßnahmen am Mikrochip verhindern. Vielmehr muss Angriffen über die soziale Schiene durch sichere Arbeitsumgebungen, Datenschutzmaßnahmen, Aufteilung von Know-how und strenges Reviewing entgegen gewirkt werden.

3.6.2 Attacken und Schutzmaßnahmen

Bei der Entwicklung und Herstellung von Smartcard-Mikrochips und deren Software wird darauf geachtet, die möglichen Angriffsrisiken zu minimieren. Durch Schutzmaßnahmen im Chip- und Softwaredesign lassen sich viele Angriffsszenarien gezielt verhindern.

3.6.2.1 Grundlegende Maßnahmen im Entwicklungsprozess

Die Maßnahmen zur Herstellung sicherer Smartcard-Mikrochips beginnen bereits bei der Gestaltung des Entwicklungsprozesses. An oberster Stelle stehen die Geheimhaltung und die Aufteilung von Wissen. Um gegen soziale Attacken geschützt zu sein, darf niemals ein einzelner Beteiligter über Detailwissen über den gesamten Mikrochip, das gesamte Betriebssystem oder die gesamte Anwendungssoftware verfügen.

Im Hard- und Softwaredesign müssen alle Funktionen dokumentiert und getestet sein. Undokumentierte Hilfsfunktionen könnten im schlimmsten Fall später von einem Angreifer entdeckt und ausgenutzt werden. Neben internen Reviewing-Strategien hilft oft eine Evaluierung der Hard- und Software durch Dritte um Fehler und Manipulationsversuche aufzudecken.

3.6.2.2 Manipulationen am Mikrochip

Um Manipulationen am Smartcard-Mikrochip zu erschweren, werden bereits beim Chipdesign Sensoren und andere Schutzmechanismen eingebaut.

Der fertige Mikrochip ist mit einer Passivierungsschicht überzogen [28]. Diese Schutzschicht verhindert den physischen Zugriff zu den einzelnen Komponenten des Mikrochips. Während des Betriebs überwachen Sensoren das Vorhandensein der Passivierung und unterbinden so den Betrieb eines ungeschützten Chips.

Eine weitere Gefahr besteht darin, dass ein Angreifer die Strukturen des Chips entschlüsselt oder mit geeignetem Werkzeug Speicherinhalte direkt aus den Strukturen des Mikrochips ausliest. Um dies zu verhindern werden spezielle Layout-Schritte durchgeführt. Statt die Chip-Logik in einzelne Designblöcke getrennt optimal auf der Chipfläche zu verteilen, werden die Designblöcke zerwürfelt und unübersichtlich über die Chipfläche verteilt angeordnet. Dies erschwert die Entschlüsselung der Chipstrukturen durch einen Angreifer.

Ein ähnliches Verfahren findet bei den Speicher- und Busstrukturen statt. Die Adressen der einzelnen Speicherzellen werden vermischt. Durch eine spezielle Logik an den Endpunkten des Busses lässt sich eine Vermischung sogar chipindividuell oder, im Fall eines RAM, dynamisch zur Laufzeit durchführen [28]. Dadurch kann ein Angreifer, der es schafft den ROM- oder EEPROM-Inhalt auszulesen, nur dann etwas mit diesen Daten anfangen, wenn er den chipindividuellen Vermischungsschlüssel kennt. Darüber hinaus werden Speicher- und Busstrukturen in den tieferen Schichten des Chips angeordnet, um einen direkten Zugriff zu verhindern.

Dennoch reichen reine Hardwaremaßnahmen noch nicht gegen alle physischen Manipulationen aus. Ein EEPROM-Speicher lässt sich z. B. durch UV-Licht löschen. Wird nun bei einer elektronischen Geldbörse der maximale Aufladewert durch den Löschzustand des EEPROMs codiert, könnte ein Angreifer durch gezielte Bestrahlung des Chips mit UV-Licht diese elektronische Geldbörse auf den Maximalbetrag aufladen [28]. Der Softwareentwickler muss also auch bei der Programmierung auf die Beschaffenheit der Hardware achten.

3.6.2.3 Angriffe über den Betriebszustand

Smartcard-Mikrochips sind über mehrere elektrische Signale mit der Außenwelt, d. h. mit einem Lesegerät, verbunden. Ein standardkonformes Lesegerät hält sich dabei an definierte Signalpegel und Signalfrequenzen. Ein möglicher Angreifer könnte nun versuchen, diese Betriebsbedingungen so zu verändern, dass die Funktion des Mikrochips gestört wird. Eine Erhöhung der Taktfrequenz könnte z. B. dazu führen, dass einzelne Befehle unvollständig abgearbeitet werden. Ein Betrieb unterhalb der zulässigen Betriebsspannung könnte Schreib- oder Löschvorgänge im EEPROM verhindern.

Die Smartcard-Mikrochips enthalten aus diesem Grund Sensoren, welche die Betriebsfrequenz, die Versorgungsspannung und die Betriebstemperatur überwachen, und so unzulässige Betriebszustande erkennen. Der Chip kann anhand dieser Messwerte bei Bedarf in den Resetzustand versetzt werden.

3.6.2.4 Attacken über die logische Ebene

Smartcard-Mikrochips sind elektronische Schaltkreise. Für jede Zustandsänderung, d. h. für jedes Umschalten von einer logischen Null auf eine logische Eins und für jedes Umschalten einer logischen Eins auf eine logische Null, wird Energie aufgewendet. Die Abarbeitung einer Operation auf einem Mikrocontroller bewirkt daher eine Stromaufnahme durch die elektronischen Schaltkreise. *Power Analysis* [2] bezeichnet ein Verfahren zur Analyse dieser Stromaufnahme. Es lässt sich zeigen, dass bestimmte Befehls und Parameterkombinationen (und damit verschiedene Bitmuster) unterschiedliche Stromprofile bewirken. Anhand solcher Messungen lassen sich daher Rückschlüsse auf die Algorithmen und vor allem auf die verarbeiteten Daten ziehen. Ein Angreifer könnte so versuchen, geheime Schlüssel zu ermitteln. Um diese Art des Angriffs zu verhindern sind Smartcard-Mikrochips oft mit speziellen Schaltungen ausgestattet, die diese charakteristischen Stromprofile durch konstante Stromaufnahme unterdrücken.

Bei der Softwareentwicklung muss stets darauf geachtet werden, dass sich über das Ausführungsverhalten keine Rückschlüsse auf die verwendeten Algorithmen oder deren Ausgang ziehen lassen. Würde z. B. die Dauer der PIN-Prüfung von den übereinstimmenden Stellen abhängen, könnte ein Angreifer daraus Rückschlüsse auf die richtige PIN ziehen [28].

Eine weitere Angriffsmöglichkeit bieten Schreibzugriffe auf den EEPROM-Speicher. Der Softwareentwickler darf bei Smartcards nicht auf den vollständigen Abschluss bestimmter Programmabschnitte oder Schreiboperationen vertrauen. Eine Angriffsstrategie wäre z. B. durch eine gezielte Unterbrechung der Versorgungsspannung den gerade zu schreibenden Speicherinhalt zu manipulieren. Dieses Verhalten lässt sich am Beispiel der PIN-Prüfung (Abb. 3.30) zeigen.

Der Algorithmus in Abb. 3.30a prüft in einem ersten Schritt die PIN, gibt zurück, ob das Prüfergebnis positiv oder negativ ausgefallen ist und manipuliert erst zum Schluss den Fehlbedienungszähler. Einem Angreifer ermöglicht diese Variante, das Ergebnis der PIN-Überprüfung abzuwarten und im Fall eines negativen Ergebnisses, rechtzeitig bevor der Fehlbedienungszähler in den Speicher geschrieben wird, die Versorgungsspannung zu unterbrechen. Somit registriert die Chipkarte den Fehlversuch bei der PIN-Eingabe nicht. Die zweite Variante des Algorithmus (Abb. 3.30b)

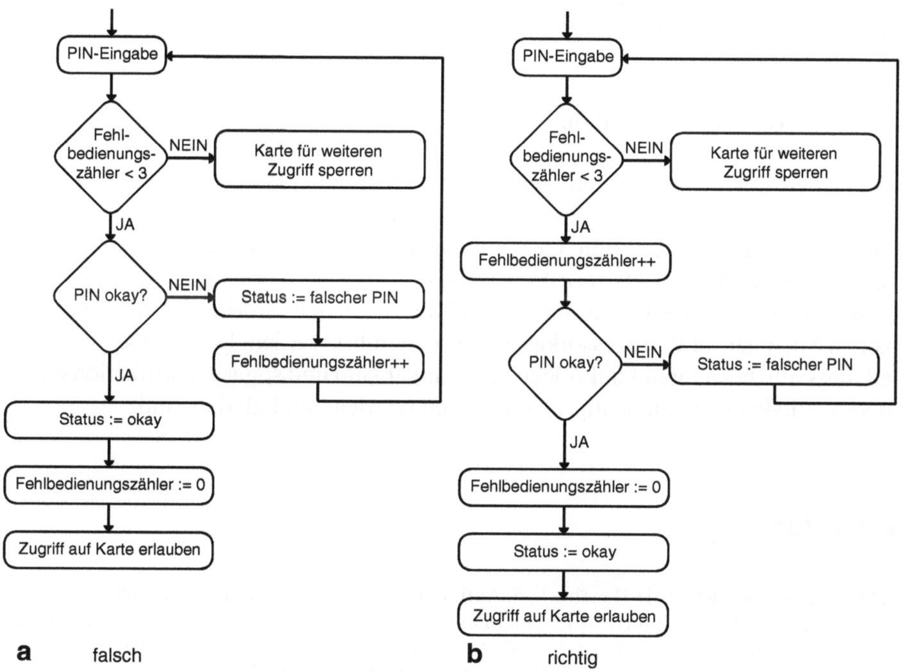

Abb. 3.30 Zwei Varianten der PIN-Prüfung, wobei Variante **a** ein Sicherheitsrisiko durch schlecht angeordnete Speicherzugriffe darstellt, welches in Variante **b** behoben wird

verhindert diese Vorgehensweise. Der Fehlbedienungszähler wird nun in jedem Fall erhöht, unabhängig davon, ob die zu prüfende PIN gültig ist oder nicht. Erst nachdem eine gültige PIN eingegeben wurde, setzt der Algorithmus den Fehlbedienungszähler zurück. Eine vorzeitige Unterbrechung der Versorgungsspannung hat daher immer dieselben Auswirkungen wie ein Fehlversuch bei der PIN-Eingabe.

Auch bei anderen Schreib- und Löschoperationen im EEPROM-Speicher ist Vorsicht geboten. Während das Setzen oder Löschen eines einzelnen Bits oft noch eine atomare, d. h. eine unteilbare, in einem Schritt durchführbare, Operation darstellt, kann das Schreiben mehrerer Bits bereits mehrere Schritte benötigen. Ohne zusätzliche Kontrollmaßnahmen kann daher nicht angenommen werden, dass bei einem Schreibvorgang alle Bits vollständig geschrieben werden. Moderne Smartcard-Betriebssysteme, wie Java Card, enthalten Funktionen um solche Zugriffe zuverlässig durchzuführen. Auf einer Java Card lassen sich EEPROM-Zugriffe in Transaktionen zusammenfassen. Das Betriebssystem stellt dabei durch Zwischenspeichern der alten und der neuen Werte sicher, dass die Abläufe einer Transaktion entweder vollständig oder überhaupt nicht ausgeführt werden. Die Transaktionen lassen sich so beim Wiedereinschalten der Versorgungsspannung rückgängig machen.

Weitere potentielle Schwachstellen auf der logischen Ebene sind Kryptoalgorithmen und Zufallszahlengeneratoren. So dürfen die vom Zufallszahlengenerator ermittelten Zahlen nicht von Umgebungs- oder Betriebsbedingungen, wie dem Takt, der Zeit zwischen Befehlen, der Versorgungsspannung oder der Temperatur abhängen. Ein Angreifer könnte sonst die vorwiegend für kryptografische Operationen verwendeten Zufallszahlen vorherbestimmen.

3.6.2.5 Weitere Angriffsmöglichkeiten

Es existiert noch eine Vielzahl weiterer Angriffsmöglichkeiten. So könnte ein Angreifer z. B. die Datenübertragung zwischen der Chipkarte und dem Lesegerät abhören oder manipulieren. Eine Gegenmaßnahme ist die Verwendung signierter und verschlüsselter APDUs (*Secure Messaging*).

Andere Attacken könnten auch mit Hilfe von Smartcard-Emulatoren (nachgebauten Speicher- und Prozessorkarten) durchgeführt werden. Diese haben den Vorteil, dass alle bekannten Funktionen nachbaubar sind und sogar Identifikationsnummern die jeden Chip eindeutig identifizieren würden, duplizierbar sind.

Literatur

[1] Finkenzeller K: RFID-Handbuch, 5. Aufl. Carl Hanser Verlag, München (2008)

[2] Kocher P, Jaffe J, Jun B: Differential Power Analysis. In: Goos G, Hartmanis J, van Leeuwen J (Hrsg) Proceedings of the 19th Annual International Cryptology Conference, CRYPTO' 99, pp. 388–397. Springer-Verlag, Berlin/Heidelberg (1999)

[3] Norm ETSI TS 102 613 V9.0.0: Smart Cards – UICC – Contactless Front-end (CLF) Interface – Part 1: Physical and data link layer characteristics (Release 9, Okt 2009)

[4] Norm ISO/IEC 7810:2003: Identification cards – Physical characteristics
[5] Norm ISO/IEC 7816-1:1998: Identification cards – Integrated circuit(s) cards with contacts – Part 1: Physical characteristics
[6] Norm ISO/IEC 7816-2:2007: Identification cards – Integrated circuit cards – Part 2: Cards with contacts – Dimensions and location of contacts
[7] Norm ISO/IEC 7816-3:2006: Identification cards – Integrated circuit cards – Part 3: Cards with contacts – Electrical interface and transmission protocols
[8] Norm ISO/IEC 7816-4:2005: Identification cards – Integrated circuit cards – Part 4: Organization, security and commands for interchange
[9] Norm ISO/IEC 7816-10:1999: Identification cards – Integrated circuit(s) cards with contacts – Part 10: Electronic signals and answer to reset for synchronous cards
[10] Norm ISO/IEC 7816-12:2005: Identification cards – Integrated circuit cards – Part 12: Cards with contacts – USB electrical interface and operating procedures
[11] Norm ISO/IEC 10536-1:2000: Identification cards – Contactless integrated circuit(s) cards – Close-coupled cards – Part 1: Physical characteristics
[12] Norm ISO/IEC 10536-2:1995: Identification cards – Contactless integrated circuit(s) cards – Close-coupled cards – Part 2: Dimensions and location of coupling areas
[13] Norm ISO/IEC 10536-3:1996: Identification cards – Contactless integrated circuit(s) cards – Close-coupled cards – Part 3: Electronic signals and reset procedures
[14] Norm ISO/IEC 14443-1:2008: Identification cards – Contactless integrated circuit cards – Proximity cards – Part 1: Physical characteristics
[15] Norm ISO/IEC 14443-2:2001: Identification cards – Contactless integrated circuit(s) cards – Proximity cards – Part 2: Radio frequency power and signal interface
[16] Norm ISO/IEC 14443-3:2001: Identification cards – Contactless integrated circuit(s) cards – Proximity cards – Part 3: Initialization and anticollision
[17] Norm ISO/IEC 14443-4:2008: Identification cards – Contactless integrated circuit cards – Proximity cards – Part 4: Transmission protocol
[18] Norm ISO/IEC 15693-1:2000: Identification cards – Contactless integrated circuit(s) cards – Vicinity cards – Part 1: Physical characteristics
[19] Norm ISO/IEC 15693-2:2006: Identification cards – Contactless integrated circuit cards – Vicinity cards – Part 2: Air interface and initialization
[20] Norm ISO/IEC 15693-3:2001: Identification cards – Contactless integrated circuit(s) cards – Vicinity cards – Part 3: Anticollision and transmission protocol
[21] Norm ISO/IEC 18000-6:2004: Information technology – Radio frequency identification for item management – Part 6: Parameters for air interface communications at 860 MHz to 960 MHz
[22] Norm ISO/IEC 18000-6:2004/Amd 1:2006: Extension with Type C and update of Type A and B
[23] Norm ISO/IEC 18092:2004: Information technology – Telecommunications and information exchange between systems – Near Field Communication – Interface and Protocol (NFCIP-1)
[24] Norm JIS X 6319-4:2005: Specification of implementation for integrated circuit(s) cards – Part 4: High Speed proximity cards
[25] NXP Semiconductors: SmartMX platform features – Short Form Specification, Rev 1.0 (März 2004)
[26] Ortiz CE: An Introduction to Java Card Technology – Part 1 (Mai 2003)
[27] Ortiz CE: An Introduction to Java Card Technology – Part 2, The Java Card Applet (Sept 2003)
[28] Rankl W, Effing W: Handbuch der Chipkarten, 5. Aufl. Carl Hanser Verlag, München (2008)

Kapitel 4
Beispiele für kontaktlose Chipkarten

In diesem Kapitel werden die beiden kontaktlosen Chipkartensysteme MIFARE und FeliCa vorgestellt.

4.1 MIFARE

MIFARE ist eine Produktreihe der Firma NXP Semiconductors (vormals Philips Semiconductors). Ursprünglich wurde das System von der österreichischen Firma Mikron entwickelt. Der Name MIFARE steht für *Mikron fare collection*. Es handelt sich dabei um ein, zum Standard ISO/IEC 14443 Typ A kompatibles, kontaktloses Smartcard-System. Das ursprüngliche Anwendungsgebiet waren elektronische Bezahlsysteme für den öffentlichen Personennahverkehr.

Laut Hersteller wurden bereits über eine Milliarde MIFARE-Smartcard-ICs verkauft[1]. MIFARE ist damit das weltweit am weitesten verbreitete kontaktlose Chipkartensystem.

Es gibt derzeit sechs verschiedene Varianten von MIFARE-Smartcard-ICs:

- MIFARE Ultralight,
- MIFARE Ultralight C,
- MIFARE Classic,
- MIFARE Plus,
- MIFARE DESFire und
- SmartMX.

Diese Varianten unterscheiden sich in Speicherumfang, Funktionsweise, Sicherheit und Preis.

MIFARE Ultralight [3] wurde für einfache Ticketanwendungen entwickelt. Es bietet als einzige Sicherheitsfunktion einen permanenten Schreibschutz an. Die Kosten pro Mikrochip sind so gering, dass MIFARE Ultralight auch für Wegwerftickets einsetzbar ist. Die Weiterentwicklung dieser Low-Cost-Chipkarten ist MIFA-

[1] Quelle: http://www.nxp.com/products/identification/mifare/ (Stand 14. November 2009)

J. Langer, M. Roland, *Anwendungen und Technik von Near Field Communication (NFC)*, DOI 10.1007/978-3-642-05497-6_4, © Springer-Verlag Berlin Heidelberg 2010

RE Ultralight C [4]. Diese Variante bietet mehr Speicherplatz, zusätzlichen Schutz durch eine 3DES-Authentifikation (*Tripple Data Encryption Algorithm*) und ist darüber hinaus rückwärtskompatibel zu MIFARE Ultralight. MIFARE Classic ist die älteste Smartcard-Variante der MIFARE Produktreihe. Sie ist für Ticketanwendungen, elektronische Bezahlsysteme, Zutrittskontrolle und Identifikationskarten vorgesehen. Es gibt drei verschiedene Speichergrößen: Classic 1k [6], Classic 4k [7] und Mini [5]. Die Datenübertragung ist verschlüsselt und der Zugriff auf den Speicher lässt sich durch Zugriffsschlüssel schützen. Durch mehrere Schwachstellen im Zusammenhang mit der verschlüsselten Datenübertragung gilt MIFARE Classic in der Zwischenzeit (über zehn Jahre nach der Markteinführung) als überholt. Die Weiterentwicklung von MIFARE Classic ist MIFARE Plus [10]. Die Smartcard-ICs der MIFARE Plus Familie sind rückwärtskompatibel zu MIFARE Classic. Darüber hinaus bieten sie eine AES-Verschlüsselung (*Advanced Encryption Standard*) und eine Echtheitsprüfung. MIFARE DESFire [8] ist die High-End-Variante der Produktreihe. Es handelt sich dabei um eine Prozessorchipkarte mit umfangreichen Sicherheits- und Verschlüsselungsfunktionen. Auf einer MIFARE DESFire Smartcard haben bis zu 28 Anwendungen mit jeweils 32 Dateien Platz. Die Chipkarte lässt sich sowohl über einen typischen MIFARE-Befehlssatz, als auch über APDUs ansteuern. Zusätzlich zu den reinen MIFARE-Produkten gibt es noch die Dual- bzw. Multi-Interface-Plattform SmartMX [11]. Diese bietet auch eine Variante mit MIFARE-Unterstützung.

4.1.1 MIFARE Ultralight

MIFARE Ultralight ist ein einfacher Speicherchip. Er besteht aus einer kontaktlosen Schnittstelle nach ISO/IEC 14443 Typ A, einer digitalen Steuereinheit und einem Speicher (EEPROM). Abbildung 4.1 zeigt den schematischen Aufbau eines MIFARE Ultralight Mikrochips.

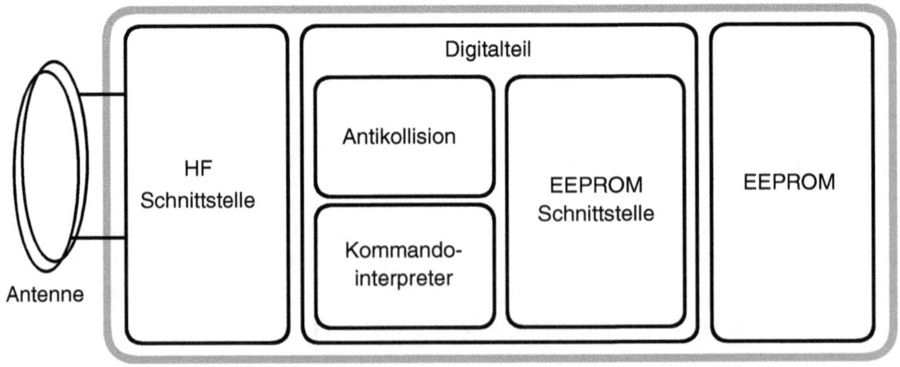

Abb. 4.1 Schematischer Aufbau eines MIFARE Ultralight Mikrochips. (Nach [3])

Bytenummer	0	1	2	3	Speicherseite
Seriennummer	SN0	SN1	SN2		0
Seriennummer	SN3	SN4	SN5	SN6	1
Lockbits			Lock0	Lock1	2
OTP	OTP0	OTP1	OTP2	OTP3	3
Daten	Data0	Data1	Data2	Data3	4
Daten	Data4	Data5	Data6	Data7	5
Daten	...	...	...	...	...
Daten	Data44	Data45	Data46	Data47	15

Abb. 4.2 Speicherorganisation von MIFARE Ultralight. (Nach [3])

Die Aufgaben der digitalen Steuereinheit sind die Verarbeitung des Protokolls ISO/IEC 14443 Typ A und die Umsetzung der Schreib- und Lesebefehle in Speicherzugriffe auf das EEPROM.

Das EEPROM enthält 512 Speicherbits. Diese sind in 16 Speicherseiten zu je vier Bytes organisiert (Abb. 4.2). Die Seriennummer (sieben Bytes) ist eine vom Hersteller vergebene, für jeden Chip eindeutige Kennung (UID). Sie wird auch im Antikollisionsverfahren eingesetzt. Der frei verwendbare Speicherbereich umfasst 32 bits an einmal programmierbarem Speicher (OTP) und 376 bits an frei programmierbarem Speicher. Durch Lockbits lässt sich jede einzelne Speicherseite für alle weiteren Schreibzugriffe sperren.

4.1.2 MIFARE Classic

MIFARE Classic ist ein Speicherchip mit Sicherheitsfunktionen zum Zugriffsschutz und zur Verschlüsselung der Datenübertragung. Er besteht aus einer kontaktlosen Schnittstelle nach ISO/IEC 14443 Typ A, einer digitalen Steuereinheit und einem Speicher (EEPROM). Abbildung 4.3 zeigt den schematischen Aufbau eines MIFARE Classic Mikrochips.

Die Aufgaben der digitalen Steuereinheit sind die Verarbeitung des Protokolls ISO/IEC 14443 Typ A, die Authentifizierung anhand von Zugriffsschlüsseln, die Verschlüsselung und die Umsetzung der Schreib- und Lesebefehle in Speicherzugriffe auf das EEPROM. Für die Verschlüsselung wird „CRYPTO1“, ein proprietärer, kryptografischer Algorithmus verwendet.

MIFARE Classic gibt es mit drei verschiedenen Speichergrößen: 1 kB (Classic 1k), 4 kB (Classic 4k) und 320 Byte (Mini). Der Speicher (Abb. 4.4) ist in Blöcken zu je 16 Bytes organisiert. Je vier Blöcke sind zu einem Sektor zusammengefasst. Block 0 in Sektor 0 enthält herstellerspezifische Daten sowie die Seriennummer

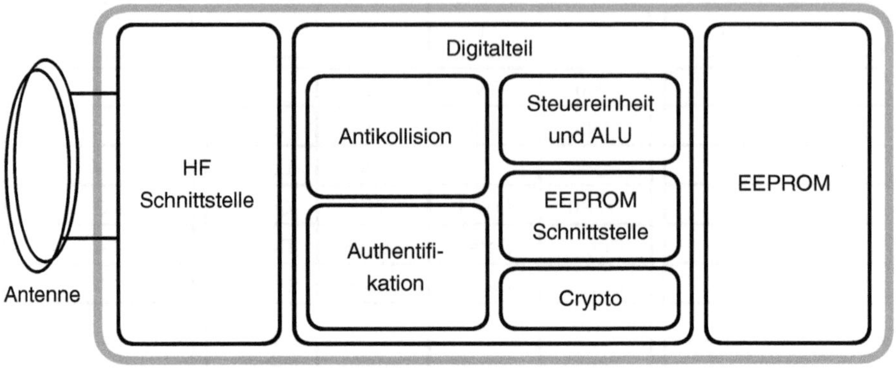

Abb. 4.3 Schematischer Aufbau eines MIFARE Classic Mikrochips. (Nach [6])

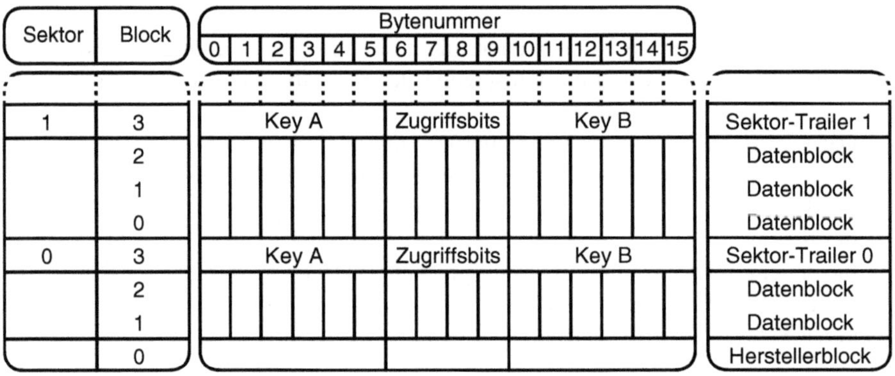

Abb. 4.4 Speicherorganisation von MIFARE Classic. (Nach [6])

(4 Bytes), eine vom Hersteller vergebene, für jeden Chip eindeutige Kennung (UID), die auch im Antikollisionsverfahren verwendet wird.

Jeder Sektor lässt sich durch eigene Zugriffsschlüssel schützen. Die Zugriffsbits geben dabei für jeden Block an welche Operationen mit welchem der beiden Zugriffschlüssel ausgeführt werden dürfen.

Die Datenblöcke können als gewöhnliche Datenblöcke mit Schreib- bzw. Lesezugriff oder als „Value Block" verwendet werden. Wird ein Zahlenwert in der Form eines „Value Blocks" gespeichert, dann stehen zusätzlich zu den Schreib- und Lesebefehlen noch Befehle zum Inkrementieren und Dekrementieren des Zahlenwertes und zum Abschluss bzw. Abbruch einer solchen Transaktion zur Verfügung.

Der Ablauf eines Speicherzugriffs bei MIFARE Classic ist in Abb. 4.5 dargestellt.

Nachdem die Chipkarte in die Reichweite des Lesegeräts gebracht wurde, beginnt die Antikollision und die Identifikation und Auswahl einer Chipkarte. Anschließend wird eine Drei-Wege-Authentifizierung mit dem Schlüssel des anzusprechenden

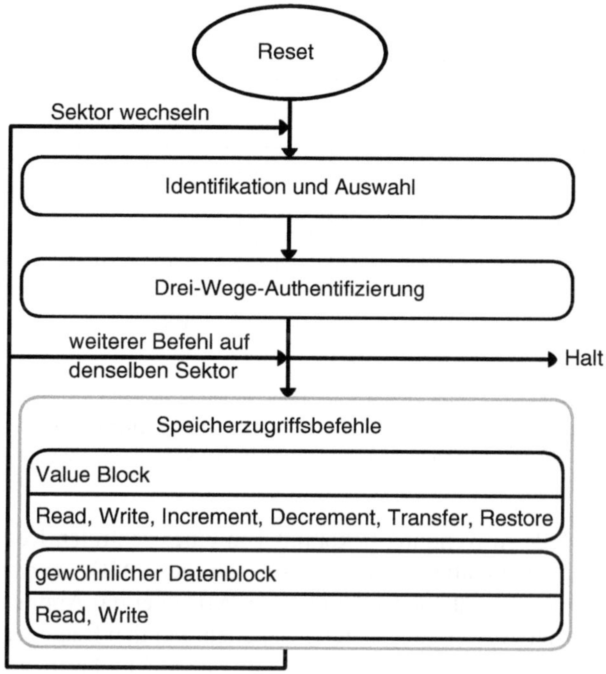

Abb. 4.5 Ablaufdiagramm des Speicherzugriffs bei MIFARE Classic. (Nach [6])

Sektors durchgeführt. Ist die Authentifizierung erfolgreich, gibt die Karte den Zugriff auf die Daten- bzw. Werteblöcke des Sektors frei. Über die entsprechenden Speicherzugriffsbefehle lassen sich die Daten und Werte lesen bzw. verändern. Soll auf einen anderen Sektor zugegriffen werden, beginnen die Chipkartenauswahl und die Authentifizierung von vorne.

4.1.3 MIFARE Application Directory

MIFARE-Chipkarten, wie MIFARE Classic und MIFARE DESFire, sind darauf ausgelegt, nicht nur die Daten für eine einzelne Anwendung, sondern auch für mehrere verschiedene Anwendungen zu speichern. MIFARE Classic hat zu diesem Zweck beispielsweise für jeden Sektor individuelle Zugriffsschlüssel. Das MIFARE Application Directory (MAD) ist ein spezieller, frei lesbarer Speicherbereich, der jeden Sektor einer Anwendung zuordnet.

Je nach Chiptyp und Speichergröße gibt es drei unterschiedliche Varianten des MAD: MAD Version 1, MAD Version 2 und MAD Version 3 [9]. Version 1 und 2 sind für MIFARE Classic vorgesehen. Wobei Version 1 nur Anwendungen in den ersten 16 Sektoren unterstützt, während Version 2 auch für größere Speicher geeignet ist. MAD Version 3 ist eine spezielle Variante für das dateisystembasierte MIFARE DESFire.

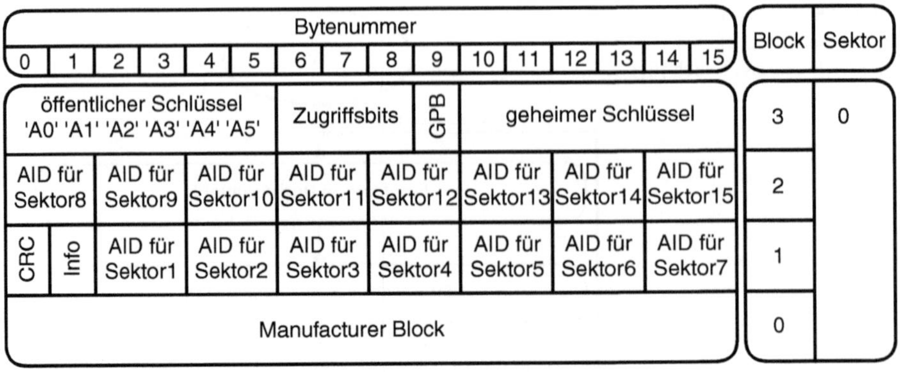

Abb. 4.6 Das MIFARE Application Directory im Sektor 0 für MAD Version 1 und 2 besteht aus einer Prüfsumme (*CRC*), dem Info-Byte, dem General Purpose Byte (*GPB*) und jeweils einem AID für die 15 Datensektoren von MIFARE Classic 1k. (Quelle: [9])

Jede Anwendung bekommt von einer zentralen Registrierungsstelle eine 16 bit lange eindeutige Identifikationsnummer (AID, *Application Identifier*) zugeteilt. Das Lesegerät kann anhand dieser AID über das Application Directory die Sektoren mit den Anwendungsdaten feststellen. Für den Benutzer ergibt sich daraus sogar ein besonderer Vorteil: Anstatt die passende Chipkarte aus seiner Brieftasche heraussuchen zu müssen, kann das Lesegerät automatisch die Anwendungsverzeichnisse aller MIFARE-Karten durchsuchen und jene Karte mit der richtigen Anwendung auswählen [9].

Das MAD Version 1 ist in Sektor 0 (Abb. 4.6) der Chipkarte abgelegt. MAD Version 2 verwendet zusätzlich noch Sektor 16 (Abb. 4.7). Diese Sektoren können von jedem mit dem öffentlichen Zugriffsschlüssel 'A0A1A2A3A4A5' gelesen werden. Der Schreibzugriff ist hingegen durch einen geheimen Schlüssel geschützt.

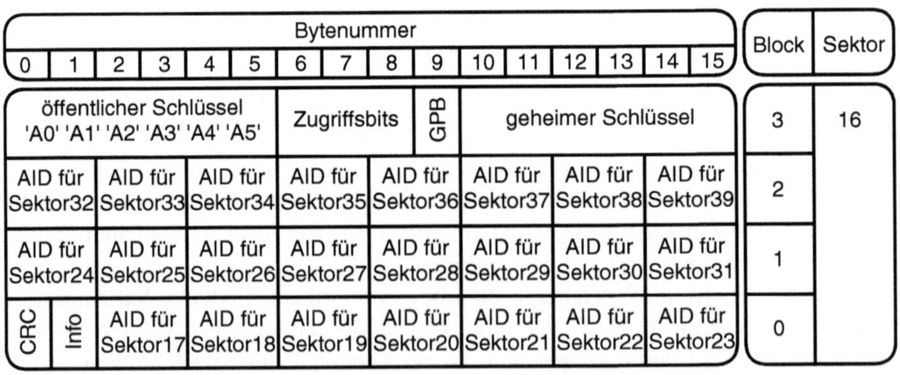

Abb. 4.7 Das MIFARE Application Directory im Sektor 16 für MAD Version 2 besteht aus einer Prüfsumme (*CRC*), dem Info-Byte, dem General Purpose Byte (*GPB*) und jeweils einem AID für maximal 23 zusätzliche Datensektorensektoren. (Quelle: [9])

Dadurch kann zwar jeder die Liste der verfügbaren Anwendungen auslesen, jedoch nicht beliebig schreiben. Der geheime Schlüssel ist im Besitz des Kartenausstellers. Damit kann nur dieser die Zuteilung von Sektoren zu Anwendungen verändern.

Jeder MAD-Sektor (Sektor 0 und Sektor 16) besteht aus einer Prüfsumme, einem Info-Byte, einem General Purpose Byte (GPB) und je einem Application Identifier pro Datensektor. Das GPB gibt an, ob der Sektor als Application Directory verwendet wird, ob die Karte für eine einzelne Anwendung oder für mehrere Anwendungen vorgesehen ist und ob es sich um Version 1 oder Version 2 handelt. Das Info-Byte verweist auf einen Sektor der vom Kartenaussteller genutzt wird. Damit lässt sich feststellen, wer für die Zuordnung von Datensektoren zu Anwendungen zuständig ist. Die Prüfsumme ist ein 8 bit langer CRC mit dem Polynom $x^8 + x^4 + x^3 + x^2 + 1$ mit dem Initialwert 'E3'. Sie wird über das Info-Byte und die AIDs gebildet. Die AID-Liste ordnet jedem Datensektor genau einen Application Identifier zu.

4.2 FeliCa

FeliCa ist eine kontaktlose Chipkartentechnologie der Firma Sony. Der Name FeliCa steht für *Felicity Card*. Das Wort „*felicity*“ bedeutet in etwa Glückseligkeit. Sony möchte damit zum Ausdruck bringen, dass dieses System geschaffen wurde, um das tägliche Leben (in Bezug auf Chipkartentransaktionen) einfacher und angenehmer zu gestalten [12]. Das kontaktlose Smartcard-System FeliCa ist im japanischen Industriestandard JIS X 6319-4 [2] normiert und ist kompatibel zum NFC-Standard (ISO/IEC 18092 [1]).

Sony bietet die Transponder in verschiedenen Bauformen (Chipkarte, Token) und mit verschiedenen Speichergrößen an. Damit deckt FeliCa mit einem einheitlichen System verschiedenste Bereiche ab. Dazu zählen [12]:

- Identifikation und Zutrittskontrolle,
- Mitgliedsausweise,
- elektronische Veranstaltungstickets,
- elektronische Tickets für den öffentlichen Personen- und Nahverkehr,
- elektronische Geldbörsen und
- e-Commerce.

4.2.1 Dateisystem

Die Daten auf einem FeliCa-Transponder sind in einem Dateisystem organisiert. Es gibt drei Dateitypen: *Area Files*, *Service Files* und *Overlapped Service Files*. Das Dateisystem ist mit dem Smartcard-Dateisystem nach ISO/IEC 7816-4 vergleichbar. Dabei entsprechen Area Files in etwa den Dedicated Files und Service Files den Elementary Files.

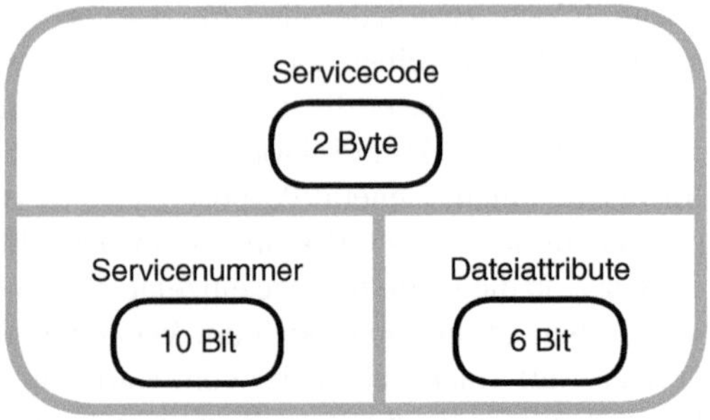

Abb. 4.8 Der Servicecode besteht aus der Servicenummer und den Dateiattributen

Area Files sind also Verzeichnisse, mit denen sich das Dateisystem hierarchisch gliedern lässt. Sie können dazu verwendet werden, um die Daten anwendungsweise zusammenzufassen. Darüber hinaus ermöglichen sie die hierarchische Vergabe von Zugriffsrechten, weil jede Datei (Area, Service und Overlapped Service) über einen eigenen Zugangsschlüssel gesichert werden kann.

Service Files sind Datendateien. Sie haben immer eine feste Länge und sind aus Blöcken zu je 16 Bytes aufgebaut. Sie können eine lineare, eine zyklische oder eine Zählerstruktur haben. Bei der linearen Struktur sind alle Blöcke der Reihe nach durchnummeriert und es besteht wahlfreier Zugriff. In zyklischen Dateien sind die Blöcke beginnend beim zuletzt geschriebenen Block aufsteigend sortiert. Die Zählerstruktur ist eine spezielle Form der linearen Datei. Jeder Zählerblock ist ein Datensatz und besteht aus dem aktuellen Zählerwert und dem zuletzt abgezogenen Wert (vorzeichenlose 4-Byte-Ganzzahlen), einem benutzerdefinierten Datenfeld (6 Bytes) und einem Transaktionscode (2 Bytes).

Overlapped Service Files sind Datendateien ohne eigenen Datenspeicher. Stattdessen zeigen sie auf den Speicherbereich eines anderen Service Files. Dabei vergeben sie jedoch andere Zugangsschlüssel und andere Zugriffsrechte für die Datei.

Jede Datei hat einen (innerhalb des Dateisystems) eindeutigen, 2 Byte langen, Dateinamen. Dieser wird als Servicecode (Abb. 4.8) bezeichnet und besteht aus einer Servicenummer und Dateiattributen. Die Dateiattribute (Tab. 4.1) geben an, ob es sich um ein Area File, oder ein Service File handelt, welche Struktur ein Service File hat und welcher Zugriffsmodus erlaubt ist. Service Files und zugehörige Overlapped Service Files teilen sich immer eine Servicenummer. Ihr Servicecode unterscheidet sich daher nur in den Dateiattributen. Area Files übernehmen immer die niedrigste Servicenummer der untergeordneten Dateien. Wurzelverzeichnis ist das Area File mit dem Servicecode '0000'.

4.2.2 *Befehlssatz*

Eine FeliCa-PICC hat drei Betriebszustände: Mode 0, Mode 1 und Mode 2. Je nach Zustand können unterschiedliche Befehle ausgeführt werden. Zwei Befehle, Request Response und Request Service, lassen sich in jedem Modus verwenden. Der

Tab. 4.1 Mögliche Dateiattribute im FeliCa-Dateisystem

Dateiattribute	Dateityp	Zugriffsmodus
'000000'b	Area File, unterhalb sind weitere Area Files erlaubt	–
'000001'b	Area File, unterhalb sind keine weiteren Area Files erlaubt	–
'001001'b	Service File mit linearer Struktur	Lesen und schreiben
'001011'b		Nur lesen
'001101'b	Service File mit zyklischer Struktur	Lesen und schreiben
'001111'b		Nur lesen
'010001'b	Service File mit Zählerstruktur	Lesen und schreiben
'010011'b		Letzte Abbuchung rückgängig machen
'010101'b		Wert abbuchen
'010111'b		Nur lesen

Request Response Befehl gibt den aktuellen Betriebszustand zurück. Der Request Service Befehl fordert für eine Liste von Dateien Informationen über die jeweils verwendeten Authentifikationsmechanismen an.

Im Mode 0 hat keine Authentifizierung stattgefunden. Es ist daher nur ein Zugriff auf ungeschützte Dateien mit Lese- und Schreibbefehlen möglich. Mode 1 ist die erste Stufe eines zweistufigen gegenseitigen Authentifikationsverfahrens. In diesen Modus gelangt man mit dem Befehl Authenticate1. Nach einem erfolgreichen Authenticate2-Befehl erreicht man Mode 2. Dieser Modus ermöglicht die Ausführung von verschlüsselten Lese- und Schreibbefehlen auf geschützte Dateien. Im Zusammenhang mit NFC sind jedoch vor allem die gewöhnlichen Lese- und Schreibbefehle für ungeschützte Dateien von Bedeutung. Daher werden diese in den folgenden Abschnitten näher beschrieben.

4.2.2.1 Read-Befehl

Mit dem Read-Befehl können Daten von einer FeliCa-PICC gelesen werden. Der Read-Request (Abb. 4.9a) fordert die Daten für eine Liste von Blöcken, die einer Liste von Servicecodes zugeordnet sind, an.

Die Read-Response (Abb. 4.9b) liefert die Daten für die angeforderte Blockliste oder, im Fehlerfall, einen Statuscode. Alle Statuswerte außer '0000' signalisieren einen Fehler.

4.2.2.2 Write-Befehl

Mit dem Write-Befehl können Daten auf einem Transponder gespeichert werden. Der Write-Request (Abb. 4.10a) überträgt die Daten für eine Liste von Blöcken, die einer Liste von Servicecodes zugeordnet sind.

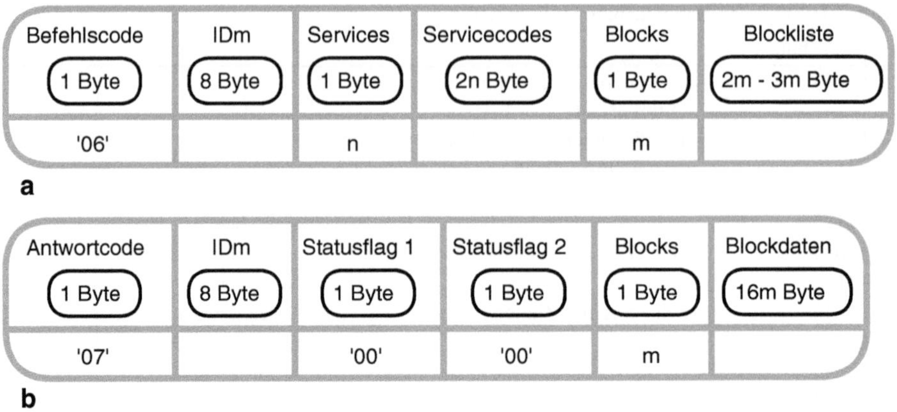

Abb. 4.9 FeliCa Read-Request und Read-Response. Die Reihenfolge der Blockdaten der Read Response stimmt mit der Blockliste des Read-Request überein. **a** Read-Request: Datenblöcke eines oder mehrerer Services auslesen, **b** Read-Response: Statuscode und Daten der ausgelesenen Datenblöcke

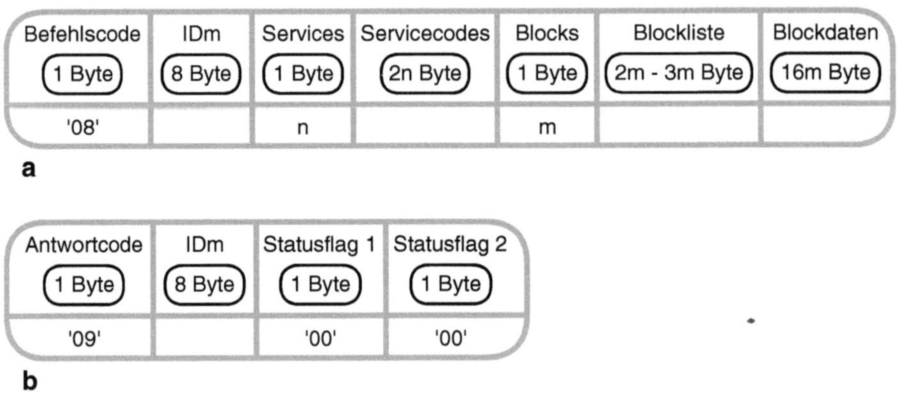

Abb. 4.10 FeliCa Write-Request und Write Response. **a** Write-Request: Datenblöcke eines oder mehrerer Services schreiben (die Reihenfolge der Blockdaten stimmt mit der Blockliste überein.), **b** Write-Response: Statuscode

Die Write-Response (Abb. 4.10b) liefert einen Statuscode. Alle Statuswerte außer '0000' signalisieren einen Fehler. Wenn beim Schreiben ein Speicherfehler aufgetreten ist, enthält das Statusflag 1 den Wert '70'. Wenn der EEPROM-Speicher die maximale Anzahl an Schreibzyklen erreicht hat, enthält das Statusflag 1 den Wert '71'.

4.2.2.3 Blockliste

Die Blockliste besteht aus *m* Einträgen. Jeder Eintrag besteht aus zwei oder drei Bytes. Byte 0 enthält die Formatangabe, den Zugriffsmodus und den Index des zugehörigen Servicecodes. Die übrigen Bytes geben die Blocknummer an. Die Formatangabe ist in Bit 7 von Byte 0 codiert und bestimmt die Größe der Blocknummer. Der Wert '0'b kennzeichnet eine zwei Byte lange Blocknummer, während der Wert '1'b eine ein Byte lange Blocknummer signalisiert. Bit 6 bis 4 enthalten den Zugriffsmodus. Bit 3 bis 0 geben den Index des Servicecodes in der Servicecodeliste an. Die Blocknummer indiziert einen einzelnen Block des entsprechenden Service.

Literatur

[1] Norm ISO/IEC 18092:2004: Information technology – Telecommunications and information exchange between systems – Near Field Communication – Interface and Protocol (NFCIP-1)
[2] Norm JIS X 6319-4:2005: Specification of implementation for integrated circuit(s) cards – Part 4: High Speed proximity cards
[3] NXP Semiconductors: MF0ICU1 Functional specification MIFARE Ultralight – Product Data Sheet, Rev 3.4 (Feb 2008)
[4] NXP Semiconductors: MF0ICU2 MIFARE Ultralight C – Product Short Data Sheet, Rev 3.2 (Mai 2009)
[5] NXP Semiconductors: MF1ICS20 Functional specification – Product Data Sheet, Rev 1.1 (Jan 2008)
[6] NXP Semiconductors: MF1ICS50 Functional specification – Product Data Sheet, Rev 5.3 (Jan 2008)
[7] NXP Semiconductors: MF1ICS70 Functional specification – Product Data Sheet, Rev 4.1 (Jan 2008)
[8] NXP Semiconductors: MF3ICD21, MF3ICD41, MF3ICD81 MIFARE DESFire EV1 contactless multi-application IC – Product Short Data Sheet, Rev 02 (März 2009)
[9] NXP Semiconductors: MIFARE Application Directory (MAD) – Application Note, Rev 04 (März 2009)
[10] NXP Semiconductors: MIFARE Plus – Product Leaflet (Okt 2008)
[11] NXP Semiconductors: SmartMX platform features – Short Form Specification, Rev 1.0 (März 2004)
[12] Sony Global: Overview of FeliCa – What is FeliCa? http://www.sony.net/Products/felica/abt/index.html, Stand: 12 Nov 2009

Kapitel 5
NFC-Technologie

Dieses Kapitel gibt einen Überblick über den Übertragungsstandard Near Field Communication (NFC). Zunächst erfolgt eine Einführung in die Normierungsaktivitäten. Anschließend wird das Zusammenspiel bestehender Standards und Protokolle mit den weiterführenden Spezifikationen des NFC Forums betrachtet. Die einzelnen Kommunikationsarten, sowie die Maßnahmen zur Auswahl eines passenden NFC-Betriebsmodus werden im Detail erklärt. Ein Ausblick auf die Sicherheitsaspekte der NFC-Technologie bildet den Abschluss des Kapitels.

5.1 Einführung und Überblick

Near Field Communication (NFC) wurde 2002 durch die Chiphersteller NXP Semiconductors und Sony entwickelt. Es handelt sich dabei um die Zusammenführung der beiden proprietären RFID-Systeme MIFARE (ISO/IEC 14443 Typ A) und FeliCa. NFC ist ein Übertragungsstandard für kurze Distanzen bis zu zehn Zentimetern und ist kompatibel zu bestehenden RFID-Standards im Frequenzbereich von 13,56 MHz. Mit NFC sind derzeit Übertragungsgeschwindigkeiten bis zu 424 kbit/s möglich.

5.1.1 Normierungsaktivitäten

Der NFC-Standard wird durch Ecma International normiert. Ecma International ist ein Zusammenschluss von Industrieunternehmen, mit der Aufgabe internationale Normen im Bereich der Informations- und Kommunikationssysteme und der Unterhaltungselektronik zu schaffen. Speziell für schnelllebige Technologien bietet die Standardisierung in Ecma den Vorteil, dass das Normierungsverfahren in einer relativ kurzen Zeitspanne abgewickelt wird [1]. Zudem besteht durch das, von Ecma International und ISO angebotene Fast-Track-Verfahren die Möglichkeit, Ecma-

J. Langer, M. Roland, *Anwendungen und Technik von Near Field Communication (NFC)*,
DOI 10.1007/978-3-642-05497-6_5, © Springer-Verlag Berlin Heidelberg 2010

Tab. 5.1 Normierung von NFC durch Ecma International

Norm	Bezeichnung
ECMA-340 [10]	Near Field Communication Interface and Protocol (NFCIP-1)
ECMA-352 [11]	Near Field Communication Interface and Protocol-2 (NFCIP-2)
ECMA-356 [12]	NFCIP-1 RF Interface Test methods
ECMA-362 [13]	NFCIP-1 Protocol Test Methods
ECMA-373 [14]	Near Field Communication Wired Interface (NFC-WI)
ECMA-385 [15]	NFC-SEC: NFCIP-1 Security Services and Protocol
ECMA-386 [16]	NFC-SEC-01: NFC-SEC Cryptography Standard using ECDH and AES

Normen in sehr kurzer Zeit in ISO-Standards zu überführen [1]. Dieses Fast-Track-Verfahren wurde auch bei den NFC-Normen angewendet.

Die beiden zentralen Standards der NFC-Technologie sind NFCIP-1 (ECMA-340 [10] bzw. ISO/IEC 18092 [22]) und NFCIP-2 (ECMA-352 [11] bzw. ISO/IEC 21481 [23]). Die Abkürzung NFCIP steht dabei für „*Near Field Communication Interface and Protocol*", d. h. die Schnittstelle und das Protokoll der Near Field Communication.

Neben diesen zentralen Standards gibt es noch eine Reihe weiterer Normen. Diese beziehen sich auf Testmethoden, eine kontaktbehaftete Anbindung des NFC-Protokolls und die sichere Datenübertragung. Tabelle 5.1 gibt einen Überblick über die Ecma-NFC-Normen.

5.1.2 Das NFC Forum

Das NFC Forum ist ein Zusammenschluss von Herstellern, Anwendungsentwicklern, Finanzdienstleistern und weiteren Unternehmen und Organisationen, die die NFC-Technologie einsetzen möchten. Es wurde 2004 von den Unternehmen NXP Semiconductors, Sony und Nokia gegründet und zählt in der Zwischenzeit etwa 150 Mitglieder [7]. Das Forum hat vier zentrale Aufgaben, die der Verbreitung der NFC-Technologie dienen sollen [7]:

- Es werden standardbasierte NFC-Spezifikationen entwickelt. Diese sollen eine modulare Architektur und wesentliche Parameter für die Kompatibilität von NFC-Geräten und NFC-Protokollen vorgeben.
- Die Entwicklung von Produkten auf der Basis dieser NFC-Forum-Spezifikationen wird vorangetrieben.
- Es wird sichergestellt, dass NFC-Produkte die NFC-Forum-Spezifikationen einhalten.
- Konsumenten und Unternehmen werden über NFC und seine Anwendungsmöglichkeiten sowie Vorteile informiert.

5.1.3 Zusammenspiel der Standards und Protokolle

NFC setzt auf den induktiv gekoppelten RFID-Systemen im Frequenzbereich von 13,56 MHz auf. Abbildung 5.1 zeigt die Normen und deren Einordnung in den NFC-Standard.

NFCIP-1 kombiniert die Übertragungsprotokolle von MIFARE (d. h. ISO/IEC 14443 Typ A [17, 18]) und FeliCa (d. h. JIS X 6319-4 [24]) und erweitert diese um zusätzliche Kommunikationsmöglichkeiten und ein neues Transportprotokoll. In NFCIP-1 sind drei Übertragungsgeschwindigkeiten definiert: 106 kbit/s (auf der Basis von MIFARE), 212 kbit/s und 424 kbit/s (jeweils auf der Basis von FeliCa).

NFCIP-2 kombiniert NFC mit der Funktionalität von Proximity-Lesegeräten (ISO/IEC 14443 Typ A und Typ B [17–19]) und Vicinity-Lesegeräten (ISO/IEC 15693 [20, 21]). Zu diesem Zweck wird definiert, wie die Auswahl eines der drei Kommunikationsmodi, NFC (NFCIP-1), PCD (ISO/IEC 14443) oder VCD (ISO/IEC 15693), abläuft.

Bei klassischen RFID-Systemen gibt es immer eine aktive und eine oder mehrere passive Komponenten. Aktiv ist das Lesegerät, welches das magnetische Feld für die Energieversorgung der passiven Komponenten zur Verfügung stellt. Bei Proximity-Systemen, d. h. Systemen mit Reichweiten bis zu zehn Zentimetern, werden die aktive Komponente als *Proximity Coupling Device* (PCD) und der passive Transponder als *Proximity Integrated Circuit Card* (PICC) bezeichnet. Bei Vicinity-Systemen, d. h. Systemen mit Reichweiten bis zu einem Meter, werden die aktive Komponente als *Vicinity Coupling Device* (VCD) und der passive Transponder als *Vicinity Integrated Circuit Card* (VICC) bezeichnet.

NFC hebt diese strikte Trennung auf. Ein NFC-Gerät kann sowohl die Rolle der steuernden Komponente (Initiator) als auch die Rolle der gesteuerten Komponente (Target) übernehmen. Auch bei der Energie- und Datenübertragung besteht ein Unterschied zu klassischen RFID-Systemen. Einerseits gibt es den typischen passiven Modus, indem der Initiator ein Trägersignal zur Energie- und Datenübertragung bereitstellt. Andererseits bietet NFCIP-1 auch einen aktiven Modus, indem Initiator und Target abwechselnd das Trägersignal zur Datenübertragung erzeugen.

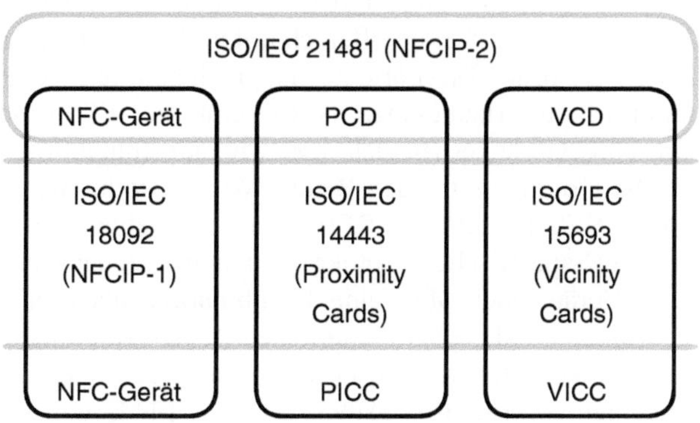

Abb. 5.1 RFID- und NFC-Normen und deren Einordnung in den NFC-Standard

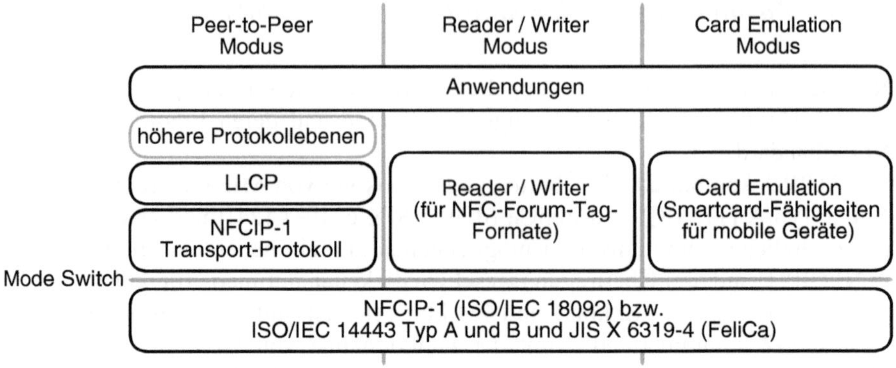

Abb. 5.2 Überblick über die NFC Forum Architecture [5]

Der passive Modus von NFCIP-1 ist kompatibel zu MIFARE und FeliCa. Ein Initiator im passiven Betrieb verhält sich wie ein MIFARE- bzw. FeliCa-Lesegerät. Ebenso emuliert ein Target im passiven Betrieb eine MIFARE- bzw. FeliCa-PICC.

Auf der Basis dieser grundlegenden Normen baut das NFC Forum durch weiterführende Spezifikationen eine vollständige NFC-Architektur (*NFC Forum Architecture*) auf. Ein Überblick über diese Architektur ist in Abb. 5.2 dargestellt. Dabei ist zu beachten, dass sich das NFC Forum nur auf Proximity-Systeme (ISO/IEC 18092, ISO/IEC 14443, JIS X 6319-4) konzentriert. Vicinity-Systeme (ISO/IEC 15693) sind nicht Teil der NFC-Forum-Technologie.

Die NFC-Architektur gliedert sich in drei Betriebsarten:

- Peer-to-Peer-Modus,
- Reader/Writer-Modus und
- Card-Emulation-Modus.

Der Peer-to-Peer-Modus ermöglicht die Kommunikation zwischen zwei NFC-Geräten. Die Grundlagen für diesen Modus sind in NFCIP-1 normiert. Im Reader/Writer-Modus kann ein NFC-Gerät mit passiven Transpondern, sogenannten NFC-Forum-Tags, kommunizieren. Obwohl dies nicht durch das NFC Forum spezifiziert ist, können NFC-Geräte oft auch mit anderen kontaktlosen Chipkarten, die keinem der NFC-Forum-Tag-Formate entsprechen, interagieren. Der optionale Card-Emulation-Modus erlaubt einem NFC-Gerät mit RFID-Lesegeräten zu kommunizieren. Das NFC-Gerät verhält sich dazu wie eine kontaktlose Smartcard.

Die Grundlage für den Reader/Writer-Modus und den Card-Emulation-Modus bilden NFCIP-1 und die RFID-Normen. Neben dem Peer-to-Peer-Modus, in dem ein NFC-spezifisches Protokoll für den Datenaustausch eingesetzt wird, können NFC-Geräte auch über eine Kombination aus Reader/Writer-Modus und Card-Emulation-Modus über die üblichen RFID-Protokolle kommunizieren.

Die Basis aller drei Betriebsarten sind die Bitübertragungs- und Datensicherungsschichten von ISO/IEC 18092, ISO/IEC 14443 und JIS X 6319-4. ISO/IEC 18092 umfasst dabei bereits die Bitübertragungs- und Datensicherungsschichten von ISO/

IEC 14443 Typ A für eine Datenrate von 106 kbit/s und von JIS X 6319-4 (FeliCa) für die Datenraten 212 und 424 kbit/s. Die Auswahl des passenden Betriebsmodus und des passenden Low-Level-Protokolls wird durch die Mode-Switch-Prozedur durchgeführt.

Der digitale Teil der Bitübertragungsschicht und der Media-Access-Control-Layer der Datensicherungsschicht sind in der *NFC Digital Protocol* Spezifikation [8] des NFC Forum zusammengefasst. Das Digital Protocol umfasst die Protokolle nach ISO/IEC 18092 und ISO/IEC 14443 und definiert daraus die drei Technologien NFC-A (ISO/IEC 14443 Typ A), NFC-B (ISO/IEC 14443 Typ B) und NFC-F (FeliCa). Darüber hinaus werden die Transportprotokolle nach ISO/IEC 18092 und ISO/IEC 14443 und die Kommunikation mit den NFC-Forum-Tags spezifiziert.

5.2 Peer-to-Peer-Modus

Der Peer-to-Peer-Modus (*NFC Forum Peer Mode*) erlaubt den Datenaustausch zwischen zwei NFC-Geräten. Der Protokollstapel des Peer-to-Peer-Modus ist in Abb. 5.3 dargestellt.

Die unterste Schicht des Protokollstapels für den Peer-to-Peer-Modus bildet die Bitübertragungsschicht nach ISO/IEC 18092 (NFCIP-1). Es gibt daher einen aktiven und einen passiven Kommunikationsmodus, wobei der Initiator bestimmt, welcher Modus angewendet wird. Die Datensicherungsschicht ist in einen Media-Access-Control-Layer (MAC) und einen Logical-Link-Control-Layer (LLC) unterteilt. Der MAC-Layer ist in ISO/IEC 18092 normiert und besteht aus den Verfahren für den Verbindungsaufbau und die Initialisierung und dem Datenaustauschprotokoll. Das

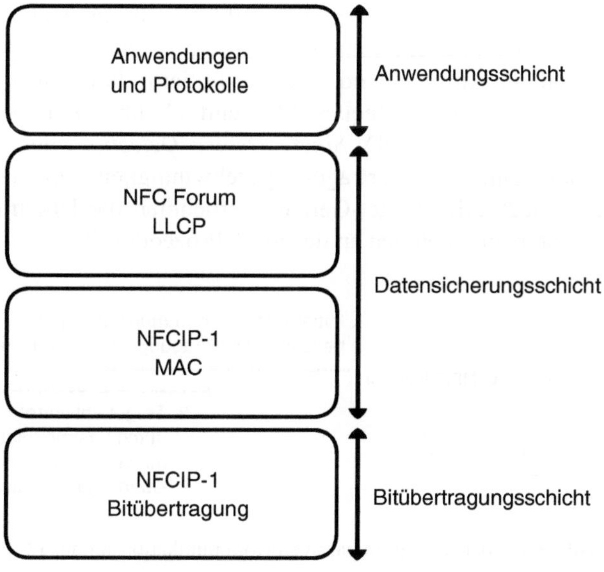

Abb. 5.3 Protokollstapel für den Datenaustausch im Peer-to-Peer-Modus

Logical-Link-Control-Protokoll (LLCP) wird durch das NFC Forum spezifiziert. Es ermöglicht die Datenübertragung zwischen logischen Endpunkten der zwei beteiligten NFC-Geräte.

5.2.1 Passiver Kommunikationsmodus

Im passiven Kommunikationsmodus (Abb. 5.4) erzeugt der Initiator während der gesamten Kommunikation das hochfrequente Trägersignal. Für die Datenübertragung vom Initiator zum Target moduliert der Initiator das Trägersignal direkt mit ASK. Zur Übertragung der Antworten setzt das Target das Lastmodulationsverfahren ein.

Für den Initiator bedeutet der passive Kommunikationsmodus einen erhöhten Energieverbrauch. Es wird nicht nur die Energie zum Senden der Anfragen, sondern auch die Energie für die Übertragung der Antworten aufgewendet. Das Target hat hingegen einen deutlich geringeren Energieaufwand für die NFC-Komponenten. Nachdem die Energie für das Kommunikationssignal vom Initiator kommt, ist nur die Energieversorgung für die weitere Verarbeitung des Peer-to-Peer-Protokollstapels erforderlich. Es ist sogar möglich, weitere Energie aus dem Trägersignal zu entnehmen und damit das gesamte Target zu versorgen.

Abbildung 5.5 zeigt die möglichen Betriebszustände und den grundsätzlichen Protokollablauf im passiven Kommunikationsmodus. Standardmäßig ist jedes NFC-Gerät als Target konfiguriert. Wird das hochfrequente Trägersignal eines Initiators erkannt, dann wartet das Target auf Befehle des Initiators. Alternativ kann eine Anwendung das NFC-Gerät in den Initiator-Modus umschalten. Dazu testet das Gerät zuerst ob ein externes Trägersignal vorhanden ist (*Collision Avoidance*). Wenn der Kanal frei ist, d. h. kein anderes NFC-Gerät innerhalb der Reichweite hat die Rolle des Initiators übernommen, schaltet das Gerät sein eigens hochfrequentes Trägersignal ein. Anschließend leitet der Initiator durch einen *Sense Request* (106 kbit/s) bzw. einen Polling Request (212 und 424 kbit/s) die Initialisierungs- und Antikollisionsprozedur (SDD, *Single Device Detection*) des passiven Kommunikationsmodus ein. Die Übertragungsgeschwindigkeit wird dabei durch die Anwendung festgelegt. Alle Target-Geräte übernehmen die Übertragungsgeschwindigkeit des Initiators und nehmen an der SDD-Prozedur teil.

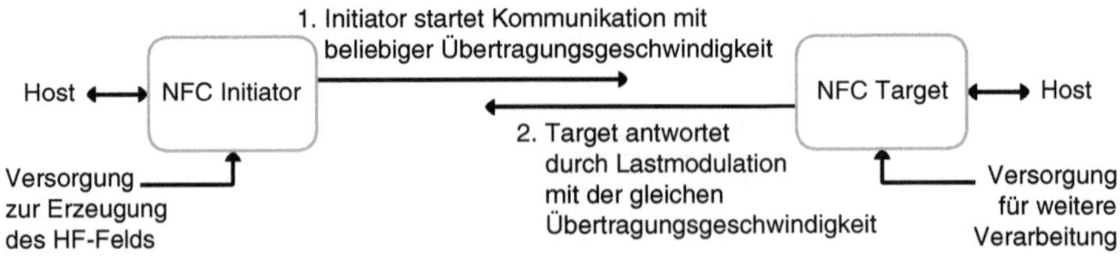

Abb. 5.4 Übertragung im passiven Kommunikationsmodus [25]

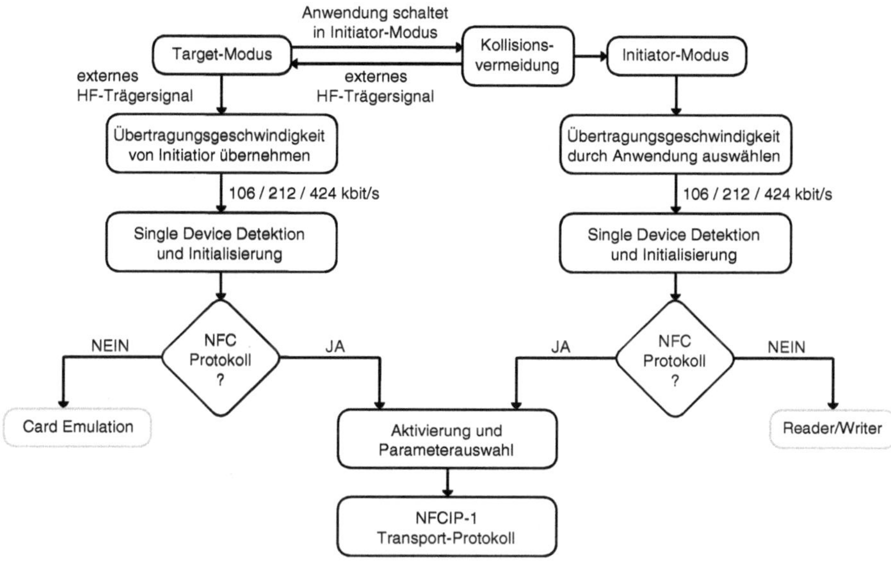

Abb. 5.5 Betriebszustände und grundsätzlicher Protokollablauf im passiven Kommunikationsmodus

In Abhängigkeit der Übertragungsgeschwindigkeit kommen unterschiedliche Bitübertragungs- und MAC-Protokolle zum Einsatz. Die Übertragung mit 106 kbit/s basiert auf MIFARE. Die Übertragung und Antikollision stimmen daher mit ISO/IEC 14443 Typ A überein. Am Ende der Geräte-Auswahl (Antikollision, SSD) gibt das Target jedoch nicht an, ob es die Transportschicht nach ISO/IEC 14443-4 oder einen proprietären Befehlssatz unterstützt, sondern ob es das NFCIP-1 Datenaustauschprotokoll oder einen proprietären Befehlssatz verwendet.

Die Übertragung mit 212 kbit/s und mit 424 kbit/s baut auf dem FeliCa-System auf. Die Übertragung und Antikollision stimmen weitgehend mit JIS X 6319-4 überein, wobei der Bereich für den zulässigen Modulationsindex bei der Übertragung vom Initiator zum Target von 8 bis 12 % auf 8 bis 30 % erweitert wurde.

Nach der Single Device Detection hat der Initiator ein einzelnes Target zur Peer-to-Peer-Kommunikation ausgewählt. Durch den Aktivierungsbefehl (*Attribute Request*) leitet der Initiator die Initialisierung und das anschließende Datenaustauschprotokoll ein.

5.2.2 Aktiver Kommunikationsmodus

Statt der SDD-Prozedur kann der Initiator auch direkt den Aktivierungsbefehl (Attribute Request) senden. Dann wird der aktive Kommunikationsmodus (Abb. 5.6) ausgewählt. In diesem Kommunikationsmodus erzeugen sowohl der Initiator als auch das Target jeweils ihr eigenes Hochfrequenzsendesignal. Für beide Übertra-

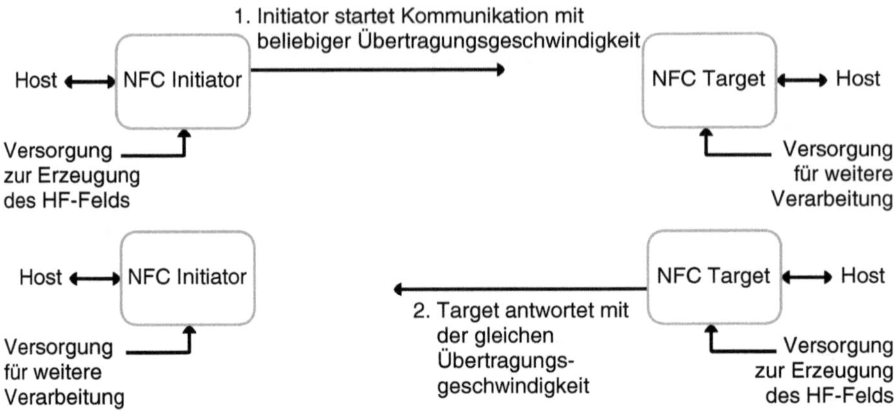

Abb. 5.6 Übertragung im aktiven Kommunikationsmodus [25]

gungsrichtungen kommen dieselben ASK-basierten Modulationsverfahren wie bei der Übertragung vom Initiator zum Target im passiven Kommunikationsmodus zum Einsatz.

Für den Initiator bedeutet der aktive Kommunikationsmodus gegenüber dem passiven Kommunikationsmodus einen geringeren Energieverbrauch. Sowohl Initiator, als auch Target, müssen die Energie für ihr eigenes Sendesignal selbst aufwenden. Der Energieaufwand ist daher gleichmäßig auf beide Kommunikationsteilnehmer verteilt.

Wie beim passiven Kommunikationsmodus ist standardmäßig jedes NFC-Gerät als Target konfiguriert. Wird das hochfrequente Trägersignal eines Initiators erkannt, dann wartet das Target auf Befehle des Initiators. Alternativ kann eine Anwendung das NFC-Gerät in den Initiator-Modus umschalten. Dazu testet das Gerät zuerst ob ein externes Trägersignal vorhanden ist (*Collision Avoidance*). Wenn der Kanal frei ist, d. h. kein anderes NFC-Gerät innerhalb der Reichweite hat die Rolle des Initiators übernommen, schaltet das Gerät sein eigenes Sendesignal ein. Danach leitet der Initiator den aktiven Kommunikationsmodus durch einen Attribute Request und anschließendes Abschalten des Trägersignals ein. Die Übertragungsgeschwindigkeit, und damit auch implizit das verwendete Bitübertragungsprotokoll, werden dabei durch die Anwendung festgelegt und auch von den Targets übernommen. Jedes Target-Gerät detektiert das Trägersignal und den Attribute Request. Daraufhin führen alle Target-Geräte die *Collision Avoidance* durch um die Attribute Response, d. h. Antwort auf den Attribute Request, senden zu dürfen.

Die Wartezeit bei der Kollisionsvermeidung wird für jedes Target durch eine Zufallszahl bestimmt. Es antwortet daher nur jenes Target mit der kleinsten Zufallszahl, denn die anderen Target-Geräte erkennen daraufhin das Sendesignal des ersten Targets und bleiben stumm. Haben mehrere Target-Geräte dieselbe kleinste Zufallszahl gewählt, dann antworten beide Geräte und es kommt zur Kollision. Der Initiator erkennt diese Kollision und beginnt die Aktivierungsprozedur von vorne.

Nach der Aktivierungsprozedur hat der Initiator ein einzelnes Target zur Peer-to-Peer-Kommunikation ausgewählt und die Initialisierung und das anschließende Datenaustauschprotokoll eingeleitet.

5.2.3 Initialisierung und Datenaustausch

Beginnend mit der Aktivierung durch den Attribute Request wird ein blockorientiertes Transportprotokoll eingesetzt. Das Frameformat ist in Abb. 5.7 dargestellt.

Jedes Frame gliedert sich in ein Prologfeld, ein Informationsfeld und ein Epilogfeld. Der Aufbau des Prologfelds hängt von der Übertragungsgeschwindigkeit ab. Bei 106 kbit/s besteht das Prologfeld aus dem Startbyte SB mit dem Wert 'F0'. Bei den höheren Übertragungsgeschwindigkeiten setzt sich das Prologfeld aus einer Präambel PA (mindestens sechs Wiederholungen eines Bytes mit dem Wert '00') und einer Synchronisationssequenz SYNC (zwei Bytes mit dem Wert 'B24D') zusammen. Das Informationsfeld beginnt mit der Längenangabe. Diese gibt die gesamte Länge des Informationsfelds an. Weiters sind im Informationsfeld ein zwei Byte langes Befehlswort und die Befehlsdaten enthalten. Das Epilogfeld besteht aus einer CRC-Prüfsumme (E1 bzw. E2). Diese Prüfsumme wird mit dem Generatorpolynom $x^{16} + x^{12} + x^5 + 1$ erzeugt und für E1 mit '6363' bzw. für E2 mit '0000' initialisiert.

Jeder Befehl des Transportprotokolls besteht aus einem Kommando-Antwort-Paar. Der Initiator steuert den Protokollablauf. Daher gehen alle Anfragen (Requests) vom Initiator aus und werden vom angesprochenen Target beantwortet (Response).

Der Befehlssatz enthält Befehle zum Verbindungsaufbau, zum Parameteraustausch, zum Datenaustausch und zum Verbindungsabbau. Insgesamt spezifiziert NFCIP-1 sechs verschiedene Kommando-Antwort-Paare:

- Attribute Request/Response (ATR_REQ, ATR_RES),
- Parameter Selection Request/Response (PSL_REQ, PSL_RES),
- Deselect Request/Response (DSL_REQ, DSL_RES),
- Wakeup Request/Response (WUP_REQ, WUP_RES),

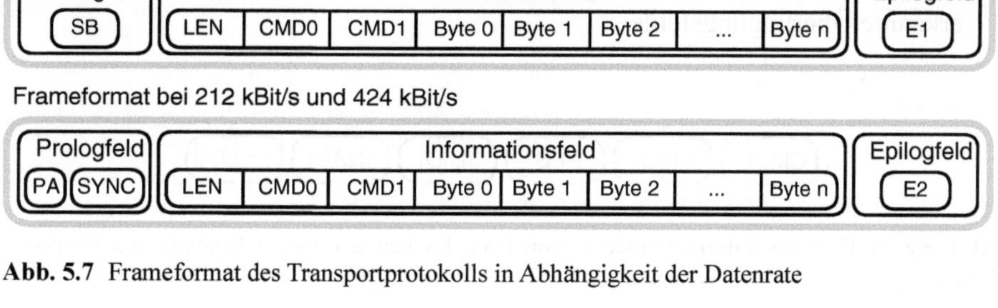

Abb. 5.7 Frameformat des Transportprotokolls in Abhängigkeit der Datenrate

- Release Request/Response (RLS_REQ, RLS_RES) und
- Data Exchange Protocol Request/Response (DEP_REQ, DEP_RES).

Mit dem Attribute Request wird der Verbindungsaufbau eingeleitet. Initiator und Target tauschen damit ihre Eigenschaften aus. Bei Bedarf kann der Initiator auch eine Gerätekennung (Device ID) festlegen, über die bis zu 14 Target-Geräte parallel adressierbar sind. Zu den Geräteeigenschaften zählen die Identifikationsnummer („NFCID3"), die unterstützen Übertragungsgeschwindigkeiten für die beiden Übertragungsrichtungen und die maximale Framegröße. Sobald ein Target den Attribute Request beantwortet hat ignoriert es alle weiteren Attribute Requests. Dadurch erhält der Initiator die Möglichkeit noch weitere Target-Geräte zu aktivieren.

Direkt nach dem Austausch der Eigenschaften hat der Initiator die Möglichkeit Parameter der Verbindung mit dem Parameter Selection Request zu verändern. Die drei veränderbaren Parameter sind die Bitrate für die Übertragung vom Initiator zum Target, die Bitrate vom Target zum Initiator und die maximale Framegröße.

Der Deselect Request deaktiviert ein Target. Das deaktivierte Target behält den initialisierten Modus bei, ignoriert aber alle weiteren Anfragen. Es reagiert erst wieder auf Anfragen wenn es durch einen entsprechenden Befehl aufgeweckt wird. Im aktiven Kommunikationsmodus wird dafür der Wakeup Request verwendet. Dieser reaktiviert ein Target anhand seiner NFCID3. Im passiven Kommunikationsmodus kommen zur Reaktivierung Befehle des Antikollisionsprotokolls zum Einsatz.

Mit dem Release Request beendet der Initiator die Verbindung zum Target. Dieses kann nach der Release Response in den Initialzustand zurückkehren.

Während der aktiven Verbindung kann der Initiator mit dem Data Exchange Protocol Request den Austausch von Protokolldaten (PDUs, *Protocol Data Units*) durchführen. Abbildung 5.8 zeigt den Aufbau des Informationsfelds von Data Exchange Protocol Request und Response PDUs.

CMD0 und CMD1 geben den Befehl (Data Exchange Protocol Request oder Response) an. Das Protokollfunktionsbyte (PFB) zeigt den PDU-Typ und die vorhandenen optionalen Parameter an. Die optionale Device ID (DID) adressiert ein bestimmtes Target. Zusätzlich ist über die optionale Knotenadresse (NAD, *Node Address*) eine logische Adressierung für Punkt-zu-Punkt-Verbindungen möglich.

Wie beim Übertragungsprotokoll von ISO/IEC 14443 und beim Protokoll T = 1 gibt es drei PDU-Typen:

- I-PDUs (Informations-PDUs) transportieren Protokollinformationen einer höheren Übertragungsschicht.
- R-PDUs (Empfangsbestätigungs-PDUs) melden den Empfang von I-PDUs und erkannte Übertragungsfehler.

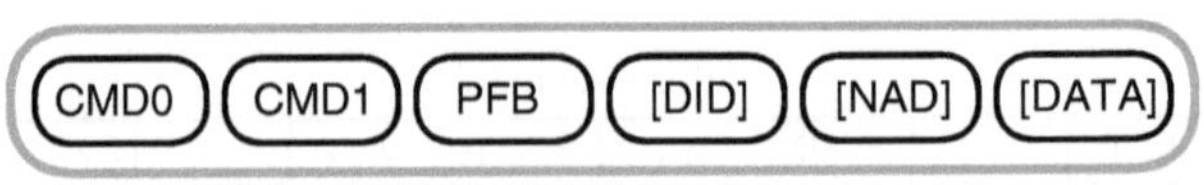

Abb. 5.8 Aufbau des Informationsfelds von Data Exchange Protocol Request und Response PDUs

- S-PDUs (Steuerungs-PDUs) transportieren Steuerinformationen, die das Protokoll selbst betreffen.

Der Kommunikationsablauf ist im Wesentlichen mit dem Übertragungsprotokoll T = 1 identisch. Über die Steuerungs-PDUs kann das Target die maximale Wartezeit des Initiators auf eine ausstehende Antwort verlängern (*Response Timeout Extension*). Der Initiator kann über eine Attention-S-PDU prüfen, ob ein Target noch vorhanden und kommunikationsbereit ist.

5.2.4 Logical Link Control Protocol (LLCP)

Auf der Ebene der MAC-Schicht (s. Abb. 5.3) gehen alle Befehle vom Initiator aus. Zur Übertragung von Daten, sowohl vom Initiator zum Target als auch vom Target zum Initiator muss der Initiator die Übertragung mit einem *Data Exchange Protocol Request* einleiten. Diese Form der Übertragungssteuerung wird als *Normal Response Mode* bezeichnet. Das *Logical Link Control Protocol* (LLCP) [9] beseitigt dieses Ungleichgewicht. Auf der LLC-Ebene sind beide Kommunikationspartner, Initiator und Target, gleichberechtigt. Jeder der beiden Teilnehmer kann eine Datenübertragung einleiten. Dieser Kommunikationsmodus wird *Asynchronous Balanced Mode* genannt.

Das LLCP ermöglicht den Datenaustausch beliebiger höherer Protokollebenen zwischen zwei NFC-Geräten im Peer-to-Peer-Modus. Dazu stellt es die Verbindungsverwaltung und zwei Datenübertragungsdienste bereit. Die Verbindungsverwaltung sorgt für den Auf- und Abbau der LLCP-Verbindung und die Verwaltung von logischen Endpunkt-zu-Endpunkt-Kanälen. Darüber hinaus sichert es die gleichberechtigte Kommunikationsteilnahme von Initiator und Target durch eine Symmetrieprozedur. Die beiden Datenübertragungsdienste bieten eine verbindungslose und eine verbindungsbasierte Datenübertragung zwischen zwei Endpunkten.

5.2.4.1 Verbindungsloser Übertragungsdienst

Der verbindungslose Übertragungsdienst (*Connectionless Transport*) ist vergleichbar mit dem *User Datagram Protocol* (UDP) aus der Internetprotokollfamilie. Er ermöglicht die zustandslose Übertragung von Datenpaketen zwischen einem logischen Quellendpunkt und einem logischen Zielendpunkt. Die übertragenen Datenpakete unterliegen keiner Datenflusskontrolle. Das Übertragungsprotokoll garantiert daher auch weder den Empfang aller übertragenen Datenpakete noch die Beibehaltung der Paketreihenfolge. Durch die zustandslose Übertragung sind weder ein Verbindungsaufbau noch ein Verbindungsabbau notwendig. Deshalb weist dieser Übertragungsdienst keine Vor- und Nachlaufzeiten und eine sehr geringe Komplexität auf.

5.2.4.2 Verbindungsbasierter Übertragungsdienst

Der verbindungsbasierte Übertragungsdienst (*Connection-oriented Transport*) ist vergleichbar mit dem *Transmission Control Protocol* (TCP) aus der Internetprotokollfamilie. Er ermöglicht die zuverlässige Übertragung von Datenpaketen zwischen einem logischen Quellendpunkt und einem logischen Zielendpunkt. Die übertragenen Datenpakete unterliegen einer Flusskontrolle durch ein Sliding-Window-Verfahren. Jedes Paket ist durch eine Sequenznummer innerhalb des Empfangsfensters eindeutig gekennzeichnet. Durch Empfangsbestätigungen, Timeouts und Fehlermeldungen ist bei bedarf eine Wiederholung verlorener Datenpakete möglich. Das Übertragungsprotokoll garantiert daher sowohl den Empfang aller übertragenen Datenpakete, als auch die Beibehaltung der Paketreihenfolge. Zur Verwaltung des Verbindungszustands sind ein expliziter Verbindungsauf- und Verbindungsabbau notwendig. Deshalb weist dieser Übertragungsdienst Vor- und Nachlaufzeiten und eine dementsprechend höhere Komplexität auf.

5.2.4.3 Protokolldateneinheiten (PDUs)

Der Aufbau der LLC-PDUs ist in Abb. 5.9 dargestellt. Der Header besteht aus der Quelladresse (SSAP, *Source Service Access Point*), der Zieladresse (DSAP, *Destination Service Access Point*), dem PDU-Befehlstyp (PTYPE) und, in Abhängigkeit vom Befehlstyp, einer Sequenznummer. Die Sequenznummer ist wiederum in eine Sendesequenznummer N(S) und eine Empfangsbestätigungssequenznummer N(R) gegliedert. Das Informationsfeld enthält die Befehlsparameter oder -daten.

Das LLCP umfasst eine Vielzahl an unterschiedlichen Befehlen:

- Die *Symmetry*-PDU wird im Leerlauf gesendet um die gleichberechtigte Kommunikationsteilnahme und die Erkennung von Verbindungsunterbrechungen zu gewährleisten.
- Die *Parameter Exchange*-PDU ermöglicht den Austausch von Konfigurationsparametern.
- Die *Aggregated Frame*-PDU erlaubt das Zusammenfassen mehrerer LLC-PDUs zu einer einzelnen PDU.

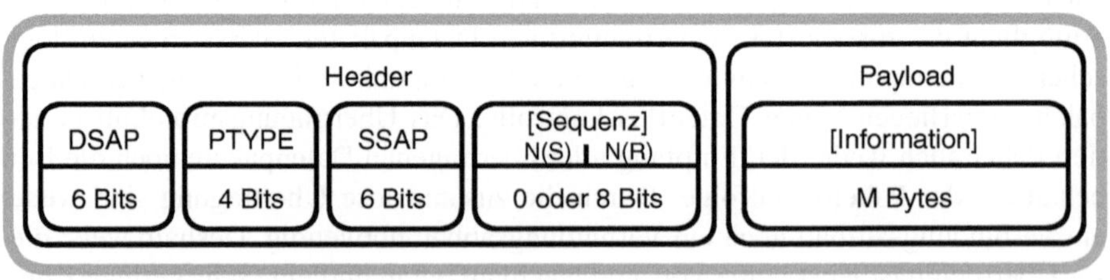

Abb. 5.9 Aufbau der LLC-PDUs [9]

- Mit der *Unnumbered Information*-PDU erfolgt der Datenaustausch des verbindungslosen Übertragungsdienstes.
- Mit der *Connect*-PDU kann ein Kommunikationsteilnehmer einen verbindungsbasierten Übertragungskanal öffnen.
- Der Verbindungsaufbau wird vom anderen Kommunikationsteilnehmer mit einer *Connection Complete*-PDU bestätigt.
- Die *Disconnect*-PDU schließt einen verbindungsbasierten Übertragungskanal oder beendet die gesamte LLCP-Verbindung.
- Die *Disconnected Mode*-PDU signalisiert, dass eine Verbindung beendet wurde.
- Mit der *Information*-PDU erfolgt der Datenaustausch des verbindungsbasierten Übertragungsdienstes.
- Mit der *Receive Ready*-PDU und der *Receive Not Ready*-PDU quittiert der Empfänger den erfolgreichen Empfang von Datenpaketen. Die *Receive Ready*-PDU erlaubt dem Sender zudem weitere Information-PDUs zu senden, während die *Receive Not Ready*-PDU darauf hinweist, dass der Empfänger vorläufig keine weiteren Information-PDUs empfangen kann.
- Die *Frame Reject*-PDU meldet dem Absender, dass eine empfangene PDU abgelehnt wurde, weil der Inhalt oder die Struktur fehlerhaft sind oder die PDU im aktuellen Zustand unzulässig ist.

5.3 Reader/Writer-Modus

Der Reader/Writer-Modus (*NFC Forum Reader/Writer Mode*) ermöglicht die Kommunikation mit passiven RFID-Transpondern (Abb. 5.10).

Jedes Gerät, das die NFC-Forum-Architektur umsetzt, muss neben dem Datenaustausch im Peer-to-Peer-Modus auch die Kommunikation mit verschiedenen NFC-Forum-Tags unterstützen. NFC-Forum-Tags sind passive RFID-Speicher-Transponder (s. Kap. 6). Die Grundlage dafür bilden die Bitübertragungsschichten und Antikollisionsverfahren (Single Device Detection) von NFCIP-1 (ISO/IEC 18092). Während der Antikollision gibt der passive Kommunikationspartner an, ob

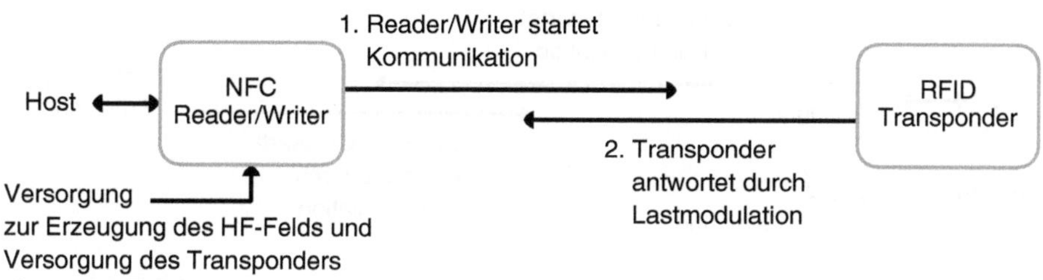

Abb. 5.10 Kommunikation im Reader/Writer-Modus

er den Peer-to-Peer-Modus (bzw. das NFC-Datenaustauschprotokoll) unterstützt oder ob ein RFID-Protokoll (d. h. der Reader/Writer-Modus) zum Einsatz kommen muss.

Im Reader/Writer-Modus ist ein NFC-Gerät rückwärtskompatibel zu bestehenden Smartcard-Infrastrukturen. Es kann daher in bestehenden RFID-Systemen als Lesegerät eingesetzt werden. Darüber hinaus ermöglicht dieser Modus die Integration von passiven Elementen, den NFC-Forum-Tags, in eine NFC-Infrastruktur. Diese passiven Elemente können z. B. Zugangsdaten für eine andere drahtlose Kommunikationsschnittstelle wie Bluetooth oder WiFi enthalten. Sie lassen sich auch in Plakate, sogenannte Smartposter, integrieren. Durch Berührung des Tags eines Smartposters werden Informationen über das Poster an das NFC-Gerät übertragen oder sogar Aktionen auf dem NFC-Gerät ausgeführt.

Neben den auf ISO/IEC 18092 basierenden NFC-Forum-Tags unterstützen viele NFC-Geräte im Reader/Writer-Modus noch weitere RFID-Standards. Um das gesamte Spektrum der NFC-Forum-Tags abzudecken, ist eine vollständige Unterstützung der Norm ISO/IEC 14443 notwendig. Zudem unterstützen einige NFC-Geräte auch RFID-Transponder, welche nicht durch NFC-Forum-Tag-Formate spezifiziert sind. Während Vicinity-Systeme (ISO/IEC 15693) nicht Teil der NFC-Forum-Spezifikationen sind, sieht NFCIP-2 (ISO/IEC 21481) auch den Reader/Writer-Modus für Systeme nach ISO/IEC 15693 vor.

5.4 Card-Emulation-Modus

Der dritte Modus ist der Card-Emulation-Modus (*NFC Forum Card Emulation Mode*). Dieser optionale Modus ermöglicht die Kommunikation mit RFID-Lesegeräten (Abb. 5.11).

Im Card-Emulation-Modus verhält sich ein NFC-Gerät wie eine passive, kontaktlose Smartcard. Damit ist es rückwärtskompatibel zu bestehenden Smartcard-Infrastrukturen. Ein NFC-Gerät, welches den optionalen Card-Emulation-Modus unterstützt, kann in einem Smartcard-System dieselben Aufgaben wie eine kontaktlose Chipkarte übernehmen.

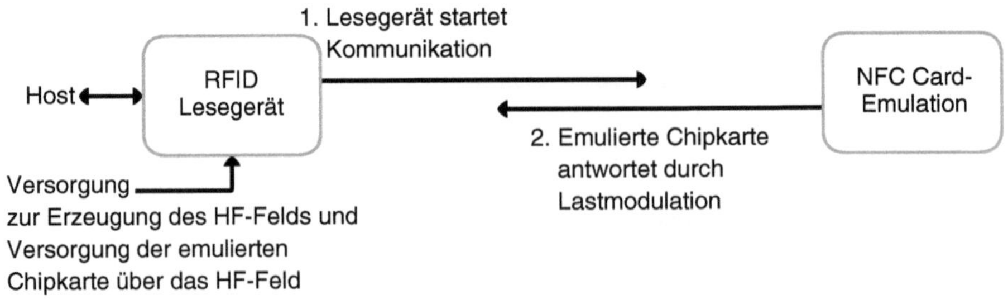

Abb. 5.11 Kommunikation im Card-Emulation-Modus

Die Grundlage für den Card-Emulation-Modus bildet das Digital Protocol. Ein NFC-Gerät kann daher im Card-Emulation-Modus eines oder mehrere der Proximity-Protokolle ISO/IEC 14443 Typ A (NFC-A), ISO/IEC 14443 Typ B (NFC-B) und JIS X 6319-4 (NFC-F) unterstützen.

Der Funktionsumfang des Card-Emulation-Modus eines NFC-Geräts wird durch den NFC-Chipsatz bestimmt. Er kann von einer einfachen kontaktlosen Speicherkarte, über FeliCa und die verschiedenen MIFARE-Varianten bis zu APDU-basierten Prozessor-Smartcards reichen. Ein einzelnes NFC-Gerät kann sogar mehrere kontaktlose Chipkarten gleichzeitig emulieren.

Eine kontaktlose Smartcard kann über die Software des NFC-Geräts oder über ein „*Secure Element*“ emuliert werden. Ein Secure Element ist ein Mikrochip, der typischerweise denselben Aufbau und Funktionsumfang wie eine Smartcard hat und über eine kontaktbehaftete Schnittstelle mit dem NFC-Steuerbaustein verbunden ist. Das Secure Element wird zum Speichern und Abarbeiten von sicherheitskritischen Daten und Anwendungen eingesetzt und umfasst üblicherweise zumindest eine JavaCard.

Neben der Einbindung in RFID-Systeme bietet der Card-Emulation-Modus in Kombination mit dem Reader/Writer-Modus eine Alternative zum Peer-to-Peer-Modus. Für den Peer-to-Peer-Modus ist ein mehrstufiger Protokollstapel und zusätzliche Software auf dem NFC-Gerät notwendig. Der Betrieb im Card-Emulation-Modus wird hingegen direkt vom NFC-Chipsatz, unabhängig von der übrigen Hard- und Software, gesteuert. Dadurch ist es möglich, den Card-Emulation-Modus auch bei ausgeschaltetem NFC-Gerät zu betreiben. Wenn zusätzlich noch der NFC-Chipsatz über das induktiv gekoppelte Lesegerät versorgt wird, lässt sich ein NFC-Gerät auch ohne eigene Stromversorgung im Card-Emulation-Modus verwenden. Für ein Mobiltelefon bedeutet das, dass auf der emulierten Smartcard gespeicherte Informationen (wie z. B. Tickets, Kreditkarten) auch aus dem ausgeschalteten Mobiltelefon oder bei leerem Akku auslesbar sind.

5.5 Arbeitsweise

In den vorangegangenen Abschnitten wurden eine Vielzahl von Kommunikationsmechanismen und Übertragungsprotokollen für NFC-Geräte aufgezeigt. Ein solches Gerät kann jedoch immer nur einen Kommunikationsmodus gleichzeitig verwenden. Bevor ein NFC-Gerät mit der Datenübertragung beginnt, muss es daher zuerst den passenden Kommunikationsmodus auswählen.

5.5.1 NFCIP-2

Einen ersten Schritt in diese Richtung stellt NFCIP-2 (ISO/IEC 21481) dar. In dieser Norm wird zwischen den drei Betriebsarten NFC, PCD und VCD unterschieden.

Der NFC-Modus umfasst dabei die Peer-to-Peer-Kommunikation nach NFCIP-1. Der PCD-Modus entspricht dem Reader/Writer-Modus für Proximity-Chipkarten nach ISO/IEC 14443. Der VCD-Modus ermöglicht dem NFC-Gerät die Kommunikation mit Vicinity-Chipkarten nach ISO/IEC 15693. Die Norm spezifiziert eine Prozedur zur Auswahl einer dieser drei Betriebsarten:

Zu Beginn ist das HF-Feld des NFC-Geräts ausgeschaltet. Ist ein externes HF-Feld vorhanden, dann wechselt das Gerät auf jeden Fall in den NFC-Modus. Andernfalls kann beliebig einer der drei Modi ausgewählt werden. Wird der NFC-Modus ausgewählt, wechselt das Gerät in diesen Modus. Wird der PCD- oder der VCD-Modus ausgewählt, dann prüft das NFC-Gerät erneut, ob ein externes HF-Feld vorhanden ist. Ist der Kanal frei, dann wird der Modus übernommen. Andernfalls beginnt die Auswahlprozedur von vorne.

5.5.2 Mode Switching

Die NFC Forum Architektur umfasst jedoch deutlich mehr als diese drei Betriebsarten. Neben dem Peer-to-Peer-Modus (NFCIP-1) sind auch noch der Reader/Writer-Modus und der Card-Emulation-Modus möglich. Jeder dieser Betriebsmodi lässt sich wiederum mit einer der drei Übertragungstechnologien NFC-A (ISO/IEC 14443 Typ A), NFC-B (ISO/IEC 14443 Typ B) und NFC-F (JIS X 6319-4) und unterschiedlichen darauf aufbauenden Protokollen kombinieren. Die Auswahl eines geeigneten Betriebszustands und die Einleitung der Kommunikation werden als *Mode Switching* bezeichnet. Dieser Vorgang erfolgt vor jedem Verbindungsaufbau.

Im Zuge der Mode-Switching-Prozedur erkennt ein NFC-Gerät andere NFC- und RFID-Geräte in seiner Umgebung und gibt seine eigene Anwesenheit und seine Fähigkeiten bekannt [2]. Der Ablauf besteht dabei aus einem passiven und einem aktiven Teil.

Im passiven Teil, dem *Listening*, detektiert das NFC-Gerät das HF-Feld eines anderen NFC-Initiators oder eines RFID-Lesegeräts. Falls es ein solches HF-Feld erkennt, hört es den Kanal nach Startbefehlen aller unterstützten Technologien ab. Sobald ein Startbefehl empfangen wurde, wählt das NFC-Gerät die entsprechende Übertragungstechnologie (NFC-A, NFC-B oder NFC-F) aus und gibt seine Fähigkeiten preis:

- Wird ein NFC-A Polling Request detektiert, dann nehmen der NFC-Steuerbaustein (passiver Peer-to-Peer-Modus nach NFCIP-1) und alle emulierten ISO/IEC 14443 Typ A Smartcards am darauffolgenden Antikollisionsverfahren teil.
- Wird ein NFC-B Polling Request detektiert, dann nehmen alle emulierten ISO/IEC 14443 Typ B Smartcards am darauffolgenden Antikollisionsverfahren teil.
- Wird ein NFC-F Polling Request detektiert, dann nehmen der NFC-Steuerbaustein (passiver Peer-to-Peer-Modus nach NFCIP-1) und alle emulierten FeliCa-Smartcards am darauffolgenden Antikollisionsverfahren teil.

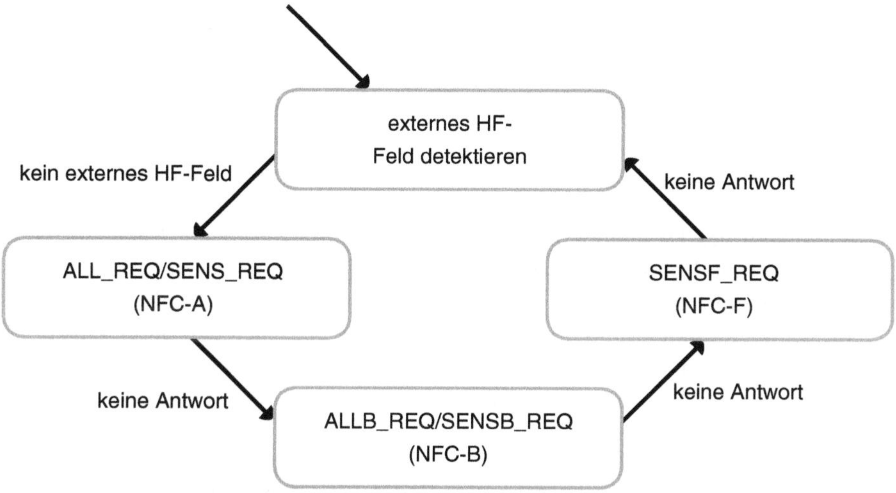

Abb. 5.12 Prinzip des Polling-Loop-Verfahrens

- Wird ein Attribute Request detektiert, dann beginnt der NFC-Steuerbaustein mit der Kommunikation im aktiven Peer-to-Peer-Modus nach NFCIP-1.

Ist hingegen kein externes HF-Feld vorhanden oder wurde es, ohne einen erkannten Startbefehl, ausgeschaltet, beginnt der aktive Teil der Mode-Switching-Prozedur. In dieser Stufe erzeugt das NFC-Gerät sein eigenes hochfrequentes Magnetfeld. Das NFC-Gerät sendet zyklisch für jede unterstützte Kommunikationstechnologie einen Polling Request aus. Das Verfahren wird daher auch als *Polling Loop* (Abb. 5.12) bezeichnet. Sobald ein passives Gerät antwortet, beginnt die Kommunikation auf der Basis der entsprechenden Technologie. Zwischen jedem Zyklus des Polling Loop müssen das HF-Feld deaktiviert und der Kanal abgehört werden. So haben auch andere NFC-Geräte die Möglichkeit einen Polling-Zyklus durchzuführen.

5.5.2.1 Anforderungen an das Polling-Loop-Verfahren

Zur Kollisionsvermeidung prüft ein NFC-Gerät vor der Aktivierung des eigenen HF-Signals, ob ein externes HF-Signal vorhanden ist. Ist ein solches Signal verfügbar arbeitet das NFC-Gerät den passiven Teil des Mode Switching ab. Ansonsten aktiviert es das eigene HF-Signal. Dieses Verfahren alleine reicht jedoch nicht aus um Kollisionen zwischen zwei NFC-Geräten zu vermeiden. Zwei NFC-Geräte könnten ihre Polling-Zyklen exakt zeitgleich abarbeiten. Dadurch würden in jedem Zyklus Kollisionen entstehen und keines der Geräte könnte das jeweils andere erkennen. Aus diesem Grund ist es notwendig randomisierte Pausenintervalle zwischen den einzelnen Durchläufen des Polling Loop einzulegen. Durch diese zufällige Verzögerung wird die Desynchronisation der einzelnen NFC-Geräte sichergestellt.

Ein weiterer wichtiger Punkt ist die schnelle Erkennung anderer Geräte. Dazu ist es notwendig die Umgebung in möglichst kurzen Abständen nach anderen Geräten abzusuchen. Die Dauer bis zur Aktivierung eines Geräts sollte so gering wie möglich sein und 200 ms nicht überschreiten, um eine ausreichende Benutzerfreundlichkeit zu erzielen [2].

Der Erkennungsgeschwindigkeit steht der Energieverbrauch entgegen. Führt ein NFC-Gerät sehr oft Polling-Zyklen durch, dann kommt es durch die häufigen Aktivierungen des HF-Feldes zu einem hohen Energieverbrauch. Nachdem viele NFC-Geräte mobil und daher batteriebetrieben sind, ist jedoch ein möglichst geringer Energieverbrauch und damit eine lange Batterie- bzw. Akkulaufzeit erstrebenswert. Aus diesem Grund muss ein Kompromiss zwischen der, durch eine hohe Erkennungsgeschwindigkeit, erreichten Benutzerfreundlichkeit und dem, dadurch höheren, Energieaufwand geschlossen werden.

5.5.2.2 Kompatibilität zu bestehender RFID-Infrastruktur

In Bezug auf die Kompatibilität des Mode Switching zu RFID-Systemen gibt es zwei Problemfälle [2, 6]:

- RFID-Lesegeräte wurden darauf ausgelegt, die einzigen aktiven Komponenten innerhalb ihrer Reichweite zu sein. Aus diesem Grund sind viele Lesegeräte nicht mit Mechanismen zur Kollisionsvermeidung ausgestattet. Grundsätzlich sollte das noch nicht zu Problemen führen, da jedes NFC-Gerät eine Kollisionsvermeidung durchführt und sein eigenes HF-Signal nur dann einschaltet, wenn kein aktives externes Signal detektiert wurde. Jedoch gibt es viele Lesegeräte, die ihr hochfrequentes Magnetfeld zum Energiesparen abschalten und nur in gewissen Abständen Polling-Zyklen durchführen. Schaltet ein solches RFID-Lesegerät sein Sendesignal ein, während ein NFC-Gerät im aktiven Teil des Polling-Zyklus ist, kommt es zur Kollision.
- Ein weiteres Problem stellen RFID-Lesegeräte dar, die nur eine einzelne kontaktlose Chipkarte im Feld erlauben. NFC-Geräte präsentieren sich hingegen üblicherweise als mehrere kontaktlose Chipkarten (z. B. eine „Karte" für den passiven Peer-to-Peer-Modus nach NFCIP-1 und eine oder mehrere „Karten" für das Secure Element). Das RFID-Lesegerät hat keine Möglichkeit zu erkennen, dass alle detektierten Chipkarten von einem einzigen NFC-Gerät emuliert werden. Somit blockiert es den Zugriff oder hat, mangels Implementierung, keine Möglichkeit eine Antikollision durchzuführen.

5.5.3 Activities Spezifikation

Das Mode Switching und der Kommunikationsbetrieb lassen sich in einzelne Betriebszustände, sogenannte *Activities*, zerlegen. Jede *Activity* stellt dabei eine einzelne Phase des Interaktionsablaufs zwischen zwei oder mehreren NFC-Geräten (bzw. aktiven und passiven RFID-Komponenten) dar. Jede dieser Phasen gliedert sich wiederum in unterschiedliche Abläufe für die unterschiedlichen NFC-Technologien.

Die Rahmenbedingungen und grundsätzlichen Abläufe der Phasen werden in Zukunft durch das NFC Forum in der *NFC Activities Specification* definiert. Die so spezifizierten Bausteine für die Abläufe in einem NFC-Gerät umfassen die passive und aktive Suche nach kompatiblen Geräten, den Verbindungsaufbau, den Datenaustausch und den Verbindungsabbau.

5.6 Sicherheit

Die bisher betrachteten NFC-Protokollebenen enthalten keine Schutzmaßnahmen gegen Angriffe. Wie jeder drahtlose Übertragungskanal lässt sich jedoch auch die NFC-Schnittstelle relativ einfach abhören und beeinflussen.

5.6.1 Angriffsmöglichkeiten

Die kontaktlose Datenübertragung zwischen zwei NFC-Geräten unterliegt mehreren Schwachstellen [3, 4]:

- Die Kommunikation lässt sich einfach, und zum Teil auch aus größerer Entfernung, abhören. Neben der Analyse der übertragenen Informationen könnte ein Angreifer diese Daten auch zur Wiederholung einer bestimmten Transaktion (z. B. in Form einer Replay-Attacke) nutzen.
- Mit einem Störsender kann ein entfernter Angreifer die Datenübertragung blockieren und unter Umständen sogar gezielt beeinflussen.
- Ein Angreifer hat auch die Möglichkeit Befehle zu beantworten bevor der echte Kommunikationspartner mit seiner Antwort beginnt.
- Eine weitere Angriffsmöglichkeit bietet eine Man-in-the-Middle (MITM) Attacke. Dabei bringt der Angreifer die beiden Kommunikationsteilnehmer dazu mit ihm statt direkt miteinander zu kommunizieren.
- Durch den Austausch eines Kommunikationsteilnehmers können dem anderen Teilnehmer bewusst falsche Informationen übermittelt werden.

Ein Großteil dieser Attacken kann durch kryptografische Verfahren abgewährt werden. Durch die Verschlüsselung der übertragenen Nachrichten ist der Kanal gegen ein Abhören gesichert. Die Manipulation von Nachrichten lässt sich durch Authentifizierungscodes (MAC, *Message Authentication Code*) verhindern.

Der sichere Schlüsselaustausch und der anschließende Aufbau eines sicheren Übertragungskanals schützen jedoch nicht gegen Man-in-the-Middle-Attacken. Ist ein Angreifer in der Lage, einen „Vermittler" zwischen die beiden NFC-Geräte einzuschleusen, dann würden beide NFC-Geräte statt einer geschützten Direktverbindung jeweils einen sicheren Kanal zum Vermittler aufbauen. Der Vermittler kann dabei die Daten wiederum im Klartext lesen und bei Bedarf verändern. Diese Schwachstelle rührt daher, dass es kein Verfahren gibt, um die Echtheit eines einzelnen NFC-Geräts zu verifizieren.

In vielen NFC-Anwendungen hat jedoch der Anwender selbst die Möglichkeit eine solche Attacke zu erkennen und zu verhindern. Um eine MITM-Attacke in einem NFC-System umzusetzen, müssen die beiden NFC-Geräte in Bezug auf das HF-Feld voneinander abgeschirmt sein [4]. Nur so kann ein Angreifer mit jedem der beiden Geräte getrennt kommunizieren. Andernfalls würden sich die beiden NFC-Geräte und der Vermittler gegenseitig stören und somit die Kommunikation vollständig verhindern. Die Maßnahmen zum Abschirmen der beiden NFC-Geräte und das zusätzliche vermittelnde Gerät lassen sich typischerweise nicht unauffällig zwischen die beiden NFC-Geräte bringen. Am ehesten ist diese Angriffsmethode umsetzbar, wenn eines der beiden Geräte fest und unbewacht in einem System installiert ist oder wenn sich zumindest eines der beiden Geräte im Besitz des Angreifers befindet. Ein solcher Angriff ist auch vergleichbar mit einer Attacke bei der einer der beiden Kommunikationsteilnehmer ausgetauscht wird. Ein Angreifer könnte dabei zum Beispiel den passiven Transponder eines Smartposters durch einen manipulierten Transponder mit verfälschten Informationen ersetzen. Auch diese Art des Angriffs kann durch den Aufbau eines sicheren Übertragungskanals nicht abgewehrt werden.

Eine mögliche Schutzmaßnahme gegen den Austausch von Kommunikationsteilnehmern besteht in der Authentifizierung der einzelnen Teilnehmer bzw. der gespeicherten Inhalte durch eine gemeinsame vertrauenswürdige Stelle.

5.6.2 NFCIP-1 Security Services and Protocol (NFC-SEC)

Für den Peer-to-Peer-Modus nach NFCIP-1 bietet die Normenreihe NFC-SEC einen anwendungsunabhängigen Schutz durch kryptografische Verfahren. NFC-SEC setzt dabei direkt auf NFCIP-1 auf und agiert als Zwischenschicht zwischen NFCIP-1 und höheren Protokollen, wie zum Beispiel dem LLCP. Die Normenreihe NFC-SEC hat einen modularen Aufbau (Abb. 5.13) und besteht aus einem allgemeinen Framework (NFC-SEC) und mehreren Kryptografiestandards (NFC-SEC-XX).

Die Norm NFC-SEC (ECMA-385 [15]) definiert die grundlegenden Dienste, Ablaufprotokolle und Rahmenbedingungen, sowie die notwendigen Erweiterungen zu NFCIP-1. Es gibt zwei Dienste: den *Shared Secret Service* (SSE) und den *Secure Channel Service* (SCH). Der SSE sorgt für den Austausch eines gemeinsamen Schlüssels für anwendungsspezifische Verschlüsselungsverfahren. Der SCH ermöglicht hingegen nicht nur den Schlüsselaustausch, sondern auch den Aufbau eines sicheren Übertragungskanals zum verschlüsselten und authentischen Datenaustausch.

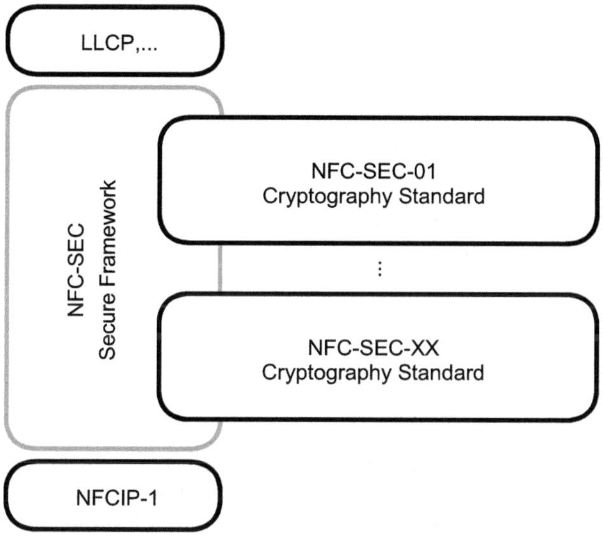

Abb. 5.13 Modularer Aufbau der Normenreihe NFC-SEC

Der erste Kryptografiestandard ist in der Norm NFC-SEC-01 (ECMA-386 [16]) spezifiziert. Es werden das *Elliptic Curves Diffie-Hellman* (ECDH) Verfahren zum sicheren Schlüsselaustausch und der *Advanced Encryption Standard* (AES) zur Verschlüsselung und Sicherung der Datenintegrität eingesetzt. Im Allgemeinen definieren die Kryptografiestandards NFC-SEC-XX die Verfahren zum sicheren Schlüsselaustausch (*Key Agreement, Key Confirmation*), zur Verschlüsselung und zur Sicherung der Datenintegrität und der Nachrichtenreihenfolge.

Literatur

[1] van den Beld JW: Collaboration for the common good – Ecma and ISO a well matched pair of actors. In: ISO Focus, pp. 30–31 (Feb 2005)
[2] Dillinger O, Madlmayr G, Schaffer C, Langer J: An Approach to NFC's Mode Switch. In: Dreiseitl S et al (Hrsg) Proceedings of FH Science Day 2006. Shaker Verlag, Aachen (2006)
[3] Finkenzeller K: RFID-Handbuch, 5. Aufl. Carl Hanser Verlag, München (2008)
[4] Haselsteiner E, Breitfuss K: Security in Near Field Communication (NFC) – Strengths and Weaknesses. Workshop on RFID Security, RFIDSec 2006, Graz, Austria (2006)
[5] Keen I: NFC Forum Technical Overview. Slides (Apr 2009)
[6] Madlmayr G, Dillinger O, Langer J, Scharinger J: Management of Multiple Cards in NFC-Devices. In: Grimaud G, Standaert FX (Hrsg) Proceedings of the 8th IFIP WG 8.8/11.2 International conference on Smart Card Research and Advanced Applications, CARDIS 2008, pp. 149-161. Springer-Verlag, Berlin (2008)
[7] NFC Forum: About the NFC Forum. http://www.nfc-forum.org/aboutus/. Stand: 10 Nov 2009
[8] NFC Forum: NFC Digital Protocol, Rev 1.0. Candidate Technical Specification (Apr 2009)
[9] NFC Forum: NFC Logical Link Control Protocol, Rev 1.0. Candidate Technical Specification (März 2009)

[10] Norm ECMA-340 (2004): Near Field Communication Interface and Protocol (NFCIP-1)
[11] Norm ECMA-352 (2003): Near Field Communication Interface and Protocol -2 (NFCIP-2)
[12] Norm ECMA-356 (2004): NFCIP-1 – RF Interface Test Methods
[13] Norm ECMA-362 (2005): NFCIP-1 – Protocol Test Methods
[14] Norm ECMA-373 (2006): Near Field Communication Wired Interface (NFC-WI)
[15] Norm ECMA-385 (2008): NFC-SEC: NFCIP-1 Security Services and Protocol
[16] Norm ECMA-386 (2008): NFC-SEC-01: NFC-SEC Cryptography Standard using ECDH and AES
[17] Norm ISO/IEC 14443-2:2001: Identification cards – Contactless integrated circuit(s) cards – Proximity cards – Part 2: Radio frequency power and signal interface
[18] Norm ISO/IEC 14443-3:2001: Identification cards – Contactless integrated circuit(s) cards – Proximity cards – Part 3: Initialization and anticollision
[19] Norm ISO/IEC 14443-4:2008: Identification cards – Contactless integrated circuit cards – Proximity cards – Part 4: Transmission protocol
[20] Norm ISO/IEC 15693-2:2006: Identification cards – Contactless integrated circuit cards – Vicinity cards – Part 2: Air interface and initialization
[21] Norm ISO/IEC 15693-3:2001: Identification cards – Contactless integrated circuit(s) cards – Vicinity cards – Part 3: Anticollision and transmission protocol
[22] Norm ISO/IEC 18092:2004: Information technology – Telecommunications and information exchange between systems – Near Field Communication – Interface and Protocol (NFCIP-1)
[23] Norm ISO/IEC 21481:2005: Information technology – Telecommunications and information exchange between systems – Near Field Communication Interface and Protocol -2 (NFCIP-2)
[24] Norm JIS X 6319-4:2005: Specification of implementation for integrated circuit(s) cards Part 4: High Speed proximity cards
[25] NXP Semiconductors: PN511 Transmission Module – Product Short Data Sheet, Rev 3.3 (Jun 2007)

Kapitel 6
Datenformate

Durch die weiterführende Spezifikation im NFC Forum ist Near Field Communication heute viel mehr als nur eine Übertragungstechnologie. Einheitliche Formate zum Datenaustausch zwischen zwei NFC-Geräten und zwischen NFC-Geräten und anderen RFID-Komponenten ermöglichen eine herstellerübergreifende Kompatibilität der verschiedenen NFC-Anwendungen.

Dieses Kapitel gibt einen Einblick in die Spezifikation der Speicher- und Datenformate durch das NFC Forum. Dazu zählen die NFC-Forum-Tagformate und das NDEF-Datenaustauschformat. Zudem werden die NDEF-Record-Formate für verschiedene NFC-Anwendungen erklärt.

6.1 NFC-Forum-Tags

Ein wichtiger Bestandteil einer NFC-Infrastruktur sind passive Speicherelemente, sogenannte Tags. Diese werden z. B. in Smartposter-Anwendungen oder als Enabler für andere Funktechnologien eingesetzt. Für den Einsatz in einer NFC-Infrastruktur müssen diese Tags eine gewisse Basisfunktionalität aufweisen. Diese umfasst Lese- und Schreiboperationen auf den Datenspeicher, sowie eine Möglichkeit, um den Speicher gegen weitere unautorisierte Schreiboperationen zu sichern.

Das NFC Forum hat derzeit vier unterschiedliche Tagtypen spezifiziert. Diese vier Tagtypen müssen von NFC-Geräten im Reader/Writer-Modus unterstützt werden. Die NFC-Forum-Tags basieren auf bestehenden RFID-Tags verschiedener Hersteller. Die Spezifikation der NFC-Forum-Tags gewährleistet daher ein Mindestmaß an herstellerübergreifender Kompatibilität. Zudem sind bereits fertige, zur Spezifikation konforme Tags von verschiedenen Herstellern erhältlich. Tabelle 6.1 gibt einen Überblick über die RFID-Tags und die daraus hervorgegangenen Tagformate.

Während sich die NFC-Tags an herstellerspezifischen RFID-Lösungen orientieren, wurde bei der Spezifikation der NFC-Forum-Tags darauf geachtet, dass weder zur Kommunikation mit den Tags noch zur Herstellung der Tags geheime Informationen, wie z. B. proprietäre Verschlüsselungsalgorithmen, notwendig sind. Sowohl

J. Langer, M. Roland, *Anwendungen und Technik von Near Field Communication (NFC)*, 109
DOI 10.1007/978-3-642-05497-6_6, © Springer-Verlag Berlin Heidelberg 2010

Tab. 6.1 Überblick über NFC-Forum-Tagformate und die zugrundeliegenden RFID-Tags

Tagformat	RFID-Technologie	Hersteller	Norm	Speichergröße[a]
Type 1	Topaz	Innovision	ISO 14443A	≥120 Byte[b] ≤2048 Byte[b]
Type 2	MIFARE Ultralight	NXP	ISO 14443A	≥64 Byte[b] ≤2048 Byte[c]
Type 3	FeliCa	Sony	JIS X 6319-4	≥0 Byte[c] <1 MB[c]
Type 4	Smartcards[d], APDU-basiert	–	ISO 14443, ISO 7816-4	≥0 Byte[c] <512 MB[c]

[a] Die Untergrenzen ergeben sich aus den verfügbaren Mikrochips. Die Obergrenzen sind die, durch die Adressierungsverfahren bestimmten, absoluten Limits

[b] Gesamter physikalischer Speicher

[c] Speicher für NDEF-Daten

[d] Type 4 Tags entsprechen keiner proprietären RFID-Technologie, sondern sind vollständig zu den Standards für kontaktlose Smartcards kompatibel

Tag-Mikrochips als auch NFC-Geräte können somit von jedem Hersteller erzeugt werden, ohne dass dieser auf die Technologie eines bestimmten Halbleiterherstellers angewiesen ist.

Die Spezifikation der Tagtypen ist in mehrere Teile gegliedert. Die Kommunikationsschnittstellen und die Protokolle zur Auswahl und Initialisierung der Tags entsprechen den Normen ISO/IEC 14443 bzw. JIS X 6319-4 und werden zukünftig in der *NFC Analog Specification* und dem *NFC Digital Protocol* [13] durch das NFC Forum spezifiziert. Die Speicherformate der Tags, der Zugriff auf die Tags und die Abbildung des *NFC Data Exchange Format* (NDEF) auf die Tags sind in den *Tag Operation* Spezifikationen [18–21] festgelegt.

6.1.1 Type 1

Tagtyp 1 [18] orientiert sich an den Topaz-Tags der Firma Innovision. Es handelt sich um einfache Speichertags auf der Basis der Technologie NFC-A. Während der Initialisierungsphase wird jedoch nur eine Kollisionserkennung, aber keine Antikollision zur Initialisierung mehrerer gleichzeitig vorhandener Type 1 Tags durchgeführt.

In Abhängigkeit der Speichergröße gibt es zwei Speichermodelle: die statische Speicherstruktur für eine Speichergröße von 120 Bytes und das dynamische Speichermodell für Speichergrößen von mehr als 120 Bytes. Der EEPROM-Speicher ist in Blöcke zu je acht Bytes gegliedert. Zusätzlich existiert noch ein 2 Byte umfassendes Header-ROM. Dieses gibt an, ob der Transponder zu Type 1 kompatibel ist und welches Speichermodell er verwendet (Abb. 6.1). Das Header-ROM wird zusammen mit der Kennung (UID) des Tags im Zuge der Initialisierung ausgelesen.

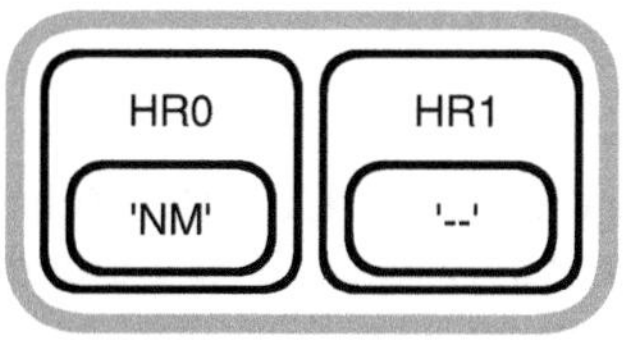

Abb. 6.1 Das Header-ROM besteht aus 2 Bytes. Wenn das höherwertige Nibble von HR0 (N) den Wert '1' enthält, handelt es sich um Tagtyp 1. Wenn das niederwertige Nibble von HR0 (M) den Wert '1' enthält, hat das EEPROM die statische Speicherstruktur. Andernfalls hat das EEPROM ein dynamisches Speichermodell

Die ersten 120 Bytes (Abb. 6.2) stimmen für die statische Speicherstruktur und das dynamische Speichermodell überein. Der EEPROM-Speicher beginnt bei Byte 0 in Block 0. Der erste Block ist schreibgeschützt und enthält die eindeutige Kennung (UID, 6 Bytes) des Tags sowie den Identifikationscode des Herstellers (1 Byte). Anschließend folgen 12 Datenblöcke. Wobei die ersten vier Bytes von Block 1 den *Capability Container* (CC) umfassen. Block 13 ist schreibgeschützt und enthält keine relevanten Daten. Block 14 ist der letzte Block der statischen Speicherstruktur. Die ersten 15 bit dieses Blocks sind die Lock-Bits für die vorangegangenen Speicherblöcke. Ein auf den Wert 1 gesetztes Lock-Bit bedeutet, dass der entsprechende Block unwiderruflich schreibgeschützt ist. Die übrigen Bytes von Block 14 enthalten einen einmal programmierbaren Bereich, der für NFC-Anwendungen keine Bedeutung hat.

Im dynamischen Speichermodell folgen auf Block 14 weitere Speicherblöcke. Diese setzen sich aus Daten- oder Lock-Bytes sowie für andere Zwecke reservierten Bytes zusammen. Die Größe des EEPROM-Speichers wird im *Capability Container* angegeben. Nachdem Lock-Bytes und reservierte Speicherstellen beliebig im dynamischen Speicherbereich angeordnet sein können, müssen die Informationen über die Position und die Größe dieser Stellen definiert werden. Die Definition erfolgt mittels TLV-Strukturen (*Tag-Length-Value*) in die sowohl die Konfigurationsparameter als auch die Daten verpackt sind.

Typ	Block	Byte-0	Byte-1	Byte-2	Byte-3	Byte-4	Byte-5	Byte-6	Byte-7
UID	0	UID-0	UID-1	UID-2	UID-3	UID-4	UID-5	UID-6	
Daten	1	CC0	CC1	CC2	CC3	Data4	Data5	Data6	Data7
Daten	2	Data8	Data9	Data10	Data11	Data12	Data13	Data14	Data15
Daten	...	...	...	...	...	...	...	...	...
Daten	13	Data88	Data89	Data90	Data91	Data92	Data93	Data94	Data95
Reserviert	14								
Lockbits/Reserviert	15	Lock-0	Lock-1	OTP-0	OTP-1	OTP-2	OTP-3	OTP-4	OTP-5

Abb. 6.2 EEPROM-Speicher von Tagtyp 1 mit statischer Speicherstruktur. (Quelle: [18])

6.1.1.1 Capability Container (CC)

Die ersten vier Bytes des frei verfügbaren Speichers (Byte 0 bis Byte 3 in Block 1) enthalten den *Capability Container* (CC). Byte 0 ist die *NDEF Magic Number* und muss immer den Wert 'E1' aufweisen. Byte 1 gibt die Version der verwendeten NFC-Forum-Tag-Spezifikation an. Der Wert 'XY' entspricht der Versionsnummer X.Y. Anhand dieser Information kann ein NFC-Gerät entscheiden, ob es den NFC-Tag unterstützt. Aus Byte 2 lässt sich die Größe des EEPROM-Speichers berechnen. Für Tagtyp 1 ist die Speichergröße durch die Formel $8 \cdot (n + 1)$ Byte gegeben, wobei n der Wert aus Byte 2 ist. Byte 3 gibt Aufschluss über den Speicherzustand. Das höherwertige Nibble zeigt den Zustand für den Lesezugriff und das niederwertige Nibble den Zustand für den Schreibzugriff an. Für den Lesezugriff ist der einzige zulässige Wert '0'. Dieser bedeutet, dass keine Zugriffsbeschränkung vorhanden ist. Für den Schreibzugriff kommt noch der Wert 'F' hinzu. Dieser bedeutet, dass kein Schreibzugriff möglich ist. Dabei ist jedoch zu beachten, dass dieser Wert durch die Anwendung angegeben wird und nicht mit dem tatsächlichen Zustand der Lock-Bits übereinstimmen muss.

6.1.1.2 TLV-Strukturen

TLV steht für *Tag-Length-Value*. Die TLV-Strukturen beginnen unmittelbar nach dem *Capability Container* und enthalten alle Daten und Konfigurationsparameter. Eine TLV-Struktur besteht daher aus drei Feldern (Abb. 6.3):

- Das Tag-Feld codiert den Typ der TLV-Struktur.
- Das Length-Feld gibt die Länge des Datenfelds in Bytes an. Für Längenangaben von 0 bis 254 ist das Length-Feld ein Byte groß und gibt direkt die Länge des Value-Felds an. Für Längenangaben von 255 bis 65.534 Bytes ist das Length-Feld drei Bytes groß. In diesem Fall enthält das erste Byte den Wert 'FF' und die beiden übrigen Bytes geben die Länge des Value-Felds an.
- Das Value-Feld enthält die Daten.

Für Tagtyp 1 sind sechs verschiedene TLV-Strukturen definiert: NULL, Lock Control, Memory Control, NDEF Message, Proprietary und Terminator. Alle Lock Control und Memory Control TLV-Strukturen müssen vor den NDEF Message und Proprietary TLV-Strukturen im Speicher liegen. In jedem Type 1 Tag ist zumindest eine NDEF Message TLV-Struktur vorhanden. Die Terminator TLV-Struktur ist die letzte TLV-Struktur im Speicher.

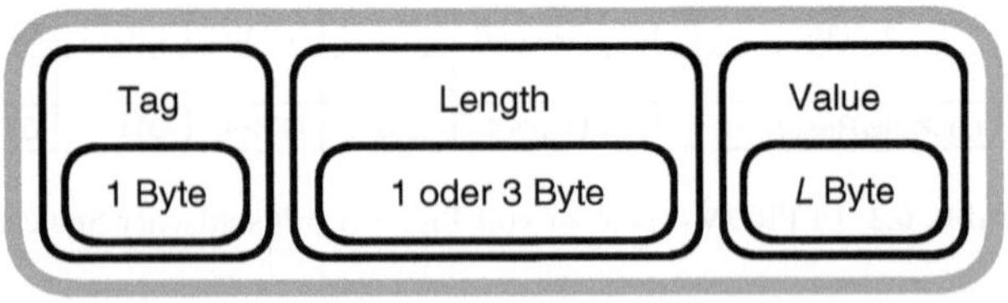

Abb. 6.3 TLV-Struktur

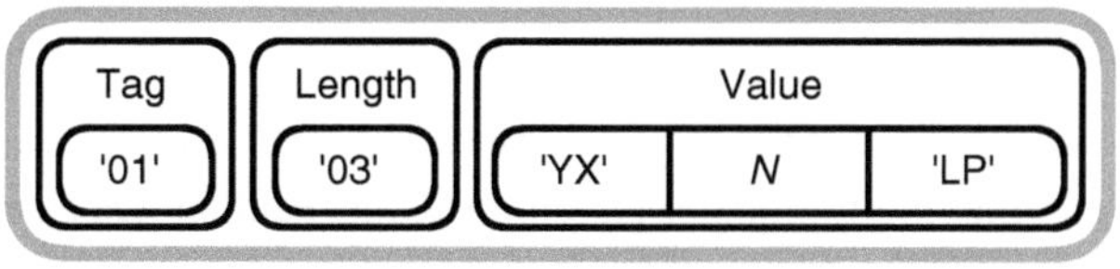

Abb. 6.4 Die Lock Control TLV-Struktur enthält Informationen über die Lock-Bits im dynamischen Speicherbereich

NULL TLV

Diese TLV-Struktur hat den Tag-Wert '00', kein Length-Feld und kein Value-Feld. NULL-TLVs werden als Füllzeichen zwischen TLV-Strukturen verwendet.

Lock Control TLV

Diese TLV-Struktur (Abb. 6.4) hat den Tag-Wert '01' und den Length-Wert '03'. Die drei Bytes des Value-Felds geben die Position und die Größe der Lock-Bits, sowie Länge des sperrbaren Bereichs an. Der Beginn der Lock-Bits (als Byte-Adresse) berechnet sich aus der Formel $Y \cdot 2^P + X$. Die Anzahl der Lock-Bits ist durch den Wert *N* gegeben. Die Länge des sperrbaren Bereichs beträgt 2^L Byte. Der sperrbare Bereich beginnt beim ersten, noch nicht durch andere Lock-Bits sperrbaren Byte.

Memory Control TLV

Diese TLV-Struktur (Abb. 6.5) hat den Tag-Wert '02' und den Length-Wert '03'. Die drei Bytes des Value-Felds geben die Position und die Größe eines reservierten Speicherbereichs an. Der Beginn der reservierten Bytes (als Byte-Adresse) berechnet sich aus der Formel $Y \cdot 2^P + X$. Die Länge des reservierten Bereichs beträgt *N* Byte. Auch bereits gesetzte oder nicht verwendete Lock-Bytes können als reservierter Speicherbereich angegeben werden.

NDEF Message TLV

Diese TLV-Struktur hat den Tag-Wert '03'. Das Length-Feld ist immer vorhanden und gibt die Länge der Daten im Value-Feld an. Das Value-Feld enthält Informationen im *NFC Data Exchange Format* (NDEF).

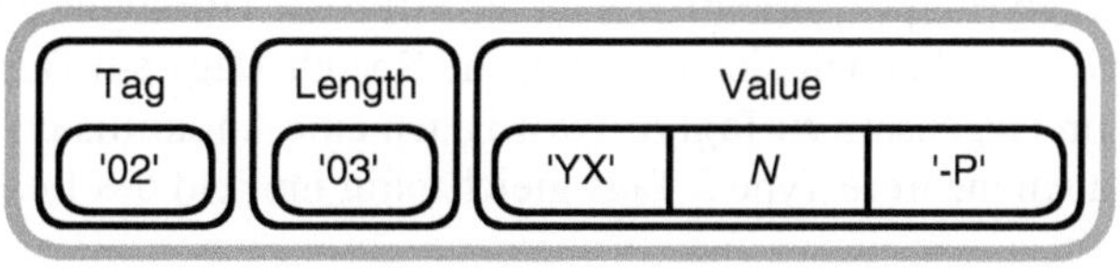

Abb. 6.5 Die Memory Control TLV-Struktur enthält Informationen über reservierte Bytes im dynamischen Speicherbereich

Proprietary TLV

Diese TLV-Struktur hat den Tag-Wert 'FD'. Das Length-Feld ist immer vorhanden und gibt die Länge der Daten im Value-Feld an. Das Value-Feld enthält Informationen in einem proprietären Format.

Terminator TLV

Diese TLV-Struktur hat den Tag-Wert 'FE', kein Length-Feld und kein Value-Feld. Die Terminator TLV markiert das Ende der TLV-Strukturen im Speicher.

6.1.1.3 Befehlssatz

Der Befehlssatz von Tagtyp 1 besteht aus neun verschiedenen Befehlen. Die Initialisierungsprozedur beginnt mit dem Befehl RID (*Read Identification*). Dieser liest die UID und das Header-ROM aus. Zum Lese- und Schreibzugriff existiert eine Reihe von Befehlen, die sich in zwei Kategorien spalten: Befehle zum Zugriff auf den statischen Speicherbereich (die ersten 15 Blöcke) und Befehle zum Zugriff auf beliebige Speicherbereiche des dynamischen Speichermodells. Der Befehl RALL liest den gesamten statischen Speicherbereich und das Header-ROM aus. Mit den Befehlen READ, WRITE-E und WRITE-NE lassen sich einzelne Bytes des statischen Speichers lesen bzw. schreiben. Bei den Schreibbefehlen werden zwei Varianten unterschieden: E und NE. Die Variante E (*Erase*) löscht das zu schreibende Byte vor dem Schreibvorgang während die Variante NE (*No Erase*) keine Löschoperation durchführt. Dadurch ist die NE-Variante deutlich schneller als die E-Variante. Mit der WRITE-NE können jedoch nur Bits gesetzt aber nicht gelöscht werden. Sie ist damit vorwiegend zum Setzen von Lock-Bits und einmal beschreibbaren Bereichen sinnvoll. Für das dynamische Speichermodell gibt es zusätzlich noch die Befehle RSEG, READ8, WRITE-E8 und WRITE-NE8. Mit RSEG kann ein ganzes Speichersegment (16 Blöcke zu je 8 Bytes) ausgelesen werden. Die Schreib- und Lesebefehle READ8, WRITE-E8 und WRITE-NE8 sind vergleichbar mit jenen für den statischen Speicherbereich, jedoch ermöglichen sie blockweise Zugriffe auf den gesamten Speicher.

6.1.2 Type 2

Tagtyp 2 [19] orientiert sich an MIFARE Ultralight der Firma NXP Semiconductors. Es handelt sich um einfache Speichertags auf Basis der Technologie NFC-A. Im Gegensatz zu Tagtyp 1 wird auch eine Antikollision durchgeführt, wodurch sich auch mehrere Type 2 Tags gleichzeitig im Feld des Lesegeräts befinden dürfen.

Abb. 6.6 EEPROM-Speicher von Tagtyp 2 mit statischer Speicherstruktur. (Quelle: [19])

Bytenummer	0	1	2	3	Block
UID	UID0	UID1	UID2		0
UID	UID3	UID4	UID5	UID6	1
Lockbits			Lock0	Lock1	2
CC	CC0	CC1	CC2	CC3	3
Daten	Data0	Data1	Data2	Data3	4
Daten	Data4	Data5	Data6	Data7	5
Daten	...	...	...	...	...
Daten	Data44	Data45	Data46	Data47	15

In Abhängigkeit der Speichergröße gibt es zwei Speichermodelle: die statische Speicherstruktur für eine Speichergröße von 64 Bytes und das dynamische Speichermodell für Speichergrößen von mehr als 64 Bytes. Der EEPROM-Speicher ist in Blöcke zu je vier Byte gegliedert.

Die ersten 64 Bytes (Abb. 6.6) stimmen für die statische Speicherstruktur und das dynamische Speichermodell überein. Der EEPROM-Speicher beginnt bei Byte 0 in Block 0. Die ersten beiden Blöcke sind schreibgeschützt und enthalten die eindeutige Kennung (UID, 7 Bytes) des Tags. Die letzten 2 Bytes von Block 2 enthalten die Lock-Bits für die 16 Speicherblöcke. Ein auf den Wert 1 gesetztes Lock-Bit bedeutet, dass der entsprechende Block unwiderruflich schreibgeschützt ist. Die übrigen drei Bytes der ersten drei Speicherblöcke sind reservierte Speicherstellen und haben keine Bedeutung für NFC-Anwendungen. Block 3 ist der *Capability Container* (CC). Anschließend folgen 12 Datenblöcke. Block 15 ist der letzte Block der statischen Speicherstruktur.

Im dynamischen Speichermodell folgen auf Block 15 weitere Speicherblöcke. Diese setzen sich aus Daten- oder Lock-Bytes sowie für andere Zwecke reservierten Bytes zusammen. Die Größe des EEPROM-Speichers wird im *Capability Container* angegeben. Nachdem Lock-Bytes und reservierte Speicherstellen beliebig im dynamischen Speicherbereich angeordnet sein können, müssen die Informationen über die Position und die Größe dieser Stellen definiert werden.

Die Definition der Lock-Bits und der reservierten Bytes sowie die Daten werden in denselben TLV-Strukturen (Abschn. 6.1.1.2) wie bei Tagtyp 1 angegeben.

6.1.2.1 Capability Container (CC)

Der *Capability Container* folgt denselben Regeln wie für Tagtyp 1 (vgl. Abschn. 6.1.1.1). Jedoch weicht die Angabe des Speicherplatzes für Tagtyp 2 von der für Tagtyp 1 ab. Byte 2 des *Capability Containers* gibt die Größe des Datenbereichs (ohne den anderen Speicherbereichen) in Vielfachen von 8 Bytes an. Die Speichergröße des Datenbereichs berechnet sich daher zu $8 \cdot n$ Byte, wobei n der Wert aus Byte 2 ist.

6.1.2.2 Befehlssatz

Tagtyp 2 verwendet einen Befehlssatz aus drei Befehlen: READ, WRITE und SECTOR_SELECT. Der Befehl READ liest vier Blöcke (insgesamt 16 Bytes) aus dem Speicher aus. Der Befehl WRITE überschreibt einen Block (vier Bytes) im Speicher. Die Lese- und Schreibbefehle können nur einen maximal ein Kilobyte großen Speicherbereich adressieren. Bei größeren Speichern kommt der Befehl SECTOR_SELECT zum Einsatz. Mit diesem kann ein bestimmter Sektor des Tags für Lese- und Schreibzugriffe ausgewählt werden. Dabei ist jeder Sektor ein Kilobyte groß.

6.1.3 Type 3

Tagtyp 3 [20] orientiert sich an FeliCa der Firma Sony. Es handelt sich um Speichertags auf Basis der Technologie NFC-F. Diese Technologie umfasst auch ein Antikollisionsverfahren, wodurch sich auch mehrere Type 3 Tags gleichzeitig im Feld des Lesegeräts befinden dürfen.

Eine FeliCa-Smartcard wird durch einen Systemcode einer bestimmten Anwendung zugeordnet. Bei der Initialisierung kann ein Lesegerät anhand des Systemcodes alle Chipkarten einer bestimmten Anwendung auswählen und alle übrigen Chipkarten ignorieren. Für Tagtyp 3, d. h. die NFC- bzw. NDEF-Anwendung, ist dieser Systemcode '12FC'.

Der EEPROM-Speicher von Tagtyp 3 ist in ein einfaches Dateisystem gegliedert. Für die Ablage der NDEF-Daten ist der Servicecode (Dateiname) '000B' (nur Lesezugriff) vorgesehen. Wenn die Daten auf dem Tag veränderbar sind, gibt es zusätzlich den Servicecode '0009'. Dieser erlaubt den Schreib- und Lesezugriff auf dieselben NDEF-Daten.

Ein Service (Datendatei) besteht aus einem oder mehreren Datenblöcken zu je 16 Bytes (Abb. 6.7). Der erste Block hat den Index 0 und enthält den *Attribute Information Block*. Die übrigen Blöcke enthalten die NDEF-Daten. Der *Attribute Information Block* ist vergleichbar mit dem *Capability Container* (Abschn. 6.1.1.1) von Tagtyp 1 und 2, jedoch sind darin noch zusätzliche, für Tagtyp 3 relevante Metainformationen gespeichert. Byte 0 gibt die Version der verwendeten NFC-Forum-Tag-Spezifikation an. Der Wert 'XY' entspricht der Versionsnummer X.Y.

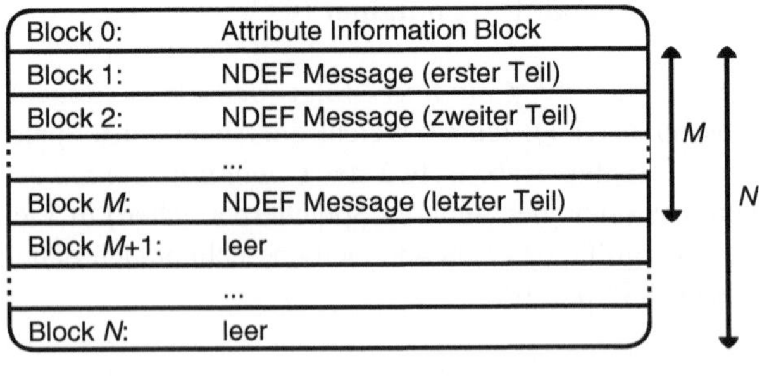

Abb. 6.7 Aufbau des NDEF-Service

Byte 1 und Byte 2 bestimmen die maximale Blockanzahl, die mit einem einzelnen Lese- bzw. Schreibbefehl auslesbar bzw. schreibbar ist. Byte 3 und 4 enthalten den 16-Bit-Wert N, der die maximale Anzahl an für NDEF-Daten verfügbaren Blöcken angibt. Byte 9 wird als *Write Flag* bezeichnet und muss vor jedem Schreibvorgang auf den Wert '0F' und nach jedem Schreibvorgang auf den Wert '00' zurückgesetzt werden. Byte 10 ist das *Read/Write Flag*. Der Wert '00' erlaubt nur den Lesezugriff, während der Wert '01' sowohl den Lese-, als auch Schreibzugriff erlaubt. Wie beim *Capability Container* ist auch diese Information unabhängig von den tatsächlich verfügbaren Zugriffsrechten auf die Daten. Die Bytes 11, 12 und 13 enthalten den 24-Bit-Wert L, der die Länge der NDEF-Message in Bytes angibt. Die Länge M der NDEF-Daten in Blöcken ergibt sich daher zu

$$M = \left\lceil \frac{L}{16} \right\rceil . \tag{6.1}$$

Byte 14 und 15 umfassen die Prüfsumme über Byte 0 bis 13. Die Prüfsumme ist ein 16-Bit-Wert, der durch Addition der einzelnen Bytes gebildet wird. Die höherwertigen acht Bit werden in Byte 14 und die niederwertigen acht Bit in Byte 15 abgelegt. Die übrigen Bytes des *Attribute Information Block* sind unbenutzt und dürfen von einem NFC-Gerät nicht verändert werden.

6.1.3.1 Befehlssatz

Der Befehlssatz zur Interaktion mit Tagtyp 3 besteht aus nur drei Befehlen:

- Der Polling-Befehl (im FeliCa-Standard [24] auch als REQC bezeichnet) leitet das Antikollisionsverfahren und die Initialisierung ein.
- Der Check-Befehl (im FeliCa-Standard [24] als Read bezeichnet) ermöglicht das Lesen der NDEF-Daten.
- Mit dem Update-Befehl (im FeliCa-Standard [24] als Write bezeichnet) können die Daten in der NDEF-Datei verändert werden.

6.1.4 Type 4

Tagtyp 4 [21] setzt auf den Chipkartensystemen nach ISO/IEC 14443 auf. Die Kommunikation kann je nach Chipkarte auf den Technologien NFC-A oder NFC-B basieren. Wie bei Type 2 und Type 3 Tags umfassen auch diese Technologien Antikollisionsverfahren. Dadurch können Lesegeräte auch mehrere Type 4 Tags parallel aktivieren. Im Gegensatz zu einfachen Speichertags (Tagtyp 1 und 2) handelt es sich bei Tagtyp 4 um eine prozessorbasierte Smartcard-Technologie. Der NDEF-Datencontainer ist dabei in einer Smartcard-Applikation gekapselt. Die NDEF-Anwendung besteht aus einem Dedicated File und mehreren darunter angeordneten Ele-

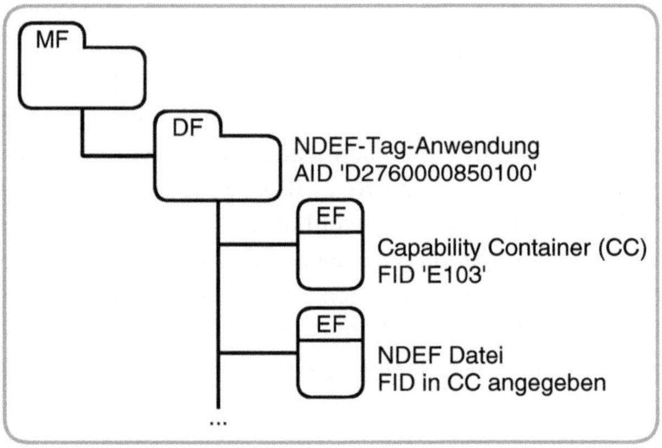

Abb. 6.8 Dateisystem eines Type 4 Tags

mentary Files. Das Dedicated File repräsentiert die NDEF-Tag-Anwendung und hat den Anwendungsnamen (AID) 'D2760000850100'. Die NDEF-Tag-Anwendung hat zumindest zwei Elementary Files: den Capability Container und eine NDEF-Datei. Abbildung 6.8 zeigt das Dateisystem eines Tags mit der NDEF-Anwendung.

6.1.4.1 Capability Container (CC)

Der Capability Container (CC) ist ein Elementary File und hat den File Identifier (FID) 'E103'. Diese Datei enthält die Steuerinformationen für die NDEF-Tag-Anwendung. Byte 0 und 1 geben die gesamte Länge des Capability Containers in Bytes an. Byte 2 codiert die Versionsnummer X.Y der NFC-Forum-Tag-Spezifikation in der Form 'XY'. Die Bytes an den Stellen 3 und 4 ergeben einen 16-Bit-Wert, der die maximale Länge der Antwort auf einen Lesebefehl anzeigt. Die Bytes 5 und 6 enthalten zusammen ebenfalls einen vorzeichenlosen 16-Bit-Wert. Dieser gibt die maximale Länge der Daten in einem Schreibbefehl an. Ab Byte 7 sind ein oder mehrere TLV-Strukturen abgelegt. Der erste dieser TLV-Blöcke ist immer ein NDEF File Control TLV.

6.1.4.2 TLV-Strukturen

Die TLV-Strukturen folgen demselben Muster wie die TLV-Strukturen der Tagtypen 1 und 2 (Abschn. 6.1.1.2). Für Tagtyp 4 gibt es jedoch nur zwei verschiedene TLV-Strukturen: NDEF File Control und Proprietary File Control.

NDEF File Control TLV

Diese TLV-Struktur (Abb. 6.9) hat den Tag-Wert '04' und den Length-Wert '06'. Die sechs Bytes des Value-Felds geben den File Identifier (FID), die maximale Datei-

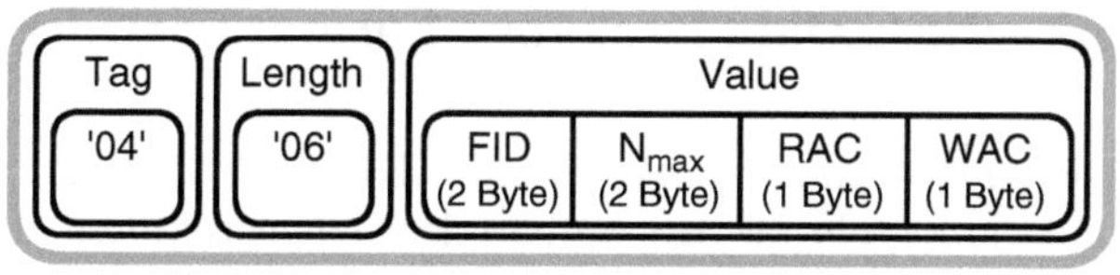

Abb. 6.9 Die NDEF File Control TLV-Struktur enthält Informationen über eine NDEF-Datei

größe (N_{max}) in Bytes und die Zugriffsbedingungen für den Lesezugriff (RAC) und den Schreibzugriff (WAC) einer NDEF-Datei an. WAC (*Write Access Condition*) kann dabei zwei Werte annehmen: '00' für freien Schreibzugriff und 'FF' für keinen Schreibzugriff. Für RAC (*Read Access Condition*) ist hingegen nur der Wert '00' definiert. Dieser erlaubt freien Lesezugriff.

Proprietary File Control TLV

Diese TLV-Struktur hat den Tag-Wert '05' und den Length-Wert '06'. Sie ist analog zur NDEF File Control TLV-Struktur aufgebaut, wobei der File Identifier (FID) statt auf eine NDEF-Datei auf eine Datei mit einem anwendungsspezifischen Format zeigt.

6.1.4.3 NDEF-Dateien und Dateien mit proprietärem Inhalt

Daten können entweder in Form von NDEF-Nachrichten oder in anwendungsspezifischen Formaten abgelegt werden. Sowohl NDEF Files als auch Proprietary Files folgen einem einheitlichen Muster. Dabei beginnt jede Datei mit einer zwei Byte umfassenden Längenangabe. Diese gibt die Länge des nachfolgenden Datenfelds an. Bei NDEF-Dateien ist im Datenfeld eine NDEF-Nachricht abgelegt. Bei proprietären Dateien enthält das Datenfeld Informationen in einem anwendungsspezifischen Format.

6.1.4.4 Befehlssatz

Die Kommunikation mit Tagtyp 4 erfolgt mittels APDU-Befehlen. Die Type-4-Tag-Spezifikation nutzt drei Befehle nach ISO/IEC 7816-4 [23]: SELECT_FILE, READ_BINARY und UPDATE_BINARY. Mit SELECT_FILE können die Dateien (Dedicated File, Elementary File) für den Lese- bzw. Schreibzugriff ausgewählt werden. READ_BINARY und WRITE_BINARY ermöglichen den Lese- und Schreibzugriff auf die Daten. Die Tag-Spezifikation geht davon aus, dass die Struktur der NDEF-Applikation bereits auf dem Tag vorhanden ist. Die Erzeugung und Initialisierung der Dateien bzw. die Installation eines entsprechenden Applets auf einer JavaCard unterliegt deshalb keinen festen Regeln und kann zwischen verschieden Mikrochiptypen variieren.

6.2 NFC Data Exchange Format (NDEF)

Die *NFC Data Exchange Format* (NDEF) Spezifikation [12] definiert das Format und die Regeln für den Aufbau der Datenstrukturen zum Austausch von Informationen zwischen NFC-Geräten bzw. zwischen NFC-Geräten und NFC-Forum-Tags. Vor der Fertigstellung der NDEF-Spezifikation wurde das Datenformat auch als *NFC Transfer Interface Packet* (NTIP) bezeichnet. Auf der Basis unterschiedlicher Übertragungsprotokolle und Speichermedien, wie z. B. dem LLCP oder den NFC-Forum-Tags, gewährleistet die NDEF-Spezifikation ein einheitliches Format für den Datenaustausch in beliebigen NFC-Anwendungen. Unabhängig davon, ob die Anwendungsdaten auf einem NFC-Forum-Tag gespeichert sind, oder direkt zwischen zwei NFC-Geräten übertragen werden, kommen dieselben Datenstrukturen zum Einsatz. Dadurch ist die NFC-Anwendung und die Verarbeitung der Daten unabhängig von der verwendeten Datenquelle.

NDEF ist ein einfaches binäres Datenformat, das anwendungsspezifische Nutzdaten kapselt. Die zuverlässige und sichere Übermittlung der Anwendungsdaten ist hingegen Aufgabe der darunterliegenden Übertragungsprotokollebenen bzw. der darüberliegenden Anwendungsebene. Die Anwendungsdaten sind zusammen mit Metainformationen in einem oder mehreren NDEF-Records abgelegt. Die Metainformationen geben den Aufbau eines Records, Typinformationen zur Interpretation der Nutzdaten und Identifikationsinformationen zu den Nutzdaten an. Ein oder mehrere NDEF-Records bilden eine NDEF-Message.

6.2.1 NDEF Record

Die Nutzdaten der Anwendungsebene werden in NDEF-Records verpackt. Jeder NDEF-Record (Abb. 6.10) besteht aus einem Header und einem Datenteil (*Payload*). Der Header enthält Flags, Längenangaben für Felder mit variabler Länge, Informationen über den Typ der Nutzdaten und, optional, eine eindeutige Kennung des Nutzdatenpakets.

Es gibt fünf Flags: MB (*Message Begin*), ME (*Message End*), CF (*Chunk Flag*), SR (*Short Record*) und IL (*ID Length Present*). MB und ME markieren den ersten bzw. letzten NDEF-Record innerhalb einer NDEF-Message. CF gibt an, dass das Datenpaket auf diesen und zumindest den nächsten NDEF-Record aufgeteilt ist. SR signalisiert einen verkürzten NDEF-Record. Beim sogenannten *Short Record* ist das Feld Payload Length von 32 bit auf 8 bit verkürzt. IL zeigt an, ob der NDEF-Record Identifikationsdaten enthält. Wenn dieses Bit nicht gesetzt ist, dann enthält der Record weder das Feld ID noch das Feld ID Length.

Der Wert TNF (*Type Name Format*) bestimmt das Format des Felds Type. Tabelle 6.2 gibt einen Überblick der möglichen Werte. Type Length ist ein 8-Bit-Wert und gibt die Länge des Type-Felds an. Payload Length ist ein 32-Bit-Wert (bei SR = 0) bzw. ein 8-Bit-Wert (bei SR = 1) und gibt die Länge des Payload-Felds an. ID

Abb. 6.10 NDEF-Record

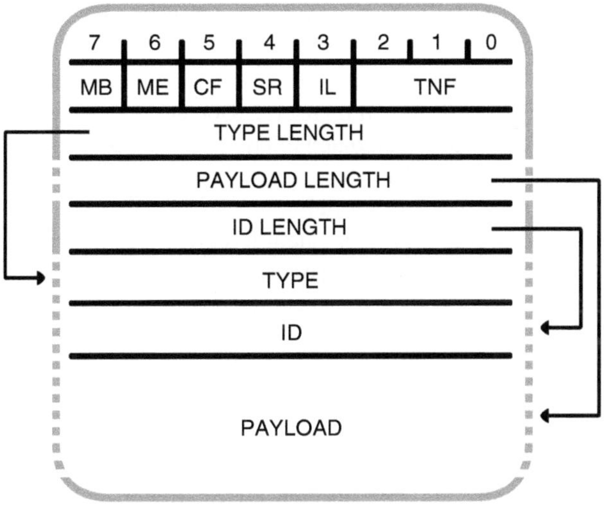

Length ist ein 8-Bit-Wert und gibt die Länge des ID-Felds an. Im Fall von IL = 0 ist das Feld ID Length nicht vorhanden.

Das Type-Feld enthält eine Formatangabe nach den Kriterien des *Type Name Format* (TNF). Falls das ID-Feld vorhanden ist, besteht es aus einer URI-Angabe (nach RFC 3986), die den NDEF-Record eindeutig identifiziert. Über die ID kann auf einen Record verwiesen werden. Das Payload-Feld umfasst ein Datenpaket bzw. einen Teil eines Datenpakets. Das Format der Daten entspricht dem im Type-Feld angegebenen Datenformat.

Tab. 6.2 Mögliche Werte für das Feld TNF (*Type Name Format*)

TNF	Beschreibung
'0'	Der Record ist leer und hat daher kein Type-, ID- und Payload-Feld. Die jeweiligen Längenangaben sind auf den Wert 0 gesetzt
'1'	Das Type-Feld gibt einen *NFC Forum Well-known Type* (entsprechend der *NFC Record Type Definition* (RTD) Spezifikation) an
'2'	Das Type-Feld gibt einen *MIME-Media-Type* nach RFC 2046 [4] an
'3'	Das Type-Feld gibt einen absoluten URI (*Uniform Resource Identifier*) nach RFC 3986 [1] an. Dieser URI spezifiziert das Format der Payload-Daten
'4'	Das Type-Feld gibt einen *NFC Forum External Type* (entsprechend der *NFC Record Type Definition* (RTD) Spezifikation) an
'5'	Der Record enthält Daten in einem unbekannten Format. Das Type-Feld ist in diesem Fall nicht vorhanden und die Längenangabe des Type-Felds ist 0
'6'	Dieser Wert wird verwendet, wenn ein Datenpaket auf mehrere Records aufgeteilt ist. In diesem Fall enthält nur der erste Record die Typinformation. Bei allen übrigen Records wird dieser TNF-Wert angegeben. Das Type-Feld ist in diesem Fall nicht vorhanden und die Längenangabe des Type-Felds ist 0
'7'	Dieser Wert ist für zukünftige Erweiterungen reserviert

6.2.1.1 Aufteilung auf mehrere Chunks

Das *Chunk Flag* (CF) gibt an, dass sich die Payload (ein Datenpaket) aus mehreren NDEF-Records zusammensetzt. Bei der Erzeugung der NDEF-Message müssen daher weder alle Nutzdaten noch die Länge der Nutzdaten bekannt sein, um mit der Ausgabe der NDEF-Message zu beginnen. Dadurch kommt der NDEF-Erzeuger mit geringeren Datenpuffern aus.

Ist das *Chunk Flag* in einem Record gesetzt, so ist ein weiterer Teil des Datenpakets im nächsten Record abgelegt. Damit lassen sich beliebig viele NDEF-Records aneinanderketten. Der verkettete NDEF-Record wird durch einen Record ohne gesetztem CF abgeschlossen. Die Aufteilung auf mehrere Chunks setzt daher die Zerlegung der Nutzdaten in mindestens zwei Chunks voraus. Darüber hinaus müssen sich alle miteinander verketteten NDEF-Records innerhalb derselben NDEF-Message befinden.

Der Header des ersten NDEF-Records bestimmt den Typ und die ID des gesamten Datenpakets. Die übrigen NDEF-Records des Datenpakets weisen durch den TNF-Wert '6' darauf hin, dass der Typ unverändert vom ersten Chunk übernommen wird.

6.2.2 NDEF Message

Eine NDEF-Message (Abb. 6.11) besteht aus einem oder mehreren NDEF-Records. Der Beginn und das Ende der NDEF-Message werden durch Bits im Header der NDEF-Records markiert. Ein Record mit gesetztem MB-Flag signalisiert den Beginn der NDEF-Message. Das ME-Flag kennzeichnet den letzten Record der NDEF-Message. Falls nur ein einziger NDEF-Record in der NDEF-Message vorhanden ist, dann sind in diesem Record sowohl das MB-Flag als auch das ME-Flag gesetzt (Abb. 6.12).

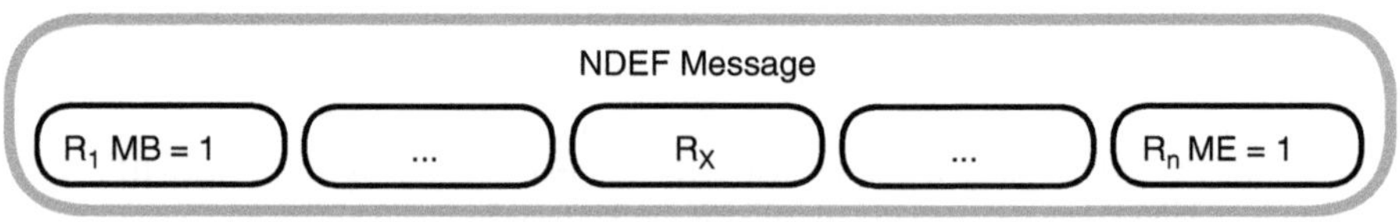

Abb. 6.11 Aus mehreren NDEF-Records zusammengesetzte NDEF-Message

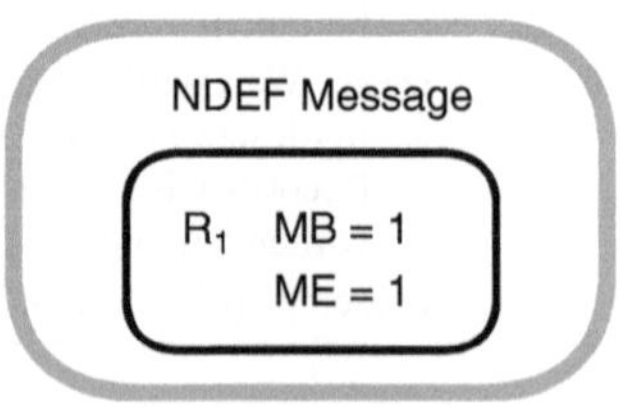

Abb. 6.12 NDEF-Message aus einem einzelnen NDEF-Record

6.3 MIME Media Types

MIME steht für *Multipurpose Internet Mail Extensions*. MIME Media Types sind, vor allem im Internet, weit verbreitet. Sie dienen der Formatierung von Nachrichten mit verschiedensten Inhalten. So können MIME Media Types den Aufbau von textuellen Nachrichten mit beliebigen Zeichensätzen oder Nachrichten mit anderen als textuellen Inhalten spezifizieren [4]. Die Typangabe besteht aus zwei Teilen: einem Top-Level-Typ und einem Subtyp:

```
<Top-Level-Typ>/<Subtyp>
```

Der Top-Level-Typ unterteilt die Formate in grundlegende Kategorien, wie „text" für textuelle Nachrichten, „image" für Bilddaten, „video" für Videodaten, „audio" für Audiodaten oder „application" für anwendungsspezifische Datenformate. Der Subtyp gibt ein spezifisches Format an. Zum Beispiel steht „text/plain" für Text ohne spezielle Formatierungsinformationen. „image/jpeg" zeigt eine Bilddatei im JPEG-Format (*Joint Photographic Experts Group*) an.

Mit MIME Media Type NDEF-Records können also Texte, Bilder, Videos oder andere Informationen in verschiedensten Formaten transportiert werden. Viele MIME Media Types haben erst durch die Kombination mit anderen NDEF-Records eine Funktion. Ebenso gibt es Media Types die für bestimmte Anwendungen auch eigenständig einen Sinn ergeben. Ein Beispiel dafür sind Visitenkarten (MIME Media Type „text/x-vcard"). Mobiltelefone, wie z. B. das Nokia 6131 NFC, können diese Visitenkarten in der Regel ohne zusätzliche Software interpretieren und als Adressbucheintrag abspeichern. Abbildung 6.13 zeigt den Aufbau eines solchen NDEF-Records.

6.4 NFC Record Type Definition (RTD)

NDEF-Records ermöglichen den Transport verschiedenster Datenformate. Durch den Einsatz von MIME-Media-Types können beliebige Daten in NDEF-Records untergebracht werden. Das NDEF-Format definiert jedoch nicht, wie NFC-Geräte die Daten interpretieren und darstellen müssen. Auch MIME-Media-Types geben nur das Format der Daten an. Bei NFC-Anwendungen stehen die Einfachheit und die herstellerübergreifende Kompatibilität im Vordergrund. Es genügt daher nicht nur die Datenformate zu spezifizieren. Die *NFC Record Type Definition* (RTD) Spezifikationen [14] gehen daher einen Schritt weiter: Die RTD-Spezifikationen geben neben grundlegenden Datenstrukturen auch Richtlinien zur Verarbeitung und Darstellung der Daten an. RTDs können dabei einzelne Datensätze, wie z. B. ein Text oder ein URI (*Uniform Resource Identifier*), sein oder sich aus mehreren NDEF-Records oder sogar mehren NDEF-Messages zusammensetzen.

Die RTD-Spezifikationen bestehen aus einer Basisspezifikation [14] und mehreren Spezifikationen für die unterschiedlichen Record Types. Die Basisspezifikation

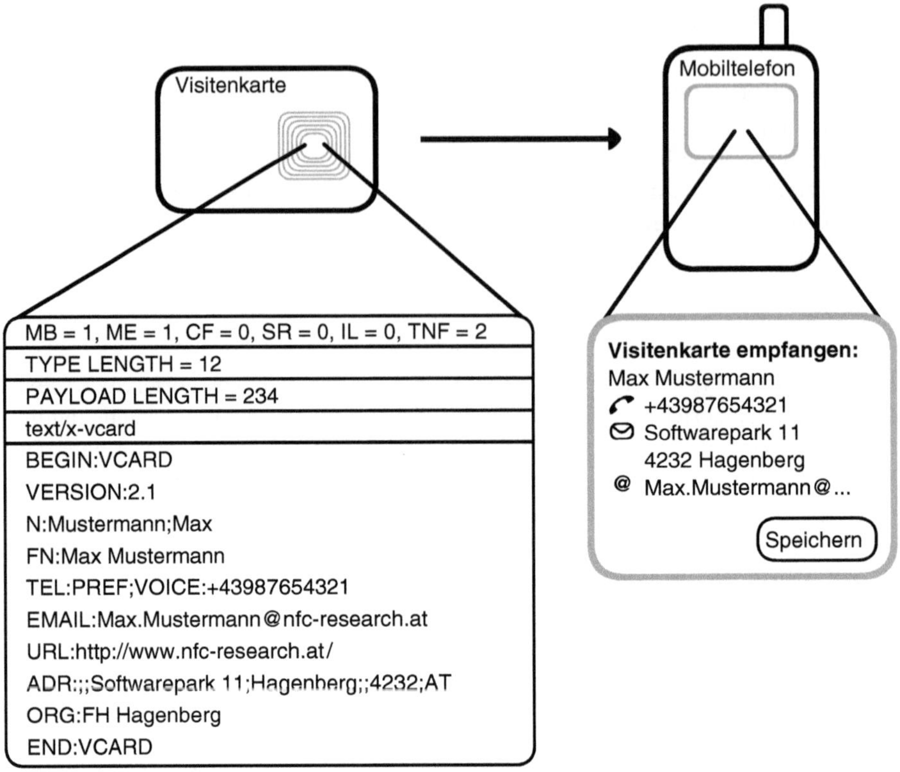

Abb. 6.13 Anwendungsbeispiel für MIME Media Types: Visitenkarte. Ein NFC-Tag enthält einen NDEF-Record mit einer Visitenkarte. Bei Berührung des Tags mit einem Mobiltelefon wird die Visitenkarte auf dem Bildschirm des Telefons angezeigt

legt die grundlegenden Rahmenbedingungen für RTDs fest. Dazu zählen die Namenskonventionen für RTDs, die Behandlung fehlerhafter oder unbekannter RTDs und Vorschläge für die Verknüpfung und Verschachtelung zusammengehörender NDEF-Records. NDEF-Records sehen mit der Codierung des TNF-Felds zwei Klassen von NFC Record Types, *NFC Forum Well-known Types* und *NFC Forum External Types*, vor. Jeder dieser NFC Forum Typen wird durch einen Uniform Resource Name (URN) [8] bezeichnet.

6.4.1 NFC Forum Well-known Types

NFC Forum Well-known Types sind für das NFC Forum reserviert. Die Namen der Record Types dieser Klasse setzen sich nach dem Muster zusammen:

```
urn:nfc:wkt:<Name>
```

Wobei im Type-Feld nur der relative URN <Name> eingetragen wird, um den benötigten Speicherplatz gering zu halten. Es findet eine Unterscheidung zwischen globalen und lokalen Typen statt, wobei die Typnamen globaler Typen mit einem Großbuchstaben und die Typnamen lokaler Typen mit einem Kleinbuchstaben oder einer Ziffer beginnen.

Globale Typen werden vom NFC Forum verwaltet und in Record Type Definitionen festgelegt. Die in diesen Typen enthaltenen Datenstrukturen und die vorgesehenen Anwendungsgebiete sind klar definiert. Globale Typbezeichnungen dürfen daher nicht beliebig definiert oder abweichend von den RTD-Spezifikationen verwendet werden.

Lokale Typen haben keine allgemein gültige Bedeutung. Sie kommen dann zum Einsatz, wenn ein Typ nur in einem lokalen, anwendungsspezifischen Kontext eine Rolle spielt oder wenn der vorhandene Speicherplatz nicht für die Verwendung eines *NFC Forum External Types* ausreicht. Lokale Typbezeichnungen können innerhalb jeder Anwendung eine andere Bedeutung und auch ein anderes Datenformat haben.

6.4.2 NFC Forum External Types

NFC Forum External Types bieten eine Systematik, um beliebigen Organisationen (auch außerhalb der Standardisierung durch das NFC Forum) die Definition anwendungsspezifischer Record Types zu ermöglichen. Die Namen der Record Types dieser Klasse setzen sich nach dem Muster zusammen:

```
urn:nfc:ext:<Domäne>:<Name>
```

Wobei im Type-Feld nur der relative URN <Domäne>:<Name> eingetragen wird, um den benötigten Speicherplatz gering zu halten. Im Gegensatz zu den Well-known Types wird bei externen Typbezeichnungen nicht zwischen Groß- und Kleinschreibung unterschieden. Als Domäne wird der Internetdomainname der ausstellenden Organisation verwendet.

6.4.3 Text Record Type

Der *Text Record Type* [17] kapselt einfachen Text ohne bestimmte formale Kriterien. Text Records enthalten neben dem Text noch Metainformationen über die Zeichencodierung und die Sprache des Texts. Durch die Sprachangabe ist die Angabe eines Textes in mehreren verschiedenen Sprachen möglich. Dadurch hebt sich dieser Record Type vom MIME Type text/plain ab.

Die Text-RTD spezifiziert keine eigenständige Anwendung und definiert auch keine Kriterien wie der enthaltene Text zu verarbeiten und darzustellen ist. Jedoch können Text Records mit anderen Record Types verknüpft werden. So nutzt z. B. die Smart-Poster-RTD Text Records zur Beschreibung eines URI Records.

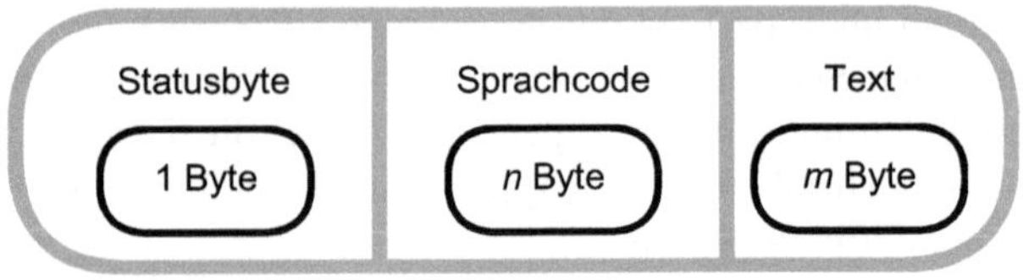

Abb. 6.14 Payload-Feld des Text Record Types

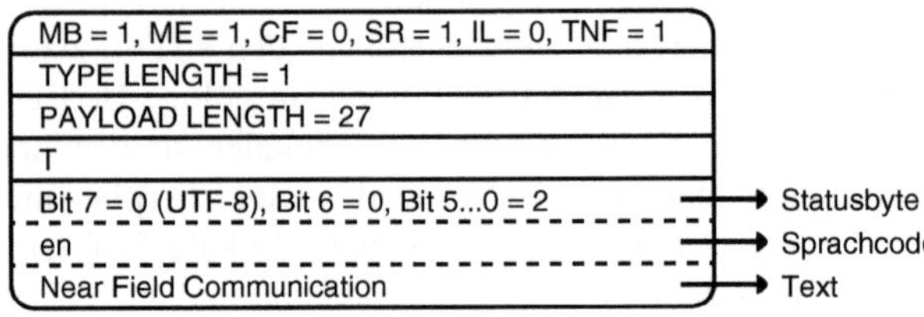

Abb. 6.15 Beispiel für einen Text-Record: Der Record enthält den Text „Near Field Communication“ in der Zeichencodierung UTF-8 mit der Sprachangabe „Englisch“

Der Text Record Type ist ein NFC Forum Well-known Type und hat den Typnamen urn:nfc:wkt:T. Das Payload-Feld (Abb. 6.14) des NDEF-Records besteht aus einem Statusbyte, einem Sprachcode und dem eigentlichen Text. Bit 7 des Statusbytes gibt die Zeichencodierung des Textes an. Der Wert 0 bedeutet UTF-8 und der Wert 1 bedeutet UTF-16. Bit 6 ist für zukünftige Erweiterungen reserviert. Die übrigen Bits des Statusbytes geben die Länge *n* des Sprachcodes an. Der Sprachcode definiert, in welcher Sprache der Text verfasst wurde und wird in Form eines ISO- bzw. IANA-Language-Codes angegeben. (Beispiel s. Abb. 6.15)

6.4.4 URI Record Type

Ein *URI Record* [22] enthält einen *Uniform Resource Identifier* (URI). Bei einem URI kann es sich entweder um einen *Uniform Resource Name* (URN) oder einen *Uniform Resource Locator* (URL) handeln. URIs können E-Mail-Adressen, Internetadressen oder Telefonnummern, aber auch eindeutige Identifikationscodes wie z. B. *Electronic Product Codes* (EPC) [3] sein.

Wie bereits bei der Text-RTD verknüpft auch die URI-RTD keine bestimmte Aktion mit dem transportierten URI. Der URI Record ist jedoch ein wesentlicher Bestandteil der Smart-Poster-RTD, welche dem URI auch eine Aktion zuordnet.

Der URI Record Type ist ein NFC Forum Well-known Type und hat den Typnamen urn:nfc:wkt:U. Das Payload-Feld (Abb. 6.16) des NDEF-Records besteht aus einem Identifier Code und dem URI. Der Identifier Code wird verwendet, um den eigentlichen URI zu verkürzen und damit Speicherplatz zu sparen. Dazu kennzeichnet jeder Identifier Code ein bestimmtes Präfix, das dem URI-Feld vorangestellt wird. Tabelle 6.3 gibt einige ausgewählte Identifier Codes an. Eine vollständige Liste aller Identifier Codes ist in der *URI Record Type Definition* Spezifikation [22] enthalten.

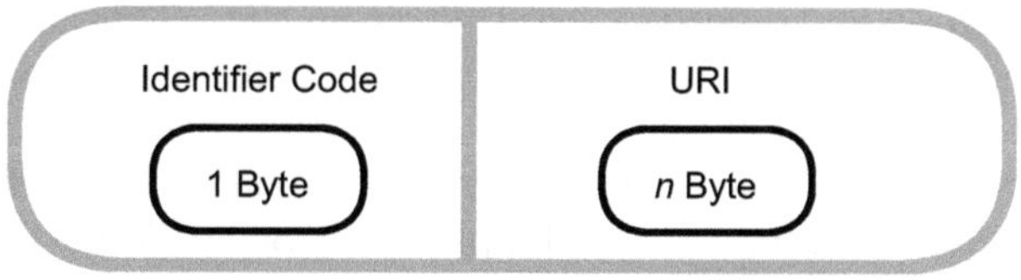

Abb. 6.16 Payload-Feld des URI Record Types

Tab. 6.3 Liste einiger ausgewählter Identifier Codes und der zugehörigen Präfixe

Identifier Code	URI-Präfix
'00'	Kein Präfix, das URI-Feld enthält den vollständigen URI
'01'	http://www
'02'	https://www
'03'	http://
'04'	https://
'05'	tel:
'06'	mailto:
'13'	urn:
'22'	urn:epc:
'23'	urn:nfc:
'24' bis 'FF'	Reserviert für zukünftige Erweiterungen

Das URI-Feld enthält den Rest des URI, ohne Präfix. Als Zeichencodierung wird UTF-8 verwendet. Dadurch lassen sich Zeichen beliebiger Schriftsysteme und auch Sonderzeichen darstellen. Nachdem beispielsweise Internet-URLs auf den Zeichensatz US-ASCII beschränkt sind, muss die Anwendung am empfangenden NFC-Gerät für eine eventuell notwendige Konvertierung sorgen (Beispiel s. Abb. 6.17).

6.4.5 *Smart Poster Record Type*

Der *Smart Poster Record Type* [16] ist eine Erweiterung des URI Records und verbindet diesen mit weiteren Elementen. Der Smart Poster NDEF-Record dient dabei als Container für eine NDEF-Message. Diese NDEF-Message setzt sich aus einem URI Record und verschiedenen weiteren Records mit Metainformationen über den URI zusammen.

Der Smart Poster Record Type ermöglicht ein wesentliches Grundprinzip der NFC-Technologie: „It's all in a touch." [2]. Durch eine einfache Berührung lässt

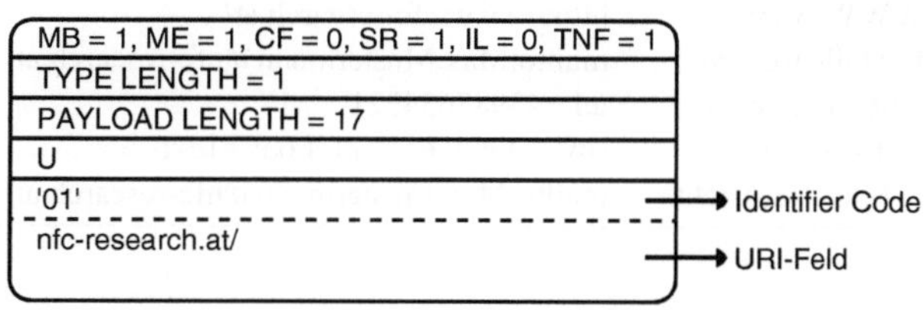

Abb. 6.17 Beispiel für einen URI-Record: Der Record enthält den URL „http://www.nfc-research.at/"

sich der Smart Poster Record mit einem NFC-Gerät aus einem NFC-Tag oder einem anderen NFC-Gerät auslesen und unmittelbar für den Anwender aufbereitet darstellen. Der Record enthält dabei neben dem URI bereits alle Informationen, die notwendig sind, um diesen zu verarbeiten und darzustellen. So kann eine Aktion festgelegt werden, die beim Empfang des Smart Poster Records auszuführen ist. Mit dem URI kann auch eine textuelle Beschreibung in einer oder mehreren Sprachen, eine Abbildung oder ein Video verbunden sein. Diese Informationen verwendet das empfangende NFC-Gerät zur visuellen Darstellung am Bildschirm.

Der ursprüngliche Anwendungsfall für die Smart Poster RTD sind intelligente Werbeplakate. Ein Werbeplakat wird dazu mit einem NFC-Tag ausgestattet. Durch eine einfache Berührung mit seinem Mobiltelefon kann der Anwender auf aktive Inhalte, die mit dem Plakat verknüpft sind, zugreifen. So kann die Berührung bewirken, dass eine Internetadresse geöffnet oder eine SMS-Nachricht an eine bestimmte Servicetelefonnummer gesendet wird.

Der Smart Poster Record Type verwendet den NFC Forum Well-known Type urn:nfc:wkt:Sp. Das Payload-Feld besteht aus einer NDEF-Message, die sich aus genau einem URI Record und mehreren optionalen Records zusammensetzt.

6.4.5.1 URI Record

Der URI Record ist das zentrale Element des Smart Posters. Er folgt der URI-RTD-Spezifikation. Es kann sich dabei z. B. um eine Internetadresse, eine E-Mail-Adresse, eine Telefonnummer oder sogar eine ganze E-Mail- oder SMS-Nachricht handeln. Tabelle 6.4 zeigt Beispiele für solche URIs.

6.4.5.2 Title Record

Title Records folgen der Text-RTD-Spezifikation. Für jede Sprache darf maximal ein Title Record vorhanden sein. Ein Title Record enthält einen beschreibenden Text zum URI des Smart Posters. Das empfangende NFC-Gerät kann anhand der Sprachinformation einen passenden Title Record auswählen und diesen als Beschreibung des URI am Bildschirm anzeigen. Der Entwickler der empfangenden Anwendung muss jedoch beachten, dass ein Title Record beliebigen Text enthalten kann, der

Tab. 6.4 URI-Beispiele für Smart-Poster-Anwendungen

Zweck	URI
WWW-Adresse	http://www.nfc-research.at/
E-Mail-Adresse	mailto:Max.Mustermann@nfc-research.at
Telefonnummer	tel:+43987654321
SMS-Nachricht	sms:+43987654321?body=Text
E-Mail-Nachricht	mailto:Max.Mustermann@nfc-research.at?subject=Betreff&body=Text

nicht mit dem angegebenen URI übereinstimmen muss. Diese Eigenschaft könnte gezielt dazu genutzt werden, um den Anwender in die Irre zu leiten. Es wäre z. B. ein Angriff in Form einer Phishing-Attacke möglich, bei der der Anwender durch falsche Informationen dazu verleitet wird, Kennwörter oder andere sicherheitskritische Daten an eine böswillige Partei weiterzugeben oder ungewollte kostenpflichtige Dienste zu nutzen [9].

6.4.5.3 Icon Record

Ein Icon Record ist ein NDEF-Record, dessen Datentyp durch einen MIME Media Type angegeben wird. Typische Iconformate sind image/png oder image/jpeg. Es kann aber jedes beliebige Bild- oder Videoformat verwendet werden. Es kann eine beliebige Anzahl an Icons in einem Smart Poster vorhanden sein, wobei das empfangende NFC-Gerät nur eines der Icons anzeigen soll.

6.4.5.4 Recommended Action Record

Der Recommended Action Record ist ein lokaler Record Type des Smart Posters. Es wird der lokal gültige NFC Forum Well-known Type urn:nfc:wkt:act verwendet. Aus diesem Grund sind Struktur und Bedeutung des Records auf den Kontext der Smart-Poster-Anwendung beschränkt.

Ein Smart Poster Record kann maximal einen Recommended Action Record enthalten. Das Payload-Feld dieses NDEF-Records besteht aus genau einem Byte, das die vorgeschlagene Aktion (Tab. 6.5) codiert. Anhand dieser Information entscheidet das empfangende NFC-Gerät, wie es den Smart-Poster-URI verarbeitet. Wird die angegebene Aktion nicht unterstützt, oder ist kein Recommended Action Record vorhanden, dann führt das empfangende NFC-Gerät eine beliebige, vom Gerät abhängige Funktion aus.

Tab. 6.5 Mögliche Aktionen für die Verarbeitung von Smart Poster Records

Payload-Wert	Aktion
'00'	Es soll die typische Aktion für den angegebenen URI ausgeführt werden: Internetadresse (z. B. http://) in einem Webbrowser öffnen, SMS-Nachricht (sms:) senden, …
'01'	Die URI bzw. die darin codierte Information soll zum späteren Gebrauch gespeichert werden: Internetadresse (z. B. http://) als Lesezeichen speichern, SMS-Nachricht (sms:) im eigenen Postfach ablegen, …
'02'	Die URI bzw. die darin codierte Information soll zur weiteren Bearbeitung geöffnet werden: Internetadresse (z. B. http://) in einem URL-Editor öffnen, SMS-Nachricht (sms:) in SMS-Editor öffnen, …
'03' bis 'FF'	Reserviert für zukünftige Erweiterungen

6.4.5.5 Size Record

Der Size Record ist ein lokaler NFC Forum Well-known Type der Smart-Poster-Anwendung und hat den Typnamen urn:nfc:wkt:s. In einem Smart Poster Record kann maximal ein Size Record enthalten sein.

Das Payload-Feld des NDEF-Records besteht aus vier Bytes, die einen vorzeichenlosen 32-Bit-Wert bilden. Die Zahl ist in Network Byte-Order (Big Endian) angegeben. Das bedeutet, sie beginnt mit dem höchstwertigen Byte (MSB) und endet mit dem niederwertigsten Byte (LSB). Die Zahl gibt einen Richtwert für die Größe der, durch die im URI Record abgelegte URL, verknüpften Datei an. Anhand dieser Größenangabe kann das NFC-Gerät bereits vorab, ohne den Aufbau einer Internetverbindung, feststellen, ob es überhaupt zum Herunterladen, Verarbeiten und Darstellen der Daten in der Lage ist.

6.4.5.6 Type Record

Der Type Record ist ebenfalls ein lokaler NFC Forum Well-known Type der Smart-Poster-Anwendung und verwendet den Typnamen urn:nfc:wkt:t. Auch von diesem Record Type darf maximal ein Record pro Smart Poster Record vorhanden sein.

Das Payload-Feld des NDEF-Records ist eine UTF-8-codierte Zeichenfolge. Diese gibt den MIME Type jener Datei an, die durch den URI Record verlinkt ist. Das NFC-Gerät kann anhand dieser Typangabe bereits vorab, ohne den Aufbau einer Internetverbindung, feststellen, ob es überhaupt zum Verarbeiten und Darstellen der Daten in der Lage ist.

6.4.5.7 Anwendungsfälle

Typische Anwendungsfälle des Smart Poster Record Types sind Werbeplakate mit aktiven Inhalten. Ein solches Poster kann z. B. für den Besuch auf einer Website werben (Abb. 6.18) oder den Kauf eines SMS-Tickets für den öffentlichen Personennahverkehr anbieten (Abb. 6.19). Der Anwender erkennt ein solches Plakat am „N-Mark". Das „N-Mark" ist ein spezielles Symbol, das vom NFC Forum entworfen wurde, um NDEF-Anwendungen zu kennzeichnen. Damit erhält der Anwender ein eindeutiges Erkennungsmerkmal für NDEF-Inhalte. Aus diesem Grund ist das Logo markenrechtlich geschützt und nur zur Kennzeichnung von NDEF-Inhalten gemäß den NFC Forum Spezifikationen freigegeben.

6.4.6 Generic Control Record Type

Das Smart-Poster-Konzept konzentriert sich auf die Verarbeitung von URIs. Es wurde speziell für die Steuerung von Mobiltelefonen und PDAs im Zusammenhang mit Werbe- bzw. Informationsangeboten entwickelt. Nun ist NFC jedoch nicht

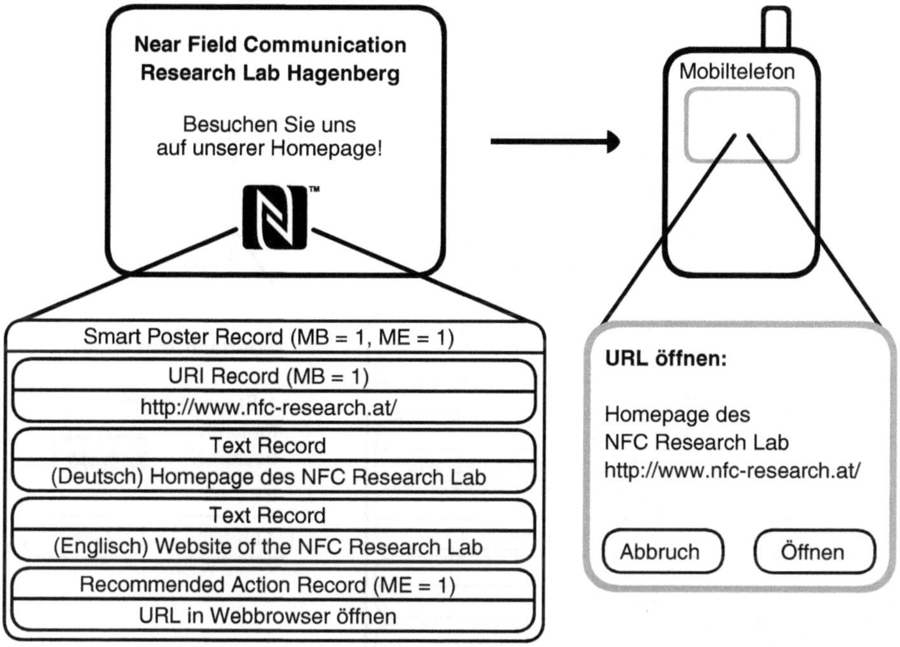

Abb. 6.18 Dieses Beispiel zeigt ein Smart Poster, welches eine Internetadresse bewirbt. Der Bereich des Posters, der mit dem NFC-Tag ausgestattet ist, wurde mit dem „N-Mark" gekennzeichnet. Der Smart Poster Record besteht aus dem URL der beworbenen Website, einem beschreibenden Text in englischer und deutscher Sprache und einer Vorgabe für die auszuführende Aktion. Sobald der Anwender das Poster mit seinem Mobiltelefon berührt, wird der Smart Poster Record auf das Mobiltelefon übertragen. Der Anwender erhält daraufhin eine Information, dass eine URL empfangen wurde und kann diese in einem Webbrowser öffnen

auf das Smart-Poster-Szenario beschränkt. Die NFC-Technologie lässt sich zum Beispiel als Aktivator-Technologie für andere Funkübertragungen und für eine Vielzahl an Steueraufgaben einsetzen. Dabei steht immer die durch eine einfache Berührung ausgelöste Aktion im Vordergrund. Zu diesem Zweck ist der *Generic Control Record Type* [11] entstanden. Mit diesem Record Type stellt das NFC Forum ein einheitliches Grundgerüst für beliebige Steueraufgaben bereit. So wird verhindert, dass jeder Hersteller eine individuelle Lösung entwickelt und dadurch, im schlimmsten Fall, viele verschiedene, inkompatible Varianten für ein und dieselbe Funktion entstehen.

Der Generic Control Record Type verwendet den NFC Forum Well-known Type urn:nfc:wkt:Gc. Das Payload-Feld (Abb. 6.20) setzt sich aus einem Konfigurationsbyte und einer NDEF-Message zusammen. Das Konfigurationsbyte enthält zwei Flags zur Ablaufsteuerung bei der Verarbeitung mehrerer aufeinander folgender Generic Control Records. Bit 1 (SC) des Konfigurationsbytes gibt an, ob das Ergebnis der Aktion geprüft werden muss. Bit 2 (EC) gibt an, dass alle nachfolgenden Generic Control Records zu ignorieren sind, wenn dieser Generic Control Record nicht erfolgreich verarbeitet wurde. Bei beiden Flags ist die Bedingung jeweils dann aktiv, wenn das Bit den Wert 1 hat. Das Bit 0 und die Bits 3 bis 7 sind für zukünf-

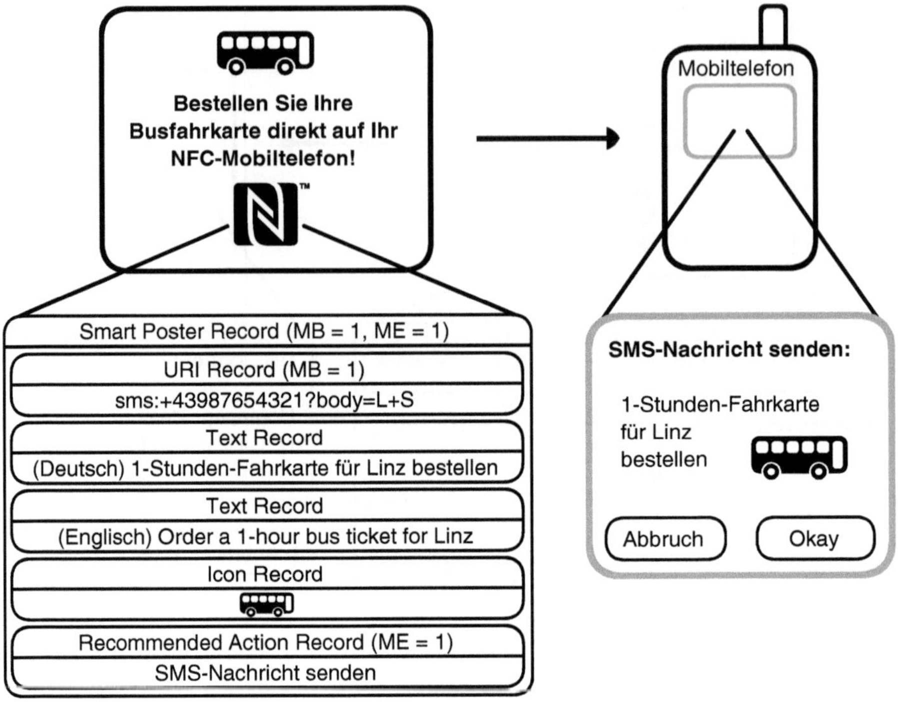

Abb. 6.19 Dieses Beispiel zeigt ein Smart Poster, welches den Kauf eines SMS-Tickets für den öffentlichen Personennahverkehr ermöglicht. Der Bereich des Posters, der mit dem NFC-Tag ausgestattet ist, wurde mit dem „N-Mark" gekennzeichnet. Der Smart Poster Record besteht aus der SMS-Nachricht inklusive Telefonnummer (in Form eines URI), einem beschreibenden Text in englischer und deutscher Sprache, einem Logo und einer Vorgabe für die auszuführende Aktion. Sobald der Anwender das Poster mit seinem Mobiltelefon berührt, wird der Smart Poster Record auf das Mobiltelefon übertragen. Der Anwender wird daraufhin aufgefordert die SMS-Nachricht zu senden

tige Anwendungen reserviert. Die NDEF-Message besteht aus genau einem Target Record, maximal einem Action Record und einem Data Record.

6.4.6.1 Target Record

Der Target Record ist ein lokaler NFC Forum Well-known Type der Generic-Control-RTD und hat den Typnamen urn:nfc:wkt:t. Das Payload-Feld enthält einen einzelnen Text- oder URI-Record. Der Text bzw. URI identifiziert einen bestimmten

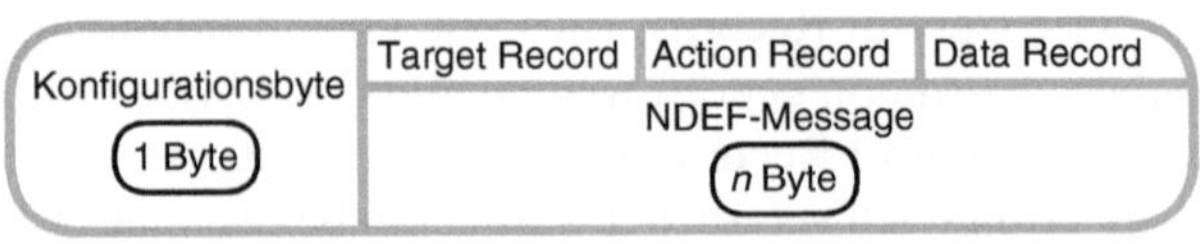

Abb. 6.20 Payload-Feld des Generic Control Record Types

Tab. 6.6 Codierung des Numeric Action Codes

Wert	Aktion
'00'	Es soll die Standardfunktion für den angegebenen Zielendpunkt ausgeführt werden
'01'	Die Steueraufgabe soll gespeichert werden, um sie zu einem späteren Zeitpunkt zu verwenden
'02'	Die Steueraufgabe soll zur weiteren Bearbeitung geöffnet werden
'03' bis 'FF'	Reserviert für zukünftige Erweiterungen

Zielendpunkt, d. h. eine Anwendung, Funktion oder Einstellung des empfangenden NFC-Geräts, auf welche die Aktion sowie die Daten anzuwenden sind.

6.4.6.2 Action Record

Der Action Record ist ein lokaler NFC Forum Well-known Type der Generic-Control-RTD und hat den Typnamen urn:nfc:wkt:a. Das Payload-Feld besteht aus dem Action-Flag-Byte und dem Action-Feld. Bit 0 des Action-Flag-Bytes bestimmt das Format des Action-Felds. Hat dieses Bit den Wert 1, dann umfasst das Action-Feld genau ein Byte: den *Action Numeric Code* (Tab. 6.6). Andernfalls enthält das Action-Feld einen NDEF-Record, der eine vom Zielendpunkt interpretierte Aktion angibt.

6.4.6.3 Data Record

Der Data Record ist ein lokaler NFC Forum Well-known Type der Generic-Control-RTD und hat den Typnamen urn:nfc:wkt:d. Das Payload-Feld enthält Daten zur Weitergabe an den Zielendpunkt.

6.4.7 Signature Record Type

Die bisher betrachteten Record Type Definitionen bieten keine Sicherheitsmaßnahmen für die Daten. Auch die NFC-Forum-Tags enthalten kaum Schutzfunktionen. Sie sind nur mit einem Schreibschutz gegen nachträgliche Manipulation der gespeicherten Daten ausgestattet. Schutzmaßnahmen für die Übertragung von Daten gliedern sich im Wesentlichen in zwei Kategorien: Verschlüsselung und Signatur. Im Allgemeinen sollen NFC-Tags für jedes NFC-Gerät zugänglich sein. Eine Verschlüsselung der Kommunikation ist daher für diese Anwendungen nicht notwendig. Durch Signatur lässt sich die Authentizität und Integrität, d. h. die eindeutige Herkunft und die Manipulationsfreiheit der übertragenen bzw. gespeicherten NDEF-Daten sichern [7, 25]. Werden NDEF-Messages nicht durch geeignete digitale Unterschriften geschützt, dann hat ein Angreifer zum Beispiel die Möglichkeit, Tags mit schadhaften Informationen in Umlauf zu bringen [6]. So könnten

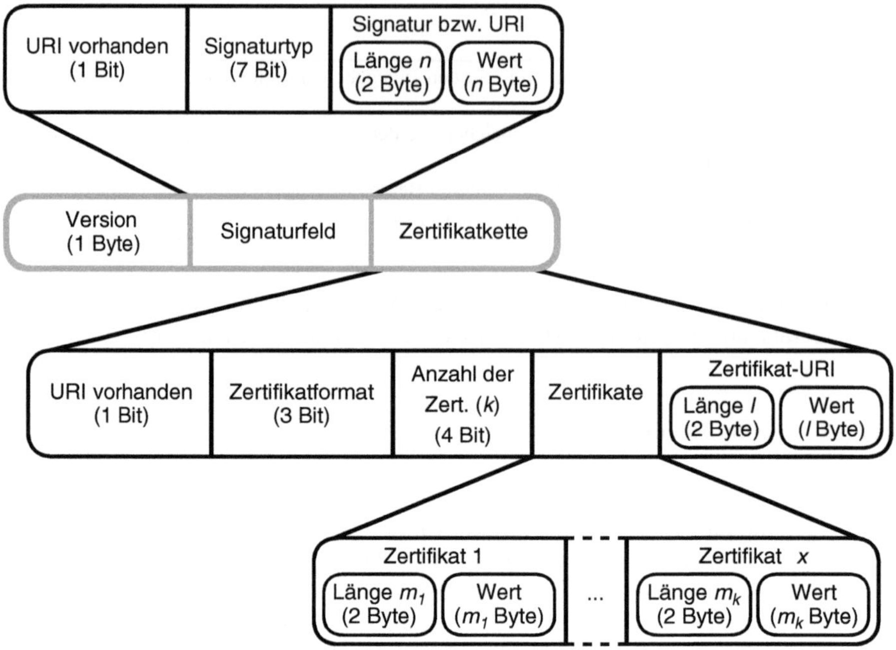

Abb. 6.21 Payload-Feld des Signature Record Types

manipulierte Tags dazu genutzt werden, um Computerviren auf NFC-Geräten zu installieren. Eine weitere Angriffsfläche bieten Smart Poster und Generic Control Anwendungen. Ein Angreifer könnte ein Smart Poster Tag, über das üblicherweise ein SMS-Ticket gekauft wird durch ein eigenes, manipuliertes Smart Poster Tag ersetzen. Das manipulierte NFC-Tag würde in diesem Fall die Informationen des Originals übernehmen, dem Anwender aber statt der Telefonnummer zur Ticketbestellung die Nummer zu einem Mehrwertdienst des Angreifers geben.

Die Signature Record Type Spezifikation [15] ist ein erster Schritt zur Vermeidung solcher Attacken. Mit einem Signature Record lassen sich ein oder mehrere NDEF-Records innerhalb einer NDEF-Message signieren.

Der Signature Record Type verwendet den NFC Forum Well-known Type urn:nfc:wkt:Sig. Das Payload-Feld (Abb. 6.21) setzt sich aus der Versionsinformation, dem Signaturfeld und einer Zertifikatkette zusammen. Das Versionsbyte definiert die Versionsnummer der angewendeten Signature RTD Spezifikation. Derzeit ist '01' die einzige gültige Versionsangabe.

Das Signaturfeld enthält eine Signatur oder die Referenz (in Form eines URIs) auf eine Signatur. Es besteht aus dem „URI vorhanden“ Bit, dem Signaturtyp und einer Signatur bzw. Referenz. Wenn das „URI vorhanden“ Bit auf 1 gesetzt ist, dann enthält der Signature Record statt einer eingebetteten Signatur nur eine URI-Referenz (z. B. eine Internetadresse) auf die Signatur. Das Feld Signaturtyp bestimmt die Art der Signatur (Tab. 6.7).

Wenn sowohl das „URI vorhanden“ Bit als auch der Signaturtyp den Wert 0 haben, dann sind die Felder Signatur und Zertifikatkette nicht vorhanden. Die Payload eines

Tab. 6.7 Mögliche Werte für das Feld Signaturtyp

Wert	Art der Signatur
'00'	Keine Signatur
'01'	RSASSA-PSS (mit SHA-1)
'02'	RSASSA-PKCS1-v1_5 (mit SHA-1)
'03'	DSA
'04'	ECDSA-P-192 (mit SHA-1)
'05' bis '7F'	Reserviert für zukünftige Erweiterungen

solchen Signature Records besteht aus dem Versionsbyte und einem Byte mit dem Wert '00'. Ein Signature Record ohne Signatur gibt an, dass die vorangegangenen Records der NDEF-Message unsigniert sind. Solch ein Record dient als Startmarkierung für die Signatur durch den nächsten Signature Record innerhalb einer NDEF-Message.

Wenn der Signaturtyp einen anderen als den Wert '00' aufweist und das „URI vorhanden" Bit den Wert 0 hat, dann enthält das Feld Signatur die anhand des gewählten Signaturalgorithmus ermittelten Signaturdaten. Wenn die Signatur als Referenz angegeben wird („URI vorhanden" Bit ist 1), dann besteht das Signaturfeld, statt aus den Signaturdaten, aus einem URI, welcher auf die Signaturdaten verweist.

Das Feld Zertifikatkette umfasst alle Zertifikate, die ein NFC-Gerät benötigt um die Authentizität des Signature Records festzustellen. Das Feld Zertifikatformat gibt an, ob die Zertifikate im Format X.509 (Wert '00') oder im Format X9.68 (Wert '01') sind. Auf das Zertifikatformat folgen die Anzahl der Zertifikate und maximal 15 eingebettete Zertifikate. Wenn das „URI vorhanden" Bit gesetzt ist, folgt anschließend noch eine URI-Referenz (Zertifikat-URI) auf das nächste Zertifikat der Zertifizierungshierarchie. Das erste Zertifikat der Zertifizierungskette zertifiziert den Aussteller der Signatur. Weitere Zertifikate zertifizieren das jeweils vorangehende Zertifikat. Das Stammzertifikat darf nicht in die angegebene Zertifizierungskette aufgenommen werden.

6.4.7.1 Signatur von NDEF-Records

Ein Signature Record signiert alle vorangehenden NDEF-Records innerhalb einer NDEF-Message, für die noch kein vorhergehender Signature Record vorhanden ist (Abb. 6.22). Das bedeutet, dass der erste Signature Record für alle NDEF-Records vom Beginn der NDEF-Message bis einschließlich dem direkt vor der Signatur stehenden Record zuständig ist. Der nächste Signature Record signiert dann alle Records zwischen dem ersten Signature Record und sich selbst.

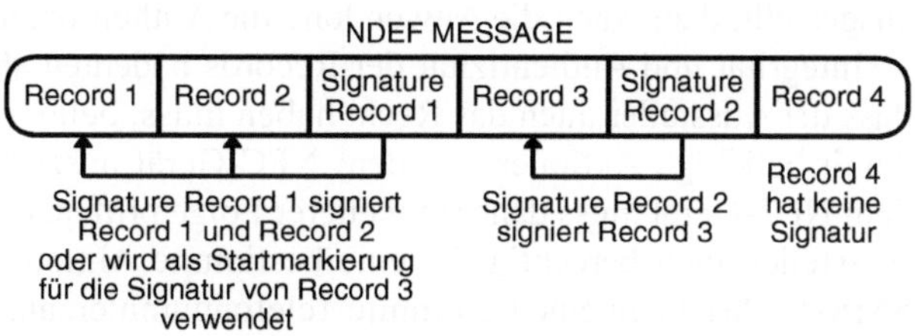

Abb. 6.22 Zuordnung der Signaturen innerhalb einer NDEF-Message

Ein Signature Record signiert nicht alle Felder der betroffenen NDEF-Records. Die Signatur schließt nur die Felder Type, ID und Payload ein. Die Flags, das Type Name Format und die Längenangaben sind nicht Teil der Signatur. Dadurch besteht die Möglichkeit verschiedene Operationen an den signierten Records vorzunehmen, ohne dass sich der Signaturwert ändert. Zum Beispiel können einzelne Records im Nachhinein zwischen dem normalen und dem Short Record Format konvertiert werden. Weiters lässt sich eine Aufteilung in bzw. eine Zusammenführung von Record Chunks durchführen.

6.4.7.2 Vertrauenswürdigkeit einer Signatur

Eine auf einem NFC-Gerät laufende Anwendung kann anhand der Signaturinformation die Integrität und die Authentizität von NDEF-Records prüfen. Integrität bedeutet, dass die übermittelten Daten mit den signierten Daten übereinstimmen. Authentizität drückt aus, dass die Signatur von einer bestimmten Person oder Organisation stammt. Die Integrität wird durch Hashwertbildung über die zu signierenden Daten erreicht. Die anschließende Signatur des Hashwerts verbindet den Hashwert mit einem bestimmten Signaturschlüssel. Diese Informationen sind im Signature Record vorhanden. Sie reichen jedoch noch nicht aus, um auch die Authentizität zu bestätigen.

Dazu setzt die Signature RTD Spezifikation eine vorhandene Public-Key Zertifizierungsinfrastruktur voraus. Eine solche Infrastruktur besteht aus Zertifizierungsstellen (CA, *Certificate Authorities*), Zertifikaten und öffentlichen und privaten Signaturschlüsseln. Zertifizierungsstellen beglaubigen Signaturschlüssel durch Zertifikate [7]. Durch ein solches Zertifikat bestätigt eine Zertifizierungsstelle, das ein Signaturschlüssel zu einer bestimmten Person oder Organisation gehört und für eine bestimmte Aufgabe, wie z. B. die Signatur von NDEF-Records, bestimmt ist [7].

Prinzipiell könnte jeder eine eigene Zertifizierungsstelle eröffnen. Dadurch wäre er grundsätzlich in der Lage seine eigene Identität zu bestätigen. Das NFC-Gerät muss deshalb darüber informiert werden, welche Zertifizierungsstellen vertrauenswürdig sind. Unter „vertrauenswürdig" versteht man in diesem Zusammenhang, dass die Zertifizierungsstelle sorgfältig prüft, wem und für welchen Zweck ein Zertifikat ausgestellt wird. Die Auswahl dieser vertrauenswürdigen Stellen kann durch den Mobiltelefonhersteller, den Netzbetreiber, einen Entwickler einer Anwendung oder den Benutzer erfolgen. Diese müssen dem NFC-Gerät bzw. der darauf laufenden Anwendung ihre Auswahl in Form von Stammzertifikaten bekannt gegeben.

Der Signatur in einem Signature Record ist ein Zertifikat zugeordnet. Wurde dieses Zertifikat von einer als vertrauenswürdig eingestuften Zertifizierungsstelle ausgestellt, dann kann die Anwendung die Authentizität der Signatur feststellen.

Integrität und Authentizität der Records bedeuten aber noch nicht automatisch, dass der Aussteller auch das Recht haben muss, beliebige Records zu erstellen und damit beliebige Aktionen auf dem NFC-Gerät auszuführen. Die Anwendung auf dem NFC-Gerät muss daher in weiterer Folge prüfen, ob der eindeutig identifizierte Aussteller auch berechtigt ist eine bestimmte Aktion, wie z. B. das senden einer SMS-Nachricht an eine bestimmte Telefonnummer, auszuführen.

6.4.8 Connection Handover

Durch seine einfache Handhabung ist NFC sehr gut zur raschen Übertragung von Daten geeignet. Heutige NFC-Systeme erreichen jedoch nur Datenraten im Bereich von 424 kbit/s (bzw. 848 kbit/s, wenn ein NFC-Gerät die vollständige Norm ISO/IEC 14443 unterstützt). Für die kontaktlose Übertragung größerer Datenmengen muss deshalb auf andere Funktechnologien ausgewichen werden. Solche Technologien wie WLAN und Bluetooth erfordern zum Teil aufwendige Konfigurationsschritte, bevor eine Datenübertragung stattfinden kann. Das Touch-and-Go- und das Touch-and-Connect-Prinzip [5] der NFC-Technologie sind ideal zur Ergänzung dieser Kommunikationstechnologien geeignet.

Die Kombination von NFC mit anderen Übertragungskanälen lässt sich anhand des folgenden Beispiels zeigen:

> Die Anwender zweier Mobiltelefone möchten ein Foto austauschen. Dazu öffnet ein Benutzer das Foto und berührt mit seinem Telefon kurz das andere Mobiltelefon. Daraufhin tauschen die beiden Telefone über die NFC-Schnittstelle die Kommunikationsparameter (Geräteadressen und Zugangscode) für eine Bluetooth-Verbindung aus. Anschließend wird die Bluetooth-Verbindung völlig automatisch aufgebaut und das Foto vom einen Gerät zum anderen übertragen.

Genau dieses Weiterreichen der Verbindungsparameter wird von der Connection Handover Spezifikation [10] abgedeckt. Im Gegensatz zu den bisher betrachteten Record Type Definitions, umfasst diese Spezifikation eine gesamte Referenzanwendung. Diese definiert die NDEF-Records, die Nachrichtenstrukturen und den Protokollablauf zur Verhandlung, Konfiguration und Aktivierung eines passenden Kommunikationskanals.

Das Handover-Protokoll kann auf zwei verschiedene Arten eingesetzt werden: Zum einen kann die Auswahl einer Verbindungsoption zwischen zwei NFC-Geräten durch den gegenseitigen Austausch von Handover-Messages ausgehandelt werden (*Negotiated Handover*, engl. verhandelte Übergabe). Zum anderen kann die Übergabe der Verbindungsoptionen und -parameter auch sofort, d. h. ohne Verhandlungsmöglichkeit, erfolgen (*Static Handover*, engl. statische Übergabe).

6.4.8.1 Negotiated Handover

Beim Negotiated Handover handeln zwei NFC-Geräte die Verwendung einer alternativen Kommunikationstechnologie aus. Der NDEF-Nachrichten-Austausch erfolgt dabei im Peer-to-Peer-Modus mit einem Übertragungsprotokoll wie z. B. dem Logical Link Control Protocol (LLCP). Eines der beiden Geräte übernimmt die Rolle des *Requesters* und das andere die des *Selectors*. Der Requester startet den Negotiated Handover mit einer *Handover Request* NDEF-Message (Abb. 6.23a). Der Selector reagiert auf Handover-Anfragen durch die Antwort mit einer *Handover Select* NDEF-Message (Abb. 6.23b).

In einem ersten Schritt teilt der Requester dem Selector alle unterstützten Kommunikationsschnittstellen mit. Der Selector wählt daraus jene Schnittstellen aus,

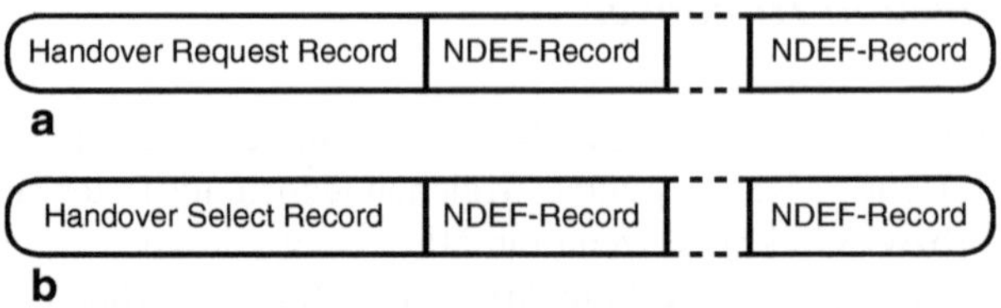

Abb. 6.23 Aufbau der Handover Request (**a**) und Select (**b**) NDEF-Messages. Diese NDEF-Messages beginnen immer mit einem Handover Request bzw. Handover Select Record (MB-Flag gesetzt). Danach folgen bei der Request-Nachricht ein oder mehrere weitere NDEF-Records und bei der Select-Nachricht kein, ein oder mehrere weitere NDEF-Records

über die beide Geräte verfügen. Anschließend hat der Selector mehrere Möglichkeiten zu antworten:

- Für den Fall, dass keine gemeinsame Kommunikationstechnologie vorhanden ist, wird ein leerer Handover Select Record zurückgegeben. Der Verhandlungsversuch ist damit gescheitert.
- Wenn eine einzelne Übereinstimmung gefunden wurde, oder der Selector eine bestimmte Schnittstelle auswählen möchte, dann wird ein Handover Select Record mit einer einzelnen Schnittstellenangabe zurückgesendet. Der Requester baut anschließend über diese Schnittstelle eine Verbindung auf.
- Wenn der Requester die Kommunikationsschnittstelle auswählen soll, dann enthält der Handover Select Record alle in Frage kommenden Schnittstellen. In diesem Fall spielt es zusätzlich eine Rolle mit welchem Zustand der Selector die einzelnen Schnittstellen markiert. Sind alle Schnittstellen als inaktiv gekennzeichnet, dann kann der Requester genau eine einzelne Schnittstelle zur weiteren Kommunikation aktivieren. Sind die angegebenen Schnittstellen hingegen als aktiv gekennzeichnet, dann kann der Requester sowohl über eine einzelne, als auch über mehrere Schnittstellen parallel eine Verbindung zum Selector aufbauen.

6.4.8.2 Static Handover

Beim Static Handover (engl. statische Übergabe) liest ein NFC-Gerät die alternativen Kommunikationstechnologien aus einem NFC-Tag aus. Das NFC-Tag enthält dazu eine *Handover Select* NDEF-Message (Abb. 6.23b). Diese Variante hat Vor- und Nachteile. Ein Nachteil ist, dass keine dynamische Anpassung der Verbindungsinformationen (Auswahl an Schnittstellen und Konfigurationsparameter) möglich ist. Darüber hinaus müssen die angezeigten Kommunikationsschnittstellen ständig aktiv sein, weil keine Interaktion zwischen der Schnittstellensteuerung und dem NFC-Tag möglich ist. Weiters ist das Speichern der Verbindungsparameter auf einem öffentlich zugänglichen, frei lesbaren Tag nur dann sinnvoll, wenn auch die Kommunikationsschnittstelle frei zugänglich sein soll. Ein klarer Vorteil ist hingegen, dass der einfache Verbindungsaufbau auch mit Geräten ohne NFC-Fähigkeiten möglich ist. Zudem lassen sich die Berührpunkte für den Verbindungsaufbau von den eigentlichen Schnittstellengeräten entkoppeln. Bei einer öffentlichen WLAN-Infrastruktur könnten z. B. NFC-Tags mit den Verbindungsdaten an leicht zugänglichen Stellen angebracht werden, während die Accesspoints im unzugänglichen Deckenbereich montiert sind.

6.4.8.3 Handover Request Record

Der Handover Request Record verwendet den NFC Forum Well-known Type urn:nfc:wkt:Hr. Das Payload-Feld besteht aus der Versionsinformation gefolgt von einem oder mehreren Alternative Carrier Records. Die Versionsinformation umfasst ein Byte 'XY' und gibt die Version X.Y der verwendeten Connection Handover Spezifikation an.

6.4.8.4 Handover Select Record

Der Handover Select Record stimmt in seinem Aufbau mit dem Handover Request Record überein, wobei als Typename urn:nfc:wkt:Hs verwendet wird. Für den Fall, dass keine gemeinsame Übertragungstechnologie vorhanden ist, sieht das Handover-Protokoll eine Select-Nachricht ohne Alternative Carrier Records vor.

6.4.8.5 Alternative Carrier Record

Ein Alternative Carrier Record beschreibt genau eine Kommunikationsschnittstelle. Der Schnittstelle werden Betriebszustand, Schnittstellenidentifikation bzw. Schnittstellenkonfiguration und zusätzliche Daten zugeordnet.

Der NDEF-Record hat den lokalen Typ urn:nfc:wkt:ac. Die Payload ist in Abb. 6.24 dargestellt. CPS (*Carrier Power State*) ist ein 2-Bit-Wert, der den Betriebszustand der Schnittstelle angibt. Der Wert 0 signalisiert eine deaktivierte Schnittstelle, während der Wert 1 eine aktivierte Schnittstelle kennzeichnet. Der Wert 2 bedeutet, dass die Schnittstelle gerade aktiviert wird und erst in Kürze verfügbar ist. Ist der Betriebszustand unbekannt, dann kommt der Wert 3 zum Einsatz. Das nächste Feld ist die *Carrier Data Reference*. Bei Referenzen handelt es sich immer um relative URNs, die mit dem ID-Feld eines anderen NDEF-Records übereinstimmen. Der Basis-URN im Rahmen der Connection Handover Spezifikation lautet

```
urn:nfc:handover:
```

Die *Carrier Data Reference* zeigt auf einen *Handover Carrier Record* (im Fall einer Request-Nachricht) oder auf einen *Carrier Configuration Record* (im Fall

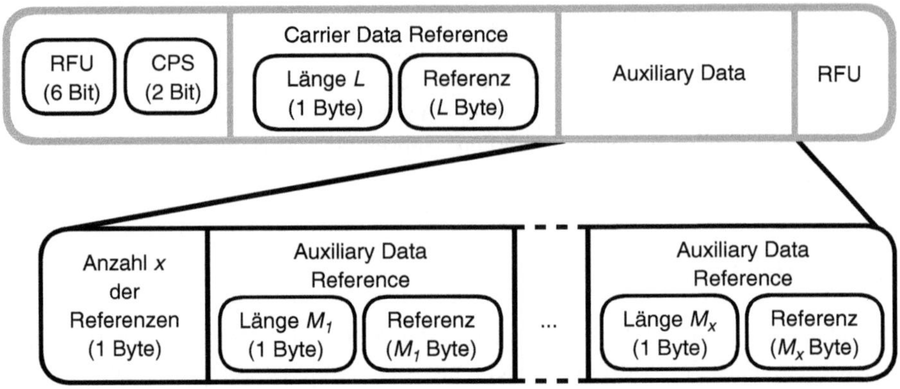

Abb. 6.24 Payload-Feld des Alternative Carrier Records: CPS steht für Carrier Power State. RFU-Felder sind für zukünftige Erweiterungen reserviert

einer Select-Nachricht). Das Feld Auxiliary Data enthält eine Liste mit Referenzen auf zusätzliche Datensätze. Die Connection Handover Spezifikation weist diesen Datensätzen keine konkrete Form und Verwendung zu. *Auxiliary Data Records* könnten zum Beispiel zur Herstellung einer bestimmten logischen Verbindung über die Schnittstelle verwendet werden.

6.4.8.6 Handover Carrier Record

Der Handover Carrier Record identifiziert eine einzelne Schnittstelle. Er wird bei Request-Nachrichten verwendet um das Schnittstellenangebot des Requesters aufzuzeigen. Der Record hat den NFC Forum Well-known Type urn:nfc:wkt:Hc. Eine eindeutige Kennung im ID-Feld ermöglicht das Referenzieren des Records. Das Payload-Feld besteht aus dem Carrier Type Format (CTF), der Carrier Type Length, dem Carrier Type und einem optionalen Datenfeld mit zusätzlichen Informationen. Die Felder CTF, Carrier Type Length und Carrier Type sind mit den Feldern TNF, Type Length und Type von NDEF-Records vergleichbar. Für CTF sind nur die Werte '01' bis '04' (NFC Forum Well-known Type, MIME Media Type, absoluter URI, NFC Forum External Type) zulässig. Jede Kommunikationsschnittstelle ist durch eine solche dreiteilige Typkennung eindeutig identifizierbar.

6.4.8.7 Carrier Configuration Record

Der Carrier Configuration Record enthält Konfigurationsparameter für eine bestimmte Schnittstelle. Er wird bei Select-Nachrichten verwendet um die Konfigurationen der ausgewählten Schnittstellen an den Requester zu senden. Die Felder TNF, Type Length und Type stimmen mit den Identifikationsdaten (CTF, Carrier Type Length und Carrier Type) der Schnittstelle überein. Wie beim Handover Carrier

Record ist das ID-Feld auf einen eindeutigen Wert gesetzt um das Referenzieren aus einem Alternative Carrier Record heraus zu ermöglichen. Das Payload-Feld enthält die Schnittstellenkonfiguration in einem Format das dem Record Type entspricht. Die Connection Handover Spezifikation regelt nur die Rahmenbedingungen für die Weitergabe von Verbindungsparametern. Der Einsatz dieser Prozeduren für konkrete Anwendungen wie WLAN oder Bluetooth muss in Zukunft von den jeweils zuständigen Standardisierungsgremien (z. B. Bluetooth Special Interest Group) festgelegt werden. In diesen zukünftigen Spezifikationen müssen auch die Record Types der Carrier Configuration Records und die Datenformate definiert werden.

6.4.8.8 Sicherheitsaspekte

Mit dem Handover-Protokoll werden zum Teil sensible Daten übertragen. So kommt es zum Austausch von Zugangspunkten, d. h. Adressen von bestimmten Kommunikationsschnittstellen, und typischerweise zum Austausch von Zugangsschlüsseln. Für die Sicherheit des Connection Handovers gibt es zwei wesentliche Kriterien:

- Wer kann und wer darf die Daten sehen?
- Wer kann und wer darf die Daten manipulieren?

Das Handover-Protokoll sieht für keines dieser Kriterien einen Schutz vor. In Bezug auf die Sichtbarkeit der Daten muss zwischen der statischen und der verhandelten Verbindungsübergabe unterschieden werden. Der Static Handover findet zwischen einem NFC-Tag und einem aktiven NFC-Gerät statt. NFC-Tags lassen sich von jedem, der physikalischen Zugriff hat auslesen. Ein Zugriffsschutz ist nicht vorgesehen. Nachdem ohnehin jeder die Daten lesen kann, ist auch kein Abhörschutz durch Verschlüsselung der Übertragung notwendig. Beim Negotiated Handover findet der Parameteraustausch direkt zwischen zwei NFC-Geräten statt. Dabei würde die Möglichkeit bestehen, jedem Gerät individuelle Verbindungsparameter zuzuweisen. Gerade bei der Verwendung individueller Zugangsschlüssel muss ein abhörsicherer Schlüsselaustausch gewährleistet sein. Im Peer-to-Peer-Modus kann dafür z. B. der NFC-SEC-Standard verwendet werden.

Ein weiteres Thema ist die Manipulation der Verbindungsparameter. Ein Angreifer könnte die Select-Nachricht so manipulieren, dass der Verbindungsaufbau auf eine manipulierte Kommunikationseinrichtung umgeleitet wird. Im Fall eines WLAN-Netzwerks hätte der Angreifer somit die Möglichkeit, die andernfalls verschlüsselte Kommunikation abzuhören oder sogar bestimmte Netzwerkzugriffe auf eigene Server umzuleiten.

6.4.8.9 Beispiele

Abbildung 6.25 zeigt drei Varianten des Connection Handover. Bei Variante 1 erfolgt die Auswahl der Handover-Parameter mit einem statischen Handover Record auf einem NFC-Tag. Dieser Record übergibt die Parameter der WLAN-Schnittstelle des

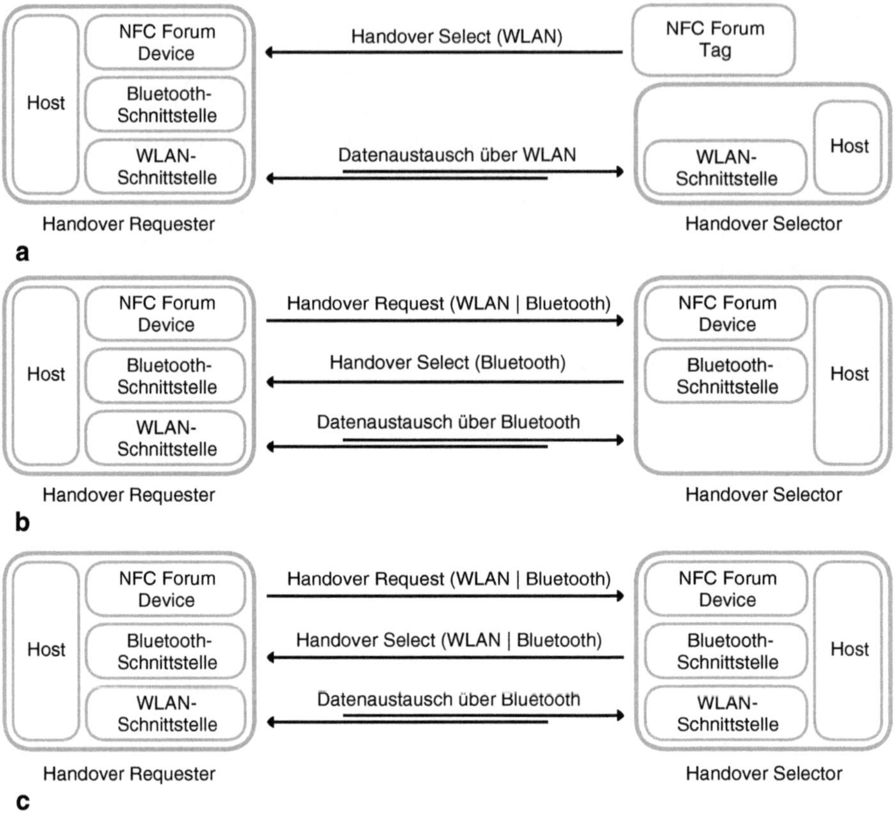

Abb. 6.25 Beispiele für den Ablauf des Connection Handover. **a** Variante 1: Static Handover. **b** Variante 2: Negotiated Handover bei einer gemeinsamen Schnittstelle. **c** Variante 3: Negotiated Handover bei zwei gemeinsamen Schnittstellen

Selectors an den Requester. Nachdem auch der Requester über eine WLAN-Schnittstelle verfügt, kann dieser daraufhin den Datenaustausch über WLAN einleiten.

Bei den Varianten 2 und 3 handeln jeweils zwei NFC-Geräte eine alternative Kommunikationstechnologie aus. Der Requester verfügt bei beiden Varianten über eine Bluetooth- und eine WLAN-Schnittstelle. Diese beiden Schnittstellen gibt er dem Selector in einem Handover Request bekannt. In Variante 2 steht dem Selector nur eine Bluetooth-Schnittstelle zur Verfügung. Daher antwortet der Selector dem Requester mit den Parametern seiner Bluetooth-Schnittstelle. Der Requester leitet daraufhin den Datenaustausch über Bluetooth ein.

In Variante 3 verfügt der Selector ebenfalls über eine Bluetooth- und eine WLAN-Schnittstelle. Requester und Selector haben demnach zwei gemeinsame Schnittstellen. Der Selector hat nun die Möglichkeit eine Kommunikationsschnittstelle auszuwählen oder dem Requester die Auswahl zu überlassen. Im Fall von Variante 3 gibt der Selector die Parameter beider Schnittstellen bekannt. Damit überlässt der dem Requester die Entscheidung für eine (oder sogar beide) der Schnittstellen. Der Requester leitet daraufhin den Datenaustausch über Bluetooth ein.

Literatur

[1] Berners-Lee T, Fielding R, Masinter L: Uniform Resource Identifier (URI): Generic Syntax, RFC 3986 (Jan 2005)

[2] Chen E: NFC: Short range, long potential. http://www.thefuturelab.com/

[3] EPCglobal: Tag Data Standards Version 1.4 (Jun 2008)

[4] Freed N, Borenstein N: Multipurpose Internet Mail Extensions (MIME) Part Two: Media Types, RFC 2046 (Nov 1996)

[5] Huang J: Access Just A Touch Away. http://www.iss.nus.edu.sg/

[6] Madlmayr G, Langer J, Kantner C, Scharinger J: NFC Devices: Security and Privacy. In: In: Proceedings of the Third International Conference on Availability, Reliability and Security, ARES '08, pp. 642-647. IEEE Computer Society (2008)

[7] Menezes A, van Oorschot P, Vanstone S: Handbook of Applied Cryptography. CRC Press (1996)

[8] Moats R: URN Syntax, RFC 2141 (Mai 1997)

[9] Mulliner C: Vulnerability Analysis and Attacks on NFC-enabled Mobile Phones. In: Proceedings of the International Conference on Availability, Reliability and Security, ARES '09, pp. 695-700. IEEE Computer Society (2009)

[10] NFC Forum: Connection Handover, Rev 1.1. Technical Specification (Nov 2008)

[11] NFC Forum: Generic Control Record Type Definition, Rev 1.0. Technical Specification (Mar 2008)

[12] NFC Forum: NFC Data Exchange Format (NDEF), Rev 1.0. Technical Specification (Jul 2006)

[13] NFC Forum: NFC Digital Protocol, Rev 1.0. Candidate Technical Specification (Apr 2009)

[14] NFC Forum: NFC Record Type Definition (RTD), Rev 1.0. Technical Specification (Jul 2006)

[15] NFC Forum: Signature Record Type Definition, Rev 1.0. Candidate Technical Specification (Okt 2009)

[16] NFC Forum: Smart Poster Record Type Definition, Rev 1.0. Technical Specification (Jul 2006)

[17] NFC Forum: Text Record Type Definition, Rev 1.0. Technical Specification (Jul 2006)

[18] NFC Forum: Type 1 Tag Operation, Rev 1.0. Technical Specification (Jul 2007)

[19] NFC Forum: Type 2 Tag Operation, Rev 1.0. Technical Specification (Jul 2007)

[20] NFC Forum: Type 3 Tag Operation, Rev 1.0. Technical Specification (Aug 2007)

[21] NFC Forum: Type 4 Tag Operation, Rev 1.0. Technical Specification (Mar 2007)

[22] NFC Forum: URI Record Type Definition, Rev 1.0. Technical Specification (Jul 2006)

[23] Norm ISO/IEC 7816-4:2005: Identification cards – Integrated circuit cards – Part 4: Organization, security and commands for interchange

[24] Norm JIS X 6319-4:2005: Specification of implementation for integrated circuit(s) cards – Part 4: High Speed proximity cards

[25] Schneier B: Angewandte Kryptographie: Protokolle, Algorithmen und Sourcecode in C. Addison-Wesley (1996)

Kapitel 7
Architektur mobiler NFC-Geräte

Near Field Communication erlangt in Kombination mit Mobiltelefonen und anderen mobilen Geräten eine immer bedeutender werdende Rolle. Dabei vereinfacht NFC verschiedene Aufgaben, wie beispielsweise den Aufbau von Bluetooth- und WLAN-Verbindungen, die Eingabe von Internet-URLs und den Kauf von Tickets. NFC-Mobiltelefone können auch für eine Vielfalt von weiteren Aufgaben eingesetzt werden. Gerade die Ein- und Ausgabemöglichkeiten durch Tastatur und Bildschirm, und die Fähigkeit Anwendungen auszuführen, machen das Mobiltelefon zu einem universellen Werkzeug.

Dieses Kapitel gibt einen Einblick in die Architektur mobiler NFC-Geräte. Insbesondere bei NFC-Mobiltelefonen arbeiten viele Organisationen zusammen, um einheitliche Strukturen und Schnittstellen zu schaffen. Nach einem kurzen Überblick über die Aufgaben dieser Organisationen werden die zentralen Komponenten eines NFC-Mobiltelefons und deren Schnittstellen analysiert. Anschließend geht dieses Kapitel auf die unterschiedlichen Möglichkeiten der Softwareentwicklung ein.

7.1 NFC im Mobiltelefon: Zusammenspiel der Standards

Ein Mobiltelefon besteht aus einer Vielzahl von Hardware- und Softwarekomponenten. Kernstück jedes Mobiltelefons ist der Basisbandchipsatz. Dieser umfasst den Anwendungsprozessor, die Mobilfunkschnittstelle, die internen Speicher, die Audio- und Videoverarbeitung und die Steuerung der Energieversorgung. Der Basisbandchipsatz überwacht und steuert die übrigen Komponenten des Telefons. Neben dieser Kernkomponente gibt es weitere elementare Bestandteile, wie die Benutzerschnittstelle (Tastatur und Bildschirm), die UICC (*Universal Integrated Circuit Card*, „SIM-Karte") mit der SIM-Anwendung (*Subscriber Identity Module*) und die Audioschnittstelle (Lautsprecher und Mikrofon). Zusätzliche Komponenten wie eine Kamera aber auch verschiedene Datenschnittstellen (Bluetooth, WLAN, USB, Speicherkarten, FM-Tuner, NFC, ...) machen das Mobiltelefon zu einem universellen Werkzeug. Bei der Integration von NFC in ein Mobiltelefon ist daher ein gutes

J. Langer, M. Roland, *Anwendungen und Technik von Near Field Communication (NFC)*, 145
DOI 10.1007/978-3-642-05497-6_7, © Springer-Verlag Berlin Heidelberg 2010

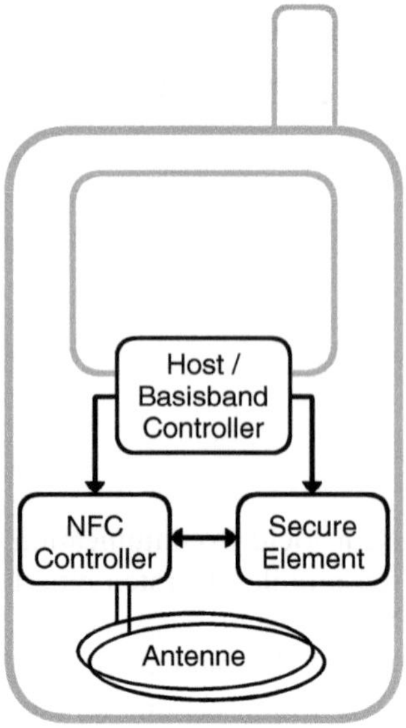

Abb. 7.1 Grundbestandteile der NFC-Funktionalität eines mobilen Geräts

Zusammenspiel zwischen NFC und den bestehenden Komponenten und Standards notwendig.

7.1.1 Aufbau eines mobilen NFC-Geräts

Für die NFC-Funktionalität eines mobilen Geräts sind vier Hardware-Bestandteile wesentlich (Abb. 7.1):

- Host-/Basisbandcontroller (*Application Execution Environment*, AEE),
- Secure Element (*Trusted Execution Environment*, TEE),
- NFC-Controller (*Contactless Front-end*, CLF) und
- NFC-Antenne.

Neben der Datenübertragung über die NFC-Schnittstelle werden in einer NFC-Infrastruktur auch andere Schnittstellen und Dienste des Mobiltelefons, wie z. B. die Mobilfunkschnittstelle (GSM-Modem) für Bezahl- und Ticketanwendungen oder zur Verwaltung des Secure Elements, verwendet.

7.1.2 Beteiligte Organisationen

An der NFC-Architektur um und in Mobiltelefonen sind mehrere Organisationen beteiligt (Abb. 7.2). Die zentrale Organisation zur Entwicklung und Spezifikation einer einheitlichen NFC-Technologie ist das NFC Forum. Darüber hinaus gibt es die Normierung der RFID- und NFC-Technologien in ISO/IEC und Ecma Interna-

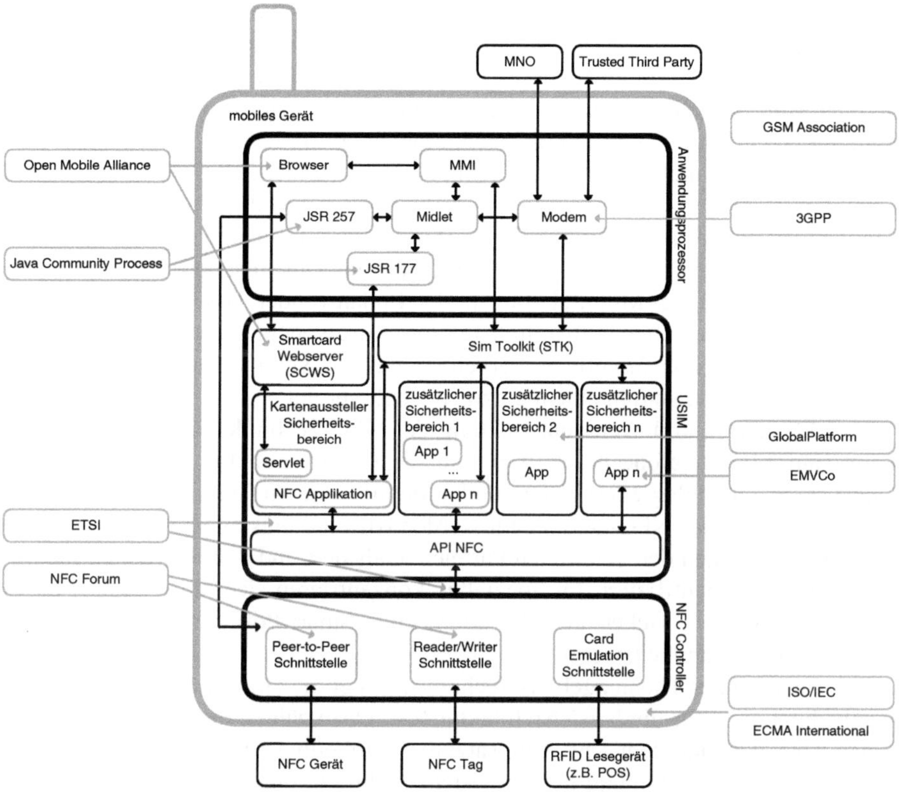

Abb. 7.2 Aufbau eines NFC-Mobiltelefons inklusive der beteiligten Organisationen. (Quelle: [5])

tional. Bei den weiteren Organisationen handelt es sich zum einen um Zusammenschlüsse in verschiedene Interessengruppen (Netzbetreiber, Hersteller, ...), aber auch um weitere Standardisierungsorganisationen.

7.1.2.1 GSM Association (GSMA)

Die GSM Association (GSMA) ist die weltweite Interessengemeinschaft der Mobilfunkindustrie. Sie hat Mitglieder in 219 Ländern und umfasst etwa 800 Netzbetreiber und über 200 weitere Unternehmen der Mobilfunkindustrie, wie z. B. Mobiltelefonhersteller[1].

Die Zielsetzung der GSMA ist die Weiterentwicklung von Mobilfunkdiensten und die damit verbundene Wertsteigerung für die Netzbetreiber, die Mobilfunkindustrie und die Endanwender. Dazu werden innovative Geschäftsmodelle, Produkte und Dienste entwickelt und beworben, Konferenzen veranstaltet, und Aspekte der so-

[1] Quelle: http://www.gsmworld.com/about-us/index.htm (Stand: Februar 2010).

zialen und ökonomischen Entwicklung und des Umweltschutzes am Mobilfunksektor gefördert. Dadurch soll das Wachstum der Mobilfunkindustrie vorangetrieben werden. Zudem wird durch Förderung der Interoperabilität der GSM-Technologie und der Mobilfunkdienste auf nationaler und internationaler Ebene eine weite Verbreitung von GSM und seinen Folgetechnologien ermöglicht.

Die GSMA ist auch an der NFC-Technologie interessiert. NFC-Technologie und NFC-Anwendungen bieten, gerade in Kombination mit Mobiltelefonen, viele neue Möglichkeiten. Vor allem NFC-basierte Bezahl- und Ticketanwendungen würden das Geschäftsfeld von Netzbetreibern gut ergänzen. Zudem steigern diese Anwendungen den Nutzen des Mobiltelefons für den Endanwender. Das Mobiltelefon wird dadurch zum universellen Hilfsmittel: Telefon, Adressbuch, Kalender und nun auch Geldbörse, Tickets für öffentliche Verkehrsmittel und Veranstaltungen und zahlreiche weitere Dienste sind in einem einzigen Gerät vereint.

Zur Förderung und Weiterentwicklung der NFC-Technologie mit besonderem Fokus auf Mobiltelefone beschäftigt sich die GSMA mit drei Themengebieten: Ökosystem, Technologie und Kommunikation mit anderen Gremien.

In Bezug auf das NFC-Ökosystem werden Anwendungsfälle sowie die Rollenverteilung zwischen den beteiligten Parteien analysiert und Anforderungen für Geschäftsmodelle identifiziert. Im Speziellen konzentrieren sich diese Bestrebungen auf mobile Bezahl-, Ticket- und Zutrittssysteme, Smart Poster, sowie den Einsatz von NFC im Gesundheitswesen.

Hinsichtlich des Themengebiets Technologie legt die GSMA verschiedene Rahmenbedingungen für die NFC-Architektur fest. Dazu zählen die Schnittstelle zwischen der UICC und dem NFC-Chipsatz, die Laufzeitumgebung für NFC-Anwendungen im Mobiltelefon und die Koexistenz mehrerer, unterschiedlicher NFC-Anwendungen in einem Mobiltelefon. Ein weiterer Punkt sind die Sicherheitsaspekte rund um mobile NFC-Geräte und deren Anwendungen. Zudem wird die Verwaltung der NFC-Anwendungen über die Mobilfunkschnittstelle sowohl in Hinblick auf die Technologie als auch in Hinblick auf die Anforderungen an das Ökosystem behandelt.

7.1.2.2 European Telecommunications Standards Institute (ETSI)

Das European Telecommunications Standards Institute (ETSI) spezifiziert Normen im Bereich der Informations- und Kommunikationstechnologien. Von der Europäischen Union (EU) ist es als europäische Standardisierungsorganisation anerkannt. Es hat mehr als 700 Mitglieder in über 60 Ländern der Welt. Die Mitglieder umfassen Hersteller, Netzbetreiber, Dienstanbieter, Forschungseinrichtungen, Benutzergruppen, Berater, Regierungsorganisationen und nationale Standardisierungsorganisationen[2].

[2] Quelle: http://www.etsi.org/WebSite/AboutETSI/Introduction/introduction.aspx (Stand: Februar 2010).

Für die Integration von NFC in Mobiltelefonen spielt der Fachausschuss „Smart Card Platform“ (TC SCP) eine wesentliche Rolle. Dieser beschäftigt sich mit der Normierung der *Universal Integrated Circuit Card* (UICC) und der *Subscriber Identity Module* (SIM) Applikation. Die SIM-Applikation authentisiert den Benutzer gegenüber dem Netzbetreiber und ist somit der Schlüssel zu Mobilfunknetzen. Mit über zehn Milliarden ausgegebenen Chipkarten ist das *Subscriber Identity Module* die erfolgreichste Smartcard-Anwendung [3].

Während die SIM-Karte in der Vergangenheit nur die SIM-Applikation enthielt, wird diese heute von einer multi-funktionalen Smartcard, der UICC, abgelöst. Die UICC bietet eine standardisierte, sichere Plattform für verschiedene Smartcard-Anwendungen. So können neben den SIM-Applikationen für verschiedene Mobilfunkstandards (SIM für GSM, USIM für UMTS) auch noch andere Anwendungen auf einer gemeinsamen Smartcard untergebracht und parallel ausgeführt werden (Abb. 7.3). Diese Anwendungen sind beispielsweise elektronische Ausweise, elektronische Geldbörsen und elektronische Tickets. Wie bei Smartcards üblich, sind die einzelnen Applikationen durch Firewalls voneinander abgeschottet.

Neben der UICC an sich beschäftigt sich der Fachausschuss „Smart Card Platform“ auch mit den Schnittstellen der UICC. Die Multi-Applikations-Fähigkeit der „SIM-Karte“ kann auch für NFC genutzt werden. Die UICC lässt sich als sicherer Applikations- und Datenspeicher für NFC-Anwendungen, als sogenanntes *Secure Element*, verwenden. Um NFC-Applikationen auf der SIM-Karte unterzubringen, ist eine direkte Verbindung zwischen der UICC und dem NFC-Controller notwendig. Diese Schnittstelle spezifiziert ETSI in Form des *Single Wire Protocol* (SWP) und des *Host Controller Interface* (HCI).

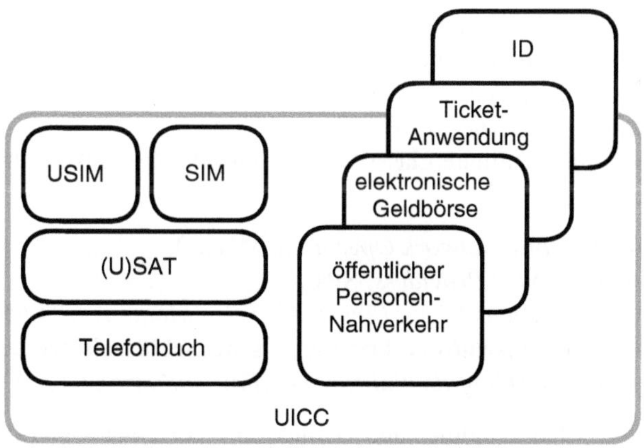

Abb. 7.3 Die UICC (*Universal Integrated Circuit Card*) ist eine multi-funktionale, sichere Smartcard-Plattform und bietet Platz für mehrere Applikationen. Diese UICC enthält neben dem *Subscriber Identity Module* (SIM) für GSM, dem *Universal Subscriber Identity Module* (USIM) für UMTS, dem *SIM Application Toolkit* ((U)SAT) und dem Telefonbuch auch noch eine Anwendung für den öffentlichen Personennahverkehr, eine elektronische Geldbörse, eine Ticket-Anwendung und einen elektronischen Ausweis (ID). (Quelle: [34])

Abb. 7.4 Trennung des Secure Elements in mehrere, voneinander abgeschottete Sicherheitsbereiche

7.1.2.3 GlobalPlatform

GlobalPlatform spezifiziert eine offene und interoperable Infrastruktur für Smartcardsysteme. In einer NFC-Umgebung ermöglichen diese Spezifikationen die Verwendung und Verwaltung von mehreren, unabhängigen NFC-Applikationen in einem gemeinsamen Secure Element.

Die Chipkartenarchitektur von GobalPlatform gibt eine, vom Smartcard-Betriebssystem unabhängige, sichere Plattform für Smartcards mit mehreren Applikationen und mehreren Dienstanbietern vor. Die Smartcard ist dazu in verschiedene Sicherheitsbereiche (sogenannte Security Domains), für den Kartenaussteller, die Anwendungs- und Dienstanbieter und die Anwendungs- und Diensteverwalter, unterteilt (Abb. 7.4).

Neben der Architektur auf der Chipkartenseite definiert GlobalPlatform Modelle und Konventionen, um Applikationen auf Multi-Applikations-Smartcards zu laden und diese Anwendungen zu verwalten. Für NFC-Anwendungen in Mobiltelefonen sind diese Modelle von besonderer Bedeutung: Durch die Kombination aus einem GlobalPlatform-konformen Secure Element und einem Mobilfunkmodem ist das Laden und Verwalten von Anwendungen auf dem Secure Element auch direkt über das Mobilfunknetz (*Over-the-Air*, OTA) möglich.

Durch diese Funktionalitäten lässt sich das mobile NFC-Ökosystem in mehrere Rollen unterteilen:

- Netzbetreiber (*Mobile Network Operators*, MNOs),
- Dienstanbieter (*Service Providers*, SPs),
- vertrauenswürdige Dienstleister (*Trusted Service Managers*, TSMs),
- Instanz, die vertrauenswürdige kryptografische Schlüsselsätze auf die GlobalPlatform-UICC lädt (*Confidential Key Loading Authority*, CKLA).

Der Netzbetreiber ist Eigentümer und Herausgeber der UICCs und des Mobilfunknetzes (OTA-Plattform). Dienstanbieter stellen NFC-Anwendungen für den Mobiltelefonbesitzer zur Verfügung (z. B. Banken oder Verkehrsunternehmen). Der Trusted Service Manager vermittelt zwischen den Dienstanbietern und den Netzbetreibern. Dadurch wird sowohl den Dienstanbietern der Betrieb ihrer Applikationen in mehreren Mobilfunknetzen erleichtert, als auch den Mobilfunkbetreibern (und damit den Endanwendern) der einfache Zugang zu einer Vielzahl von NFC-Anwendungen ermöglicht.

7.1.2.4 Java Community Process (JCP)

Der Java Community Process (JCP) ist der standardisierte Mechanismus, um technische Spezifikationen rund um die Javaplattform zu entwickeln [33]. Er ermöglicht allen interessierten Personen und Organisationen eine aktive Teilnahme an der Weiterentwicklung der Javatechnologie. Jede neue Spezifikation beginnt mit einem Java Specification Request (JSR). Dieser enthält zunächst einen Vorschlag für eine Erweiterung der Javaplattform. In einem mehrstufigen Begutachtungsprozess wird daraus eine fertige Spezifikation, gemeinsam mit einer Referenzimplementierung und einer Testsuite, erstellt.

Die Java Platform, Micro Edition (Java ME) ist eine reduzierte Version der Javaplattform. Sie wurde speziell an Embeddedsysteme, wie z. B. Mobiltelefone oder Set-Top-Boxen, angepasst [32]. Sogenannte Konfigurationen und Profile geben den Funktionsumfang der Java Virtual Machine und der Java API vor. Die Konfigurationen und Profile entstehen im Rahmen des JCP. Für NFC-Geräte sind besonders

- die Connected, Limited Device Configuration (CLDC, JSR 30, JSR 139) und
- das Mobile Information Device Profile (MIDP, JSR 37, JSR 118, JSR 271)

interessant. Diese geben anhand von Faktoren, wie dem verfügbaren Speicherplatz, der Energieversorgung, der Benutzer- und Netzwerkschnittstellen, einen ausgewählten Funktionsumfang vor.

Ebenfalls im JCP werden ergänzende API-Spezifikationen für die Javatechnologie entwickelt. Tabelle 7.1 zeigt eine Liste von Spezifikationen, die für Java-fähige NFC-Geräte von besonderer Bedeutung sind.

7.1.2.5 Open Mobile Alliance (OMA)

Die Open Mobile Alliance (OMA) ist ein Zusammenschluss von Mobiltelefonherstellern, Mobilfunkbetreibern und Softwareherstellern mit dem Ziel interoperable mobile Dienste zu ermöglichen. Die offenen Spezifikationen der Open Mobile Alliance definieren Protokolle auf der Anwendungsebene und sind dadurch unabhängig von der Mobiltelefonhardware und dem verwendeten Mobilfunknetz. Zu den Spezifikationen zählen unter anderem Webbrowser, MMS (Multimedia Messaging Ser-

Tab. 7.1 Java-API-Spezifikationen mit besonderer Bedeutung für NFC-Geräte

JSR	Bezeichnung	Aufgabenbereich
JSR 82	Java APIs for Bluetooth	Bluetooth
JSR 120	Wireless Messaging API	Mobilfunk (z. B. SMS, Daten)
JSR 172	J2ME Web Services Specification	Webanwendungen
JSR 177	Security and Trust Services API	Secure Element
JSR 205	Wireless Messaging API 2.0	Mobilfunk (z. B. SMS, Daten)
JSR 257	Contactless Communication API	NFC

vice), SyncML (Synchronization Markup Language) und die Push-to-Talk-Technologie für Mobiltelefone.

Für die NFC-Infrastruktur sind vor allem die Spezifikationen rund um Webbrowser und Webinhalte von Bedeutung. Zum einen bauen viele NFC-Anwendungen auf Internetdiensten auf. Zum anderen besteht mit zukünftigen UICCs die Möglichkeit, Smartcard-Applikationen direkt mit einer Benutzerschnittstelle auszustatten. Diese Benutzerschnittstelle ist, ohne Installation von zusätzlichen Softwarekomponenten, über einen Smartcard-Webserver (SCWS) im Webbrowser des Mobiltelefons darstellbar.

7.1.2.6 EMVCo

EMVCo ist ein Zusammenschluss von American Express, JCB, MasterCard und Visa. EMV steht für Europay, MasterCard und Visa, die ursprünglichen Initiatoren der EMV-Spezifikationen. Die Spezifikationen bilden eine Grundlage für einheitliche, sichere Bezahlsysteme auf der Basis von Chipkarten. Sie umfassen

- die Schnittstelle zwischen Chipkarten und Terminals (ISO/IEC 7816),
- die Sicherheit und das Schlüsselmanagement,
- die Kartenanwendungen,
- die Anforderungen an die Hardware und Software,
- die Schnittstelle zwischen den Teilnehmern der Bezahlinfrastruktur und
- die Personalisierung der Chipkarten.

Mit den kontaktlosen Übertragungstechnologien RFID und NFC wurden die EMV-Spezifikationen auch auf den kontaktlosen Übertragungsstandard ISO/IEC 14443 ausgedehnt. Zudem werden die Rahmenbedingungen für Bezahlsysteme auf der Basis von NFC-Mobiltelefonen geschaffen.

EMVCo verwaltet die Spezifikationen und entwickelt diese weiter. Durch die Spezifikationen, Compliance Tests und ein Zertifizierungsprogramm wird für die weltweite Interoperabilität und Kompatibilität von Chipkarten- und NFC-basierten Bezahlsystemen gesorgt.

7.1.2.7 3rd Generation Partnership Project (3GPP)

Das 3rd Generation Partnership Project ist eine Kooperation von Standardisierungsorganisationen am Telekommunikationssektor. Das 3GPP verwaltet und entwickelt Spezifikationen für Mobilfunknetze. Dazu zählen zum einen die 3G-Technologien (UMTS, HSDPA) und deren Weiterentwicklungen und zum anderen die 2G-Technologien (GSM, GPRS) und deren Weiterentwicklung EDGE.

Die Spezifikation von einheitlichen, globalen Mobilfunkstandards ermöglicht die weltweite Funktion von NFC-Mobiltelefonen und OTA-Diensten.

7.2 NFC-Controller

Der NFC-Controller (auch CLF, *Contactless Front-end*, genannt) ist das Bindeglied zwischen der Übertragungstechnologie NFC und dem mobilen Gerät. Er enthält das analoge Front-End der NFC-Schnittstelle. Zum Anschluss der NFC-Antenne an den Controller sind typischerweise nur mehr wenige passive Komponenten, wie Kondensatoren, Widerstände und Induktivitäten, notwendig.

Der Controller arbeitet als Modulator und Demodulator zwischen dem analogen HF-Signal und den digitalen Sende- und Empfangssignalen. Das NFC-Modem unterstützt dabei sowohl die aktive, als auch die passive Kommunikation mit verschiedenen Modulationsarten. Üblicherweise ist ein NFC-Controller in der Lage, neben dem NFCIP-1-Protokoll (Peer-to-Peer-Modus), auch in den anderen beiden Betriebsmodi (Reader/Writer- und Card-Emulation-Modus) zu kommunizieren. Oft werden zusätzlich weitere RFID-Protokolle, wie z. B. ISO/IEC 15693, unterstützt. Der nachfolgende Digitalteil sorgt für das passende Framing und für die Berechnung und Prüfung von CRC-Prüfsummen und Paritätsbits.

Ältere NFC-Controller arbeiten als einfache NFC-Modems und geben dem Hostcontroller direkten Zugriff auf die Konfigurationsregister, Sende- und Empfangspuffer. Der Hostcontroller des mobilen Geräts muss dann für die zeitgerechte Verarbeitung der NFC- und RFID-Protokolle sorgen. Neuere NFC-Controller ermöglichen, durch integrierte Mikrocontroller, die Entkopplung der unteren Protokollebenen vom Hostcontroller. So kann der NFC-Controller selbstständig Teile des Protokollstapels, wie beispielsweise das Polling-Loop-Verfahren oder die Collision Avoidance durchführen.

Die Anbindung des Hostcontrollers an den NFC-Controller erfolgt über verschiedene Schnittstellen, wie z. B. SPI (*Serial Peripheral Interface Bus*), I^2C (*Inter-Integrated Circuit Bus*), UART (*Universal Asynchronous Receiver/Transmitter*) oder USB (*Universal Serial Bus*).

Neben dem Hostcontroller können auch ein oder mehrere Secure Elements direkt mit dem NFC-Controller verbunden werden. NFC-Controller unterstützen dazu Schnittstellen, wie das Single Wire Protocol (SWP, ETSI TS 102613 [22]) oder das NFC Wired Interface (NFC-WI, ECMA-373 [20]). Die Secure Elements sind sowohl vom Hostcontroller, als auch über die NFC-Schnittstelle, wie (kontaktlose) Smartcards ansteuerbar.

7.2.1 Energieversorgung

Gerade in Mobiltelefonen ist die Energieversorgung ein kritisches Thema. Wenn das Mobiltelefon beispielsweise als Speicher für Veranstaltungs- oder Bustickets eingesetzt wird, dann muss der Anwender jederzeit in der Lage sein, diese Tickets vorzuweisen. Selbst wenn der Akkumulator des mobilen Geräts vollständig entleert ist oder sogar entfernt wurde, müssen die Tickets, ähnlich wie bei

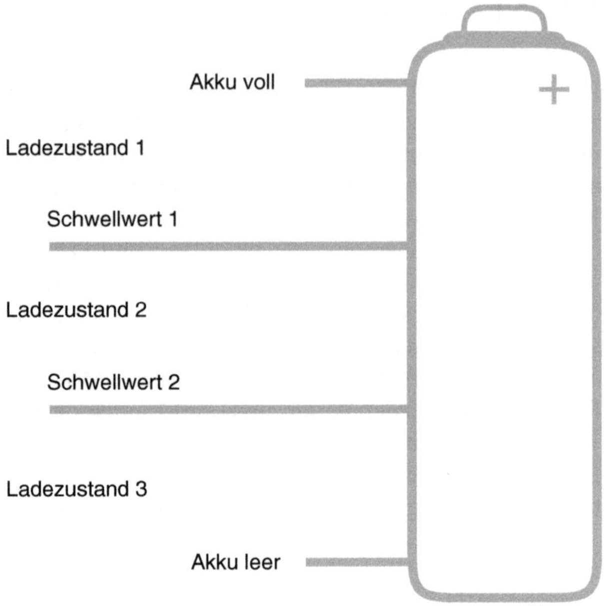

Abb. 7.5 Ladezustände eines Mobiltelefonakkus. (Quelle: [5])

einer kontaktlosen Chipkarte, zumindest über die NFC-Schnittstelle auslesbar sein [7].

Nach [5] gibt es drei Ladezustände des Mobiltelefonakkus. Diese sind in Abb. 7.5 dargestellt. In Zustand 1 ist der Akku ausreichend geladen um das gesamte Mobiltelefon in seinem vollen Funktionsumfang zu betreiben. Unterschreitet der Ladezustand den Schwellwert 1, dann werden nur noch grundlegende Funktionseinheiten, wie die Systemzeit, mit Energie versorgt. Die Telefonfunktion und die Benutzerschnittstelle sind in Zustand 2 nicht mehr aktiv. Wird auch der Schwellwert 2 unterschritten, dann befindet sich der Akku im Ladezustand 3. In diesem Zustand ist der Akku vom übrigen System abgekoppelt. Dadurch wird er gegen Tiefentladung und die damit verbundene Zerstörung geschützt. Auf Grund der fehlenden Energieversorgung sind aber alle Komponenten des Mobiltelefons inaktiv.

In Ladezustand 1 steht ausreichend Energie für die gesamte NFC-Funktionalität bereit. Alle drei NFC-Betriebsarten sind verwendbar. In Ladezustand 2 sind die Benutzerschnittstelle und die Mobilfunkfunktion nicht verfügbar. Daher ist auch nur eine eingeschränkte NFC-Funktionalität, ohne Benutzerinteraktion und OTA-Dienste, notwendig.

Um die Bedingung zu erfüllen, dass gespeicherte Tickets auch in diesem Zustand auslesbar sind, muss nur der Card-Emulation-Modus aktivierbar sein. Für diesen Modus sind der NFC-Controller (mit eingeschränktem Funktionsumfang) und das Secure Element (als sicherer Ticketspeicher) notwendig. Diese beiden Einheiten müssen daher bei Bedarf mit den verbleibenden Energiereserven des Akkus versorgt werden. Im Ladezustand 3 sind keine Energiereserven für den Card-Emulation-Modus vorhanden. Um dennoch einen Betrieb als kontaktlose Smartcard zu gewährleisten muss der NFC-Chipsatz über das HF-Feld des Lesegeräts versorgt werden. Neue NFC-Controller sind dazu in der Lage die Versorgungsenergie für sich und ein Secure Element aus dem HF-Feld zu entnehmen.

7.3 Secure Element

In einem NFC-Ökosystem gibt es viele sicherheitskritische Transaktionen und Daten. Ein NFC-Mobiltelefon kann als elektronische Brieftasche verwendet werden. In dieser lassen sich u. a. Ausweise (bzw. geheime kryptografische Schlüssel und digitale Zertifikate), elektronisches Bargeld, Wertkarten, Kreditkarten und verschiedene Arten von Tickets speichern. Diese Daten müssen gegen unbefugte Zugriffe und Manipulation geschützt sein. Eine Mobiltelefonarchitektur sieht normalerweise keinen besonders geschützten Datenspeicher vor, der auch in Verbindung mit NFC genutzt werden könnte. NFC-Mobiltelefone (bzw. auch andere mobile NFC-Geräte) benötigen daher eine sichere Umgebung zum Speichern und Ausführen von sicherheitskritischen Daten und Applikationen. Diese wird als Secure Element („sicheres Bauelement") bezeichnet.

7.3.1 Aufgaben und Anforderungen

Einerseits muss das Secure Element zahlreiche sicherheitskritische Aufgaben erfüllen. Andererseits ist das Secure Element eine dynamische Umgebung, die mehrere, voneinander unabhängige Anwendungen aufnimmt [1]. Während die Applikationen ganz unterschiedliche Aufgaben erledigen können und oft von unterschiedlichen Herstellern kommen, dürfen sie sich gegenseitig nicht beeinflussen. Zudem müssen die einzelnen Applikationen unabhängig voneinander im Secure Element installierbar, verwaltbar und auch wieder entfernbar sein [1].

Nach [8] ist ein Secure Element eine Komponente, welche drei wesentliche Sicherheitseigenschaften bietet:

- (manipulations-)sicherer Speicher für sensible Daten, wie z. B. private Schlüssel, vertrauenswürdige Zertifikate, persönliche Informationen, Geldbeträge von Wertkarten und Tickets,
- kryptografische Operationen, wie Verschlüsselung und Signatur,
- sichere Umgebung für die Ausführung von Programmcode.

Smartcards erfüllen bereits alle diese Anforderungen [12]. Aus diesem Grund ist es naheliegend auch Smartcard-Mikrochips als Secure Element einzusetzen. Insbesondere Java Card und die GlobalPlatform-Spezifikationen rund um die Multiapplikations-Chipkartenarchitektur ermöglichen eine dynamische Secure Element Umgebung.

7.3.2 Varianten

Es gibt theoretisch viele Möglichkeiten ein Secure Element in eine Mobiltelefonarchitektur zu integrieren. Im Wesentlichen lassen sich diese Varianten in drei Kategorien gliedern (s. auch Abb. 7.6):

- Software ohne spezielle Hardware,
- fest im Mobiltelefon integrierte Hardware und
- austauschbare Hardware.

Allerdings ist nur ein Teil dieser Varianten sinnvoll umsetzbar. So kann beispielsweise mit einer reinen Softwarelösung ohne spezielle Hardware keine Manipulationssicherheit garantiert werden [1]. Diese ist aber gerade beim Speichern „virtueller Wertgegenstände" unverzichtbar. Bei Hardwarelösungen lassen sich hingegen dieselben Sicherheitsstandards wie bei Smartcard-ICs implementieren.

Wenn das Secure Element fest in das Mobiltelefon integriert wird, kann es entweder direkt mit dem Basisbandcontroller kombiniert oder als separater Chip ausgeführt werden. Beide Varianten haben sowohl Vor- als auch Nachteile: Der große Vorteil einer kombinierten Lösung gegenüber einem separaten IC ist die Platzersparnis. Mobiltelefone bieten nur sehr wenig Raum für zusätzliche Komponenten. Durch die kombinierte Variante ist kein zusätzlicher Platz für einen IC und seine Leiterbahnen notwendig. Demgegenüber steht, dass es noch keine Basisbandcontroller mit integriertem Secure Element gibt. Als dediziertes Secure Element lassen sich hingegen vorhandene Smartcardplattformen (wie z. B. SmartMX von NXP Semiconductors) verwenden. Diese Variante kam auch bei den ersten NFC-Mobiltelefonen mit Secure Element zum Einsatz.

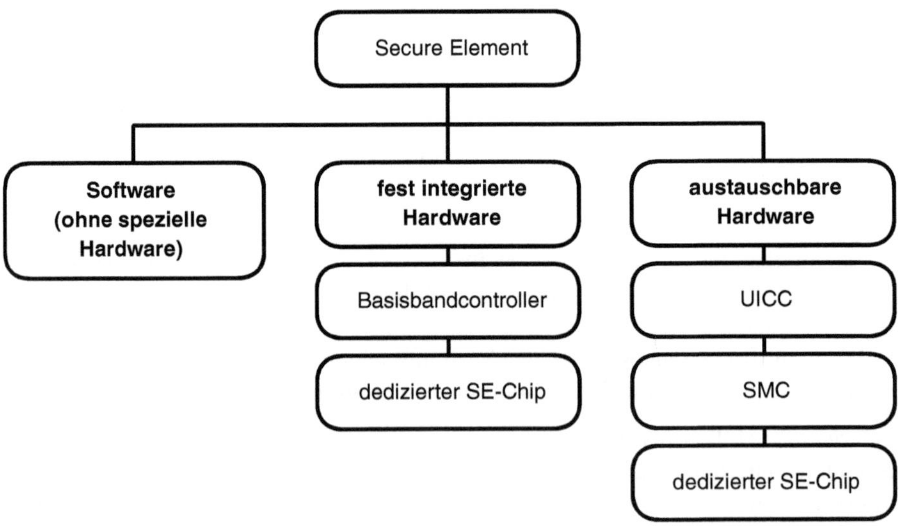

Abb. 7.6 Varianten für das Secure Element

Ein fest eingebautes Secure Element hat einen großen Nachteil: Wenn ein Benutzer sein Mobiltelefon wechselt, bleibt das Secure Element mit allen benutzerbezogenen Daten und Anwendungen an das alte Mobiltelefon gebunden [28]. Der Benutzer kann das Secure Element nicht einfach in das neue Telefon übernehmen. Stattdessen müssten die Dienstanbieter alle Anwendungen des alten Secure Elements deaktivieren und löschen und anschließend im neuen Secure Element neu installieren und konfigurieren. Es wäre daher vorteilhaft, wenn das Secure Element, so wie auch die SIM-Karte, zwischen Mobiltelefonen ausgetauscht werden könnte.

Ein austauschbares Secure Element kann entweder mit einer bestehenden wechselbaren Chipkarte kombiniert oder als eigener wechselbarer Baustein ausgeführt werden. Ein dedizierter wechselbarer Secure Element Baustein benötigt einen zusätzlichen, für den Anwender zugänglichen Sockel. Ein zusätzlicher Steckplatz ist jedoch mit höheren Materialkosten [12] und einem höheren Platzverbrauch verbunden. Deshalb werden Kombinationen mit anderen, ohnehin vorhandenen Chipkarten von den Mobiltelefonherstellern bevorzugt. Die naheliegendste Alternative ist die UICC mit der SIM-Applikation. Diese ist ohnehin in jedem Mobiltelefon vorhanden. Bei der UICC handelt es sich bereits um eine mit dem Secure Element vergleichbare Multiapplikations-Smartcardplattform. Die UICC ist allerdings an einen bestimmten Netzbetreiber, den Herausgeber der SIM-Karte, gebunden. Mit dem Wechsel des Netzbetreibers muss der Benutzer daher alle seine NFC-Anwendungen von der alten UICC löschen und auf der neuen UICC installieren lassen. Dies ist vergleichbar mit dem Mobiltelefontausch bei der Verwendung eines fest integrierten Secure Elements.

Eine weitere Kombinationsmöglichkeit bieten Speicherkarten. Viele Mobiltelefone haben bereits einen Steckplatz für eine Micro SD-Karte (Secure Digital) oder eine andere Speicherkarte mit Platz für Fotos, Videos und Musik. Eine Secure Memory Card (SMC) kombiniert die sicheren Smartcard-Funktionen des Secure Elements mit einem Speichermedium für weniger sensible Daten. Eine SMC kann von jedem beliebigen Chipkarten-Herausgeber ausgegeben werden. Nachdem sie unabhängig von der UICC ist, kann sie sowohl beim Wechsel zwischen Mobiltelefonen, als auch beim Wechsel zwischen Netzbetreibern beibehalten werden. Ihre Verwendung ist zudem nicht nur auf Mobiltelefone beschränkt [28].

Ein anderer Aspekt bei der Betrachtung der verschiedenen Varianten des Secure Elements ist die Standardisierung der Schnittstellen zwischen den Komponenten der NFC-Architektur. Während zwischen der UICC und dem Hostcontroller bereits eine etablierte Schnittstelle nach ISO/IEC 7816-3 vorhanden ist, wurde die Spezifikation der Schnittstelle zwischen der UICC und dem NFC-Controller, das Single Wire Protocol (SWP), erst vor kurzem abgeschlossen. Für andere Secure Element Alternativen gibt es auch noch das NFC Wired Interface (NFC-WI), das von verschiedenen NFC-Controllern bereits unterstützt wird.

Insgesamt bieten die verschiedenen Varianten des Secure Elements Vor- und Nachteile für alle Beteiligten des NFC-Ökosystems. Zukünftige Mobiltelefonarchitekturen könnten aus diesem Grund die parallele Verwendung mehrerer unterschiedlicher Secure Elements ermöglichen.

7.3.3 Aufbau und Funktionsweise

Das Secure Element bietet NFC-Anwendungen eine vertrauenswürdige, manipulationssichere und zugriffsgeschützte Umgebung zum Ausführen von Programmcode und zum Speichern von Daten. Als Secure Element kommen moderne Smartcardplattformen zum Einsatz. Java Card ermöglicht eine dynamische Umgebung für Applikationen, in der Applets (Java-Programme) auch nach der Produktionsphase installiert und deinstalliert werden können. Die Anwendungen sind dabei in einem klassischen Smartcard-Dateisystem organisiert und lassen sich über APDU-Befehle ansteuern. Zusätzlich enthalten viele Secure Elements einen Datenspeicher, der zum MIFARE-System kompatibel ist.

NFC-Anwendungen können das Secure Element auf verschiedene Arten einsetzen. Abbildung 7.7 zeigt die verschiedenen Betriebsarten. Zum einen gibt es den externen Modus. In diesem emuliert das Secure Element eine kontaktlose Chipkarte. Das Secure Element ist dazu mit dem NFC-Controller über eine Schnittstelle wie SWP oder NFC-WI verbunden. Der NFC-Controller vermittelt zwischen der HF-Schnittstelle und dem Secure Element. Ein externes Lesegerät kann so direkt mit dem Secure Element kommunizieren. Dieser Modus entspricht dem Card-Emulation-Modus.

Zum anderen gibt es den internen Modus. Auch in diesem Modus emuliert das Secure Element eine kontaktlose Chipkarte. In diesem Fall ist der Hostcontroller das Lesegerät. Dieser kann das Secure Element ähnlich einer externen kontaktlosen Chipkarte ansprechen. NFC-Anwendungen können in diesem Modus über das Mobilfunknetz empfangene Informationen (z. B. Veranstaltungstickets) auf dem Secure Element ablegen. Anschließend können diese Informationen mit einem externen Lesegerät direkt, ohne Umweg über den Hostcontroller, ausgelesen werden. Der interne Modus des Secure Elements ist aber nicht nur für NFC-Anwendungen interessant. Auch andere Mobiltelefonapplikationen können von der sicheren Daten- und Anwendungsumgebung des Secure Elements (vergleichbar mit einem *Trusted Platform Module*) profitieren.

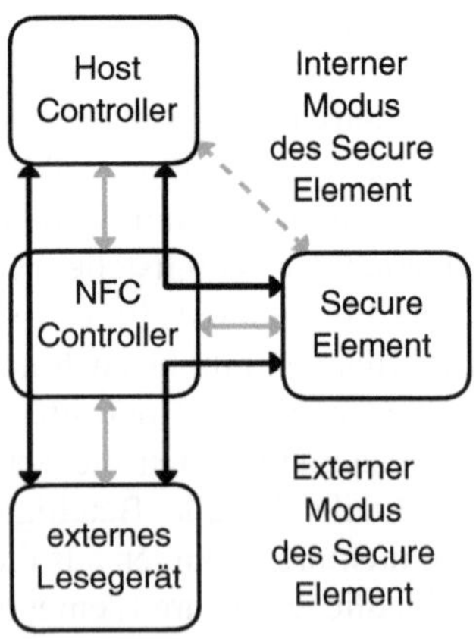

Abb. 7.7 Zugriff auf das Secure Element

Einen Sonderfall bei der Kommunikation stellt die UICC dar. Diese ist nicht nur über den NFC-Controller an das Mobiltelefon angebunden, sondern hat auch eine direkte Verbindung mit dem Hostcontroller. Die herkömmliche Chipkarten-Schnittstelle nach ISO/IEC 7816 ist bereits wegen der SIM-Anwendung vorhanden. Darüber hinaus sind neue UICCs zusätzlich schon mit einer schnellen USB-Schnittstelle ausgerüstet. Diese ist vor allem für Transaktionen mit hohem Datendurchsatz interessant. Während diese Schnittstellen ursprünglich nur für die Anwendungen einer klassischen SIM-Karte vorgesehen sind, kann der Hostcontroller auch darüber mit anderen Applikationen der UICC kommunizieren. Zusätzlich ist eine Secure Element UICC auch über das Single Wire Protocol direkt mit dem NFC-Controller verbunden. Damit lässt sich beispielsweise der Card-Emulation-Modus ohne den Hostcontroller verwenden. Somit ist der Betrieb im Card-Emulation-Modus auch bei leerem Akku möglich.

Abbildung 7.8 zeigt beispielhaft die Bestandteile einer NFC-fähigen UICC. Diese hat eine Smartcard-Schnittstelle nach ISO/IEC 7816-3, eine SWP-Schnittstelle und eine USB-Schnittstelle. Bei einem Chipkartenmodul mit acht Kontaktflächen (nach ISO/IEC 7816-2) ist das die maximal mögliche Anzahl an Schnittstellen. Die unterste Schicht der Smartcard-Software bildet das Kartenbetriebssystem zusammen mit einer Java Card Virtual Machine (VM). Ein bedeutender Baustein in zukünftigen UICCs ist der Smartcard-Webserver (SCWS). Über diesen können die Smartcard-Applikationen (Applets) direkt eine webbrowserbasierte Benutzerschnittstelle haben. Bisher war für eine Benutzerschnittstelle zusätzliche Software am Hostcontroller notwendig, die nur über APDU-Befehle Informationen mit den Applets austauschte. Nachdem die UICC weiterhin die Aufgaben einer SIM-Karte hat, ist auch die (U)SIM-Funktionalität fester Bestandteil der UICC. Weitere Applikationen, sogenannte Applets, können zu jedem späteren Zeitpunkt auf der Chipkarte installiert und auch wieder davon entfernt werden. Das Java Card Framework sorgt für eine hardwareunabhängige Programmierschnittstelle.

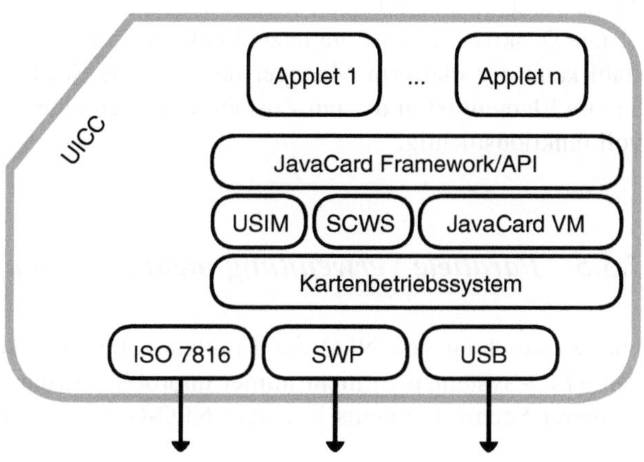

Abb. 7.8 UICC mit Secure Element Funktion

7.3.4 Lebenszyklus

Im Gegensatz zu Smartcards haben Secure Elements einen wesentlich komplexeren Lebenszyklus. Bei einer herkömmlichen Smartcard müssen bereits alle Applikationen in einem eigenen Personalisierungsschritt vor der Ausgabe der Chipkarte installiert und konfiguriert werden. Diese Einschränkung entfällt bei Secure Elements in NFC-Telefonen [15]. In einem Mobiltelefon können auch zu einem späteren Zeitpunkt noch Over-the-Air (OTA), d. h. über das Mobilfunknetz, Applikationen hinzugefügt, verändert und entfernt werden.

Der Lebenszyklus des Secure Elements besteht nach [15] aus vier Abschnitten und wird durch drei Rollen des NFC-Ökosystems gesteuert. Die drei Rollen sind der Platform Provider (Herausgeber des Secure Elements), der Platform Manager (Verwalter des Secure Elements) und der Service Provider (Dienstanbieter). Die vier Abschnitte sind die Initialisierung, die Aktivierung, die Verwaltungsphase und die Deaktivierung.

Bei der Initialisierung legt der Platform Provider die grundlegenden Parameter des Secure Elements fest und gibt den Chip an den Anwender aus. In diesem Schritt kann bei Bedarf auch direkt ein Platform Manager festgelegt werden, der vorab schon erste Applikationen im Secure Element installiert. Andernfalls wird der Platform Manager erst in der nächsten Phase, der Aktivierung, vom Platform Provider festgelegt.

Die Aktivierung erfolgt bei der ersten Verwendung des Secure Elements in einem Mobiltelefon. In diesem Schritt gibt der Platform Manager das Secure Element für die Verwendung in diesem (und nur in diesem) Mobiltelefon frei.

Die Verwaltungsphase ist jener Abschnitt, in dem das Secure Element in einem Mobiltelefon in Betrieb ist. Die Verwaltung des Secure Elements erfolgt über einen OTA-Dienst. Während dieser Phase können Dienstanbieter Bereiche im Secure Element für ihre eigenen Applikationen anfordern. Der Platform Manager erstellt dazu bei Bedarf für jeden Dienstanbieter einen Sicherheitsbereich (Security Domain) im Secure Element. Jeder Dienstanbieter hat anschließend die Möglichkeit innerhalb seines Sicherheitsbereichs Anwendungen zu installieren, zu konfigurieren und auch wieder zu deinstallieren.

Die Deaktivierung ist die letzte Phase des Lebenszyklus. Bei Verlust oder Diebstahl kann der Platform Manager das gesamte Secure Element deaktivieren. Das Secure Element ist in diesem Zustand erst nach einer erneuten Aktivierung wieder voll funktionstüchtig.

7.3.5 Parallele Verwendung mehrerer Secure Elements

Die Verwendung von NFC zur Emulation kontaktloser Chipkarten in bestehenden RFID-Systemen ist nicht immer unproblematisch. Vor allem die Kombination mehrerer Secure Elements in einem NFC-Gerät ist eine schwierige Aufgabe. Das

Grundproblem stellen Lesegeräte dar, die, auf Grund sehr strenger Spezifikationen oder auf Grund von Minimalimplementierungen, nicht mit mehreren gleichzeitig vorhandenen Chipkarten umgehen können. Ein Beispiel dafür ist das kontaktlose Übertragungsprotokoll der EMV-Spezifikation [2]. Dieses erlaubt bisher aus Sicherheitsgründen nur dann eine Kommunikation, wenn sich genau eine kontaktlose Karte in der Reichweite des Bezahlterminals befindet. Ein anderes Beispiel sind einfache Zutrittssysteme, die anhand der *ersten* detektierten Karten-UID den Zutritt gewähren oder verweigern.

Ein NFC-Gerät kann auf Pollingbefehle der drei Technologien NFC-A, NFC-B und NFC-F reagieren. Im Modus NFC-A sind der Peer-to-Peer-Modus und eventuell vorhandene Secure Elements, die auf der Technologie NFC-A basieren, sichtbar. Im Modus NFC-B sind nur Secure Elements sichtbar, die auf der Technologie NFC-B basieren. Im Modus NFC-F sind der Peer-to-Peer-Modus und eventuell vorhandene Secure Elements, die auf der Technologie NFC-F basieren, sichtbar. Problematisch sind nun jene Zustände, in denen mehr als ein Secure Element oder ein Secure Element und der Peer-to-Peer-Modus aktiv sind. Diese können auf verschiedene Weise für ein externes Lesegerät dargestellt werden [6, 13]:

- Alle Secure Elements und der Peer-to-Peer-Modus sind parallel aktiv, haben jeweils eine eigene UID (eindeutige Gerätekennung) und antworten während dem Antikollisionsverfahren als eigenständige Chipkarten (Abb. 7.9). Das Lesegerät sieht daher zu jedem Zeitpunkt alle Secure Elements. Diese Variante wird jedoch von Lesegeräten, die nur eine einzelne Chipkarte erlauben, nicht unterstützt.
- Alternativ können die einzelnen Secure Elements von einer Softwarekomponente im NFC-Controller nacheinander aktiviert werden (Abb. 7.10). Das Lesegerät sieht dann immer nur eine kontaktlose Chipkarte. Wenn das Lesegerät die gesuchte Anwendung nicht auf der Chipkarte findet, dann wird die Chipkarte

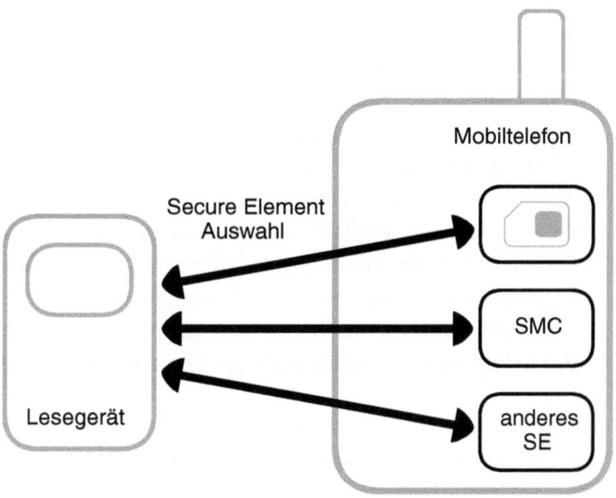

Abb. 7.9 Das Lesegerät sieht zu jedem Zeitpunkt jedes Secure Element als eigenständige kontaktlose Chipkarte

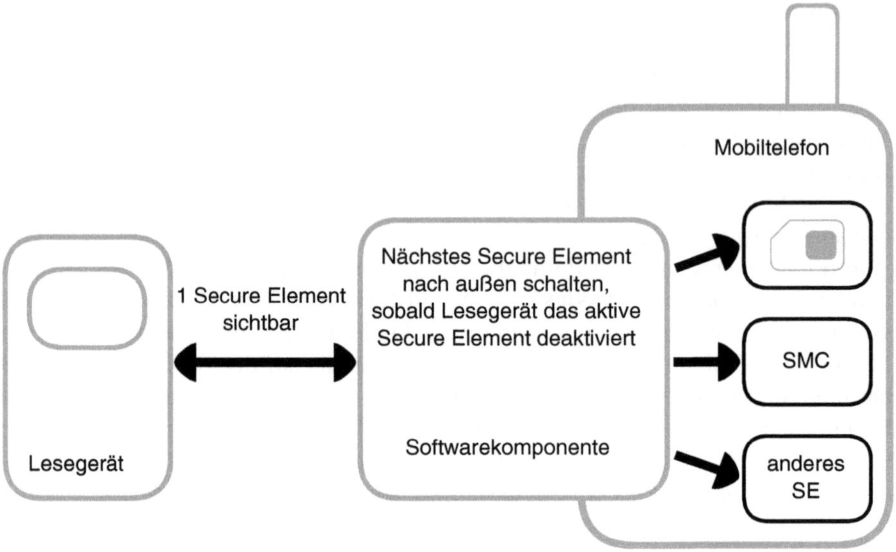

Abb. 7.10 Das Lesegerät sieht zu jedem Zeitpunkt nur eine einzelne Chipkarte

deaktiviert. Der NFC-Controller aktiviert daraufhin das nächste Secure Element. Das Lesegerät kann dann die Anwendungsauswahl wiederholen. Dieser Vorgang wird solange durchlaufen, bis entweder die Anwendung gefunden wurde oder alle Secure Elements getestet wurden. Auch diese Variante bringt einige Probleme mit sich: So ist die Prozedur sehr langsam, weil jedes Secure Element einzeln überprüft und anschließend deaktiviert werden muss. Außerdem funktioniert diese Methode nur dann, wenn jedes Lesegerät, das die gesuchte Anwendung nicht auf der Chipkarte findet, diese Karte im Anschluss auch wieder deaktiviert.

- Eine andere Alternative ist die Auswahl des Secure Elements durch den Benutzer (Abb. 7.11). Sobald ein Lesegerät in Reichweite ist, wird dem Benutzer eine Liste aller verfügbaren Secure Elements angezeigt. Dieser kann anschließend ein Secure Element auswählen, das für das Lesegerät sichtbar geschaltet wird. Diese Methode hat zwei wesentliche Nachteile: Zum einen funktioniert diese Variante nur, wenn das Mobiltelefon eingeschaltet ist. Bei leerem Akku ist sie nicht anwendbar, weil der Benutzer keine Möglichkeit hat, das Secure Element auszuwählen. Zum anderen muss der Benutzer wissen, auf welchem Secure Element sich welche Anwendung befindet. Die Secure Elements geben diese Information aus Sicherheitsgründen nicht preis. Daher muss dem Benutzer selbst bewusst sein, welcher Dienst mit welchem Secure Element verbunden ist.
- Eine weitere Möglichkeit ist, die Secure Elements durch einen „Secure Element Controller" (SEC) zusammenzufassen. Der SEC übernimmt die Rolle einer kon-

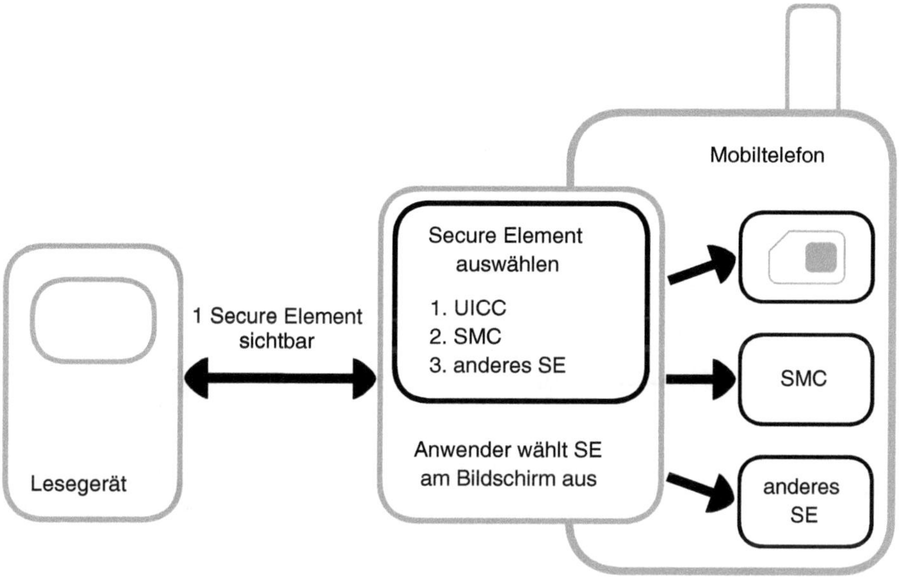

Abb. 7.11 Der Benutzer wählt aus, welches Secure Element verwendet werden soll

taktlosen Chipkarte und ist gegenüber dem Lesegerät als einzelne Karte sichtbar (Abb. 7.12). Der SEC führt die Antikollision durch. Wenn das Lesegerät ein NFC-Gerät ist und im Peer-to-Peer-Modus kommunizieren möchte, dann leitet der SEC die weitere Kommunikation an den Hostcontroller weiter. Wenn das Lesegerät hingegen den Card-Emulation-Modus auslöst, dann bleibt weiterhin der SEC aktiv. Sobald über ein SELECT_FILE-Kommando eine Anwendung ausgewählt wird, durchsucht der SEC alle Secure Elements nach dieser Anwendung. Wird die Anwendung in genau einem Secure Element gefunden, dann werden alle weiteren Anfragen an dieses Secure Element weitergeleitet. Wird die Anwendung hingegen in keinem oder gleich in mehreren Secure Elements gefunden, dann teilt der SEC dem Lesegerät mit, dass die Anwendung nicht vorhanden ist. Wenn die Anwendung mehrfach vorhanden ist, dann wird diese Information zusätzlich an die zuständigen Platform Manager weitergeleitet, damit diese eine Fehlerbehebung durchführen können. Damit zukünftige Anfragen schneller verarbeitet werden, kann der Secure Element Controller auch eine Tabelle mit Anwendungskennungen und zugehörigen Secure Elements führen. Dadurch erspart sich der SEC für bekannte Anwendungen die Suche. Auch der Secure Element Controller hat einen Nachteil: Der SEC hat eine eigene, dynamisch erzeugte UID und „verdeckt“ damit die UIDs der Secure Elements. Es gibt jedoch verschiedene bestehende RFID-Systeme, bei denen die UID eine wesentliche Rolle bei der Berechnung von Zugriffsschlüsseln bzw. bei der Berechtigungsprüfung spielt. Diese Systeme lassen sich nicht in Kombination mit dem SEC verwenden.

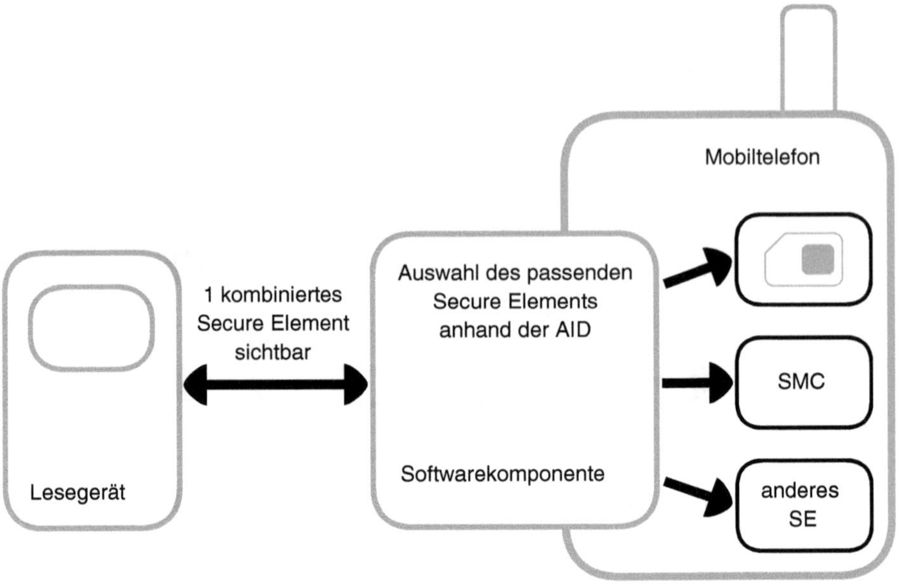

Abb. 7.12 Der Secure Element Controller (SEC) fasst die Secure Elements zu einer Chipkarte zusammen

7.4 Host-/Basisbandcontroller

Der Host- bzw. Basisbandcontroller ist das Herzstück jedes Mobiltelefons. Speziell im Zusammenhang mit NFC-Geräten versteht man darunter auch alle Komponenten, die zur Ausführung des Mobiltelefonbetriebssystems notwendig sind. Der Hostcontroller verwaltet daher die Kommunikationsschnittstelle, Peripheriegeräte und die Benutzerschnittstelle.

In einem mobilen NFC-Gerät wird das NFC-Protokollstack auf dem Hostcontroller ausgeführt. Auch alle weniger sicherheitskritischen Anwendungen, die nicht direkt im Secure Element verarbeitet werden, laufen auf dem Hostcontroller. Während das Secure Element als *Trusted Execution Environment* (TEE) verwendet wird, ist der Hostcontroller ein allgemeines *Application Execution Environment* (AEE) [16]. Der Hostcontroller verwaltet zudem auch das GSM/UMTS-Modem und ist damit eine wichtige Schnittstelle für das OTA-Management der Secure Elements.

7.5 Schnittstellen von Secure Element und NFC-Controller

Gerade für den Card-Emulation-Modus ist es notwendig, dass das Secure Element direkt mit dem NFC-Controller verbunden ist. Eine Alternative wäre, die Verbindung zwischen dem Contactless Front-end und dem Secure Element über den

Hostcontroller zu leiten. Dadurch hätten aber Programme in der unsicheren Ausführungsumgebung des Hostcontrollers unter Umständen die Möglichkeit die Übertragung abzuhören. Zudem wäre ein batterieloser Betrieb des Secure Elements als kontaktlose Chipkarte nicht möglich.

Dedizierte Secure Elements sind daher nur mit dem NFC-Controller verbunden. Kombinierte Lösungen wie die UICC mit Secure Element Funktion sind zusätzlich auch direkt mit dem Hostcontroller verbunden, um ihre eigentliche Aufgabe (in diesem Fall als SIM-Karte) zu erfüllen.

Die Wahl von einheitlichen Schnittstellen zwischen dem NFC-Controller und den Secure Elements ist für die Zukunft von NFC von großer Bedeutung. Würde jeder Hersteller seine eigene proprietäre Lösung entwickeln, dann wären die einzelnen NFC-Geräte und vor allem die einzelnen Secure Elements nicht zueinander kompatibel.

Die ersten NFC-Controller waren einfache Schnittstellen-ICs, die aus einem digitalen Signal bzw. aus Datenpaketen ein analoges HF-Sendesignal erzeugten und das analoge HF-Empfangssignal in ein digitales Signal bzw. in Datenpakete überführten. Die Verarbeitung des Übertragungsprotokolls war Aufgabe des Hostcontrollers.

Bei Secure Elements kommen ohnehin dieselben Architekturen wie bei kontaktlosen Smartcards zum Einsatz (z. B. SmartMX von NXP Semiconductors). Diese enthalten bereits die Logik zur Verarbeitung des kontaktlosen Protokolls. Für eine einfache digitale Schnittstelle zwischen dem NFC-Controller und dem Secure Element müssen daher nur die digitalen Signale dieser Verarbeitungslogik mit den digitalen Signalen des Contactless Front-end verbunden werden. Statt selbst ein analoges HF-Signal zu verarbeiten, wird diese Aufgabe also in den NFC-Controller ausgelagert. Aus diesem Ansatz entstand das *NFC Wired Interface* (NFC-WI).

7.5.1 NFC Wired Interface (NFC-WI)

Das *NFC Wired Interface* (NFC-WI) ist in ECMA 373 [20] und ISO/IEC 28361 [25] normiert. Es handelt sich dabei um eine digitale 2-Draht-Schnittstelle zwischen einem NFC-Front-end und einem NFC-Transceiver (Abb. 7.13). Ein NFC-Transceiver kann ein Secure Element oder auch ein NFC-Gerät ohne eigenes analoges Front-End sein. Das NFC-WI ist kompatibel zur S^{2}C-Schnittstelle der NFC-Controller von NXP Semiconductors.

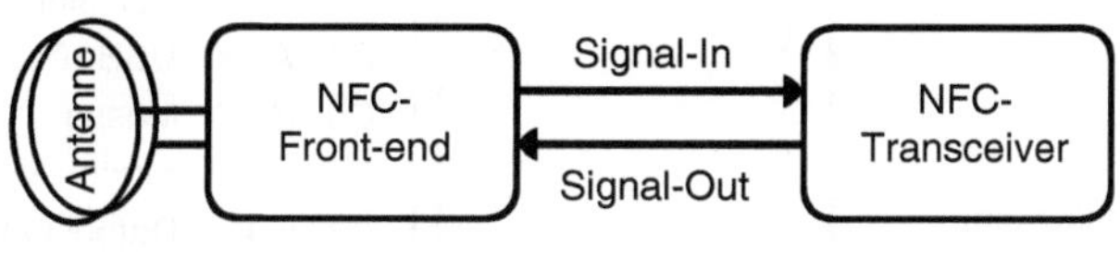

Abb. 7.13 Das NFC-WI ist eine 2-Draht-Schnittstelle zwischen einem NFC-Front-end und einem NFC-Transceiver

Für die Übertragung spezifiziert der Standard NFC-WI die drei Übertragungsraten 106 kbit/s, 212 kbit/s und 424 kbit/s. Wie bei NFCIP-1 orientiert sich die Übertragung mit 106 kbit/s an ISO/IEC 14443 Typ A, während die Übertragung mit höheren Bitraten an FeliCa angelehnt ist.

Bei 106 kbit/s wird der Datenstrom vom NFC-Chip (CLF) zum Transceiver (Signal-Out) millercodiert und anschließend durch eine logische UND-Verknüpfung mit dem 13,56-MHz-Takt kombiniert. In die entgegen gesetzte Richtung (Signal-In) wird der Datenstrom manchestercodiert, invertiert und anschließend durch eine logische ODER-Verknüpfung mit einem 848-kHz-Takt kombiniert.

Bei 212 kbit/s und 424 kbit/s wird der Datenstrom vom NFC-Chip (CLF) zum Transceiver (Signal-Out) manchestercodiert und anschließend durch eine logische XOR-Verknüpfung mit dem 13,56-MHz-Takt kombiniert. Das entspricht einer PSK-Modulation des Taktsignals. Bei FeliCa wird hingegen eine 10 %-ASK-Modulation verwendet. Diese lässt sich bei einem digitalen Signal, mit den Pegeln 0 und 1, nicht darstellen. In entgegen gesetzter Richtung (Signal-In) wird der Datenstrom einfach manchestercodiert.

7.5.2 Single Wire Protocol (SWP)

Mit der Einführung der UICC als Secure Element wurde eine neue Schnittstelle notwendig. Das lässt sich mit der Anzahl der Kontakte einer Smartcard begründen: Eine Smartcard nach ISO/IEC 7816-2 hat acht (bzw. sechs) Kontakte (Abb. 7.14). Zwei dieser Anschlüsse sind für die Spannungsversorgung (VCC und GND) notwendig. Die Schnittstelle nach ISO/IEC 8716-3 verwendet drei weitere Kontakte (I/O, CLK und RST). Die Anschlüsse C4 und C8 sind bei der UICC für eine USB-Schnittstelle reserviert. Daher bleibt nur mehr der Kontakt C6 übrig. Dieser wurde ursprünglich für die EEPROM-Programmierspannung verwendet und ist in neuen UICCs ohne Funktion.

Für die Schnittstelle zwischen der Secure Element UICC und dem Contactless Front-end (NFC-Controller) ist also nur Kontakt C6 frei. Das NFC-WI benötigt allerdings zwei Signalleitungen und ist daher nicht verwendbar. Als neue 1-Draht-Schnittstelle wurde das *Single Wire Protocol* (SWP) entwickelt (Abb. 7.15). Es ist in ETSI TS 102 613 [22] normiert.

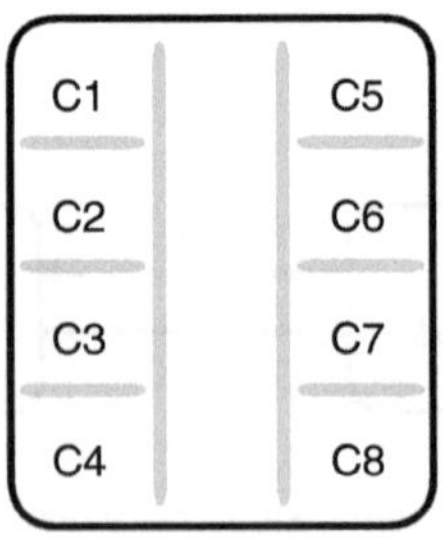

C1	VCC	Versorgungsspannung
C2	RST	Resetsignal
C3	CLK	Taktsignal
C4	AUX1	USB (D+)
C5	GND	Masse
C6	SWP	Single Wire Protocol
C7	I/O	Datensignal
C8	AUX2	USB (D-)

Abb. 7.14 Kontakte eines Smartcard-Chipmoduls nach ISO/IEC 7816-2

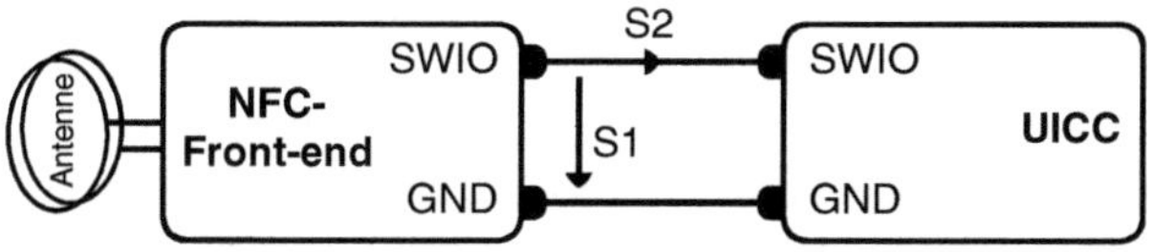

Abb. 7.15 Das SWP ist eine 1-Draht-Schnittstelle zwischen einem NFC-Front-end (CLF) und einer UICC. S1 ist ein Spannungssignal vom CLF zur UICC. S2 ist ein Stromsignal vom UICC zum CLF

Das SWP besteht aus den drei Protokollebenen PHY, MAC und LLC. Der PHY (physikalische Bitübertragungsschicht) legt elektrische und mechanische Eigenschaften, die Datenrate, die Bitcodierung, die Schnittstellenzustände und -zustandsübergänge fest. Der MAC (Medium Access Control Layer) definiert die Rahmenbildung und Maßnahmen zur Fehlererkennung. Der LLC (Logical Link Control Layer) umfasst den Austausch von Datenpaketen, sogenannten LPDUs (Link Protocol Data Units), die Flusskontrolle und die Fehlerkorrektur.

7.5.2.1 Bitübertragungsschicht (PHY)

Der SWP-PHY ermöglicht die Bitübertragung zwischen CLF (Master) und UICC (Slave) im Full-Duplex-Modus, d. h. in beide Richtungen gleichzeitig, auf einer einzelnen Datenleitung. Das Signal S1 vom CLF zur UICC ist ein Spannungssignal. Die Signalpegel H und L werden durch Ein- und Ausschalten des Spannungspegels erzeugt. Das Signal S2 von der UICC zum CLF ist ein Stromsignal. Die Signalpegel H und L werden durch Änderung des Eingangswiderstands der UICC erzeugt. So ist der Eingangswiderstand für den Signalpegel L hochohmig, wodurch (fast) kein Strom fließt. Für den Signalpegel H ist der Eingangswiderstand klein, wodurch ein Strom fließt. Für das Signal S2 wird eine NRZ-L-Codierung verwendet. Eine logische 0 entspricht dem Signalpegel L und eine logische 1 dem Signalpegel H. Abbildung 7.16 zeigt die Codierung der Signale S1 und S2.

Das Stromsignal kann jedoch nur dann erzeugt werden, wenn das Spannungssignal den H-Pegel hat und somit entlang des Eingangswiderstands eine Spannung

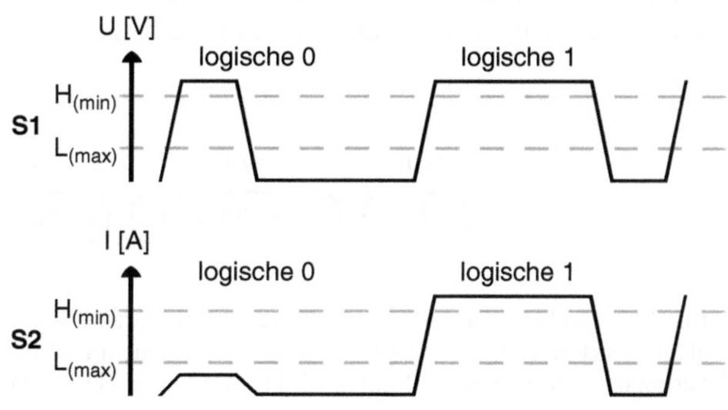

Abb. 7.16 Codierung der Signale S1 und S2

abfällt. Um dennoch eine Full-Duplex-Übertragung zu ermöglichen, muss S1 eine geeignete Bitcodierung aufweisen.

Aus diesem Grund wird für S1 eine Pulsweitencodierung verwendet. Bei einer logischen 1 ist das Signal zuerst für drei Viertel der Symboldauer auf H und für das übrige Viertel auf L. Bei einer logischen 0 ist das Spannungssignal für ein Viertel der Symboldauer auf H und anschließend für drei Viertel der Symboldauer auf L. Die Symboldauer ist dabei kein festgelegter Wert, sondern darf von Bit zu Bit variieren. Die Synchronisation auf der Bitebene erfolgt durch die steigenden Flanken am Symbolanfang und am Symbolende.

Die SWP-Schnittstelle hat drei Zustände:

- DEACTIVATED,
- SUSPENDED und
- ACTIVATED.

Im Zustand DEACTIVATED hat S1 den Signalpegel L. Damit ist auch der Pegel von S2 automatisch L, weil kein Strom fließen kann. Im Zustand SUSPENDED hat S1 den Signalpegel H und S2 den Signalpegel L. Sowohl das CLF, als auch die UICC, können aus diesem Zustand heraus die Single-Wire-Schnittstelle aktivieren. Im Zustand ACTIVATED werden auf S1 und S2 Bits übertragen. S1 liefert, entweder durch die Übertragung von Datenbits oder durch die Übertragung von Füllbits, den Symboltakt. Wenn auf S1 und S2 für die Dauer von mindestens sieben Bits keine Datenbits mehr übertragen wurden, dann darf das CLF die Schnittstelle wieder in den SUSPENDED-Zustand bringen.

7.5.2.2 Medium Access Control Layer (MAC)

Der MAC-Layer überträgt Frames (Abb. 7.17) zwischen dem SWP-Master (CLF) und dem SWP-Slave (UICC). Jedes Frame besteht aus einem Start-of-Frame-Zeichen (SOF, '7E'), einer Payload, einer CRC-Prüfsumme und einem End-of-Frame-Zeichen (EOF, '7F') und wird mit dem MSB voran gesendet.

Das Payload-Feld nimmt eine LPDU (Link Protocol Data Unit) des LLC auf. Die CRC-Prüfsumme hat 16 bits und wird mit dem Initialwert 'FFFF' und dem Generatorpolynom $x^{16} + x^{12} + x^5 + 1$ gebildet. Um das Payload- und das CRC-Feld von SOF und EOF abzugrenzen wird Bitstuffing durchgeführt. Das bedeutet, dass der Sender nach fünf aufeinander folgenden logischen Einsen ('1'b) eine

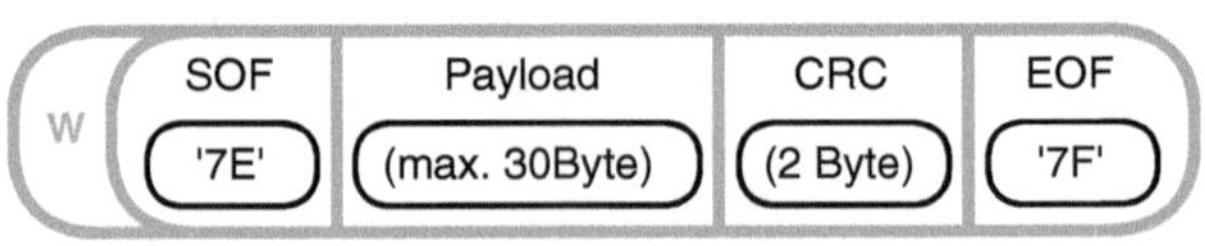

Abb. 7.17 Ein Frame des SWP besteht aus einem Start-of-Frame-Zeichen (SOF), maximal 30 Datenbytes (Payload), einer CRC-Prüfsumme und einem End-of-Frame-Zeichen (EOF). Bei der Übertragung von Slave zum Master wird jedem Frame ein Wakeup-Bit ('1'b) vorangestellt

zusätzliche logische Null ('0'b) einfügt. Ausgenommen von dieser Regel ist der Fall, wenn die letzten fünf Bytes des CRC-Felds den Wert '11111'b haben. Bei der Frameübertragung von der UICC zum CLF wird jedem Frame ein Wakeup-Bit vorangestellt. Dabei handelt es sich um eine logische Eins. Diese entspricht dem Aktivierungssignal und stellt sicher, dass die SWP-Schnittstelle im ACTIVATED-Zustand ist.

7.5.2.3 Logical Link Control Layer (LLC)

Die auf der LLC-Ebene übertragenen Datenpakete werden als LPDUs (Link Protocol Data Units) bezeichnet. Der LLC-Layer unterstützt drei Kommunikationsprotokolle und damit auch drei verschiedene LPDU-Typen (Abb. 7.18):

- ACT (*Activation Protocol*),
- CLT (*Contactless Tunneling Protocol*) und
- SHDLC (*Simplified High Level Data Link Control Protocol*).

Das *Activation Protocol* (ACT) besteht aus Befehlen zur Aktivierung und Initialisierung der SWP-Schnittstelle zwischen dem CLF und der UICC. Zu den wesentlichen Aufgaben zählen die eindeutige Identifikation der UICC durch die 16-bit SYNC_ID und die Einstellung des Energieversorgungsmodus.

Mit dem *Contactless Tunneling Protocol* (CLT) lassen sich Daten der Sicherungsschicht von kontaktlosen Protokollen, wie ISO/IEC 14443-3 Typ A und ISO/IEC 18092, direkt über das Single Wire Protocol tunneln. Die Antikollision und Aktivierung werden dabei vom CLF, ohne CLT-Übertragung, durchgeführt. Die Daten der Sicherungsschicht, d. h. vor der Modulation bzw. nach der Demodulation, werden als CLT-Payload übertragen. Dabei wird das Byte-Alignment, also die Anordnung der einzelnen Bits, an das SWP (MSB voran) angepasst. Für Protokolle,

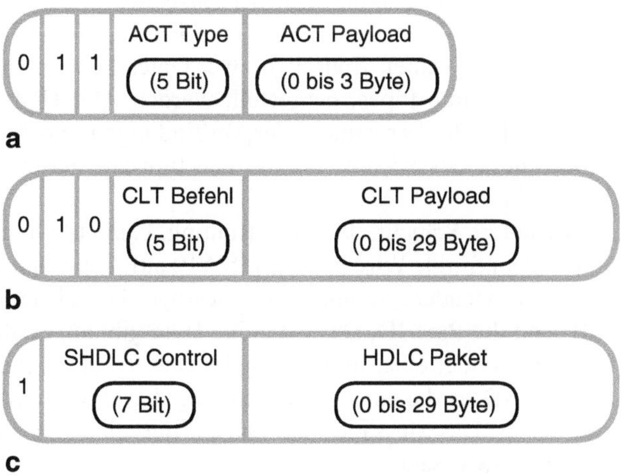

Abb. 7.18 LPDU-Aufbau für die drei Protokolle des SWP-LLC: **a** ACT, **b** CLT und **c** SHDLC. (Quelle: [22])

die Daten mit dem LSB voran senden, kehrt das CLT daher jeweils für Blöcke zu acht Bits die Bitreihenfolge um.

Das *Simplified High Level Date Link Control Protocol* (SHDLC) ist eine vereinfachte Version des HDLC (ISO/IEC 13239 [24]). Durch Maßnahmen zur Flusskontrolle, Fehlererkennung und Fehlerkorrektur wird eine fehlerfreie, reihenfolgengetreue Übertragung von HDLC-Paketen garantiert. Auf dem SHDLC-Protokoll setzt das *Host Controller Interface* (HCI) auf.

7.5.3 Host Controller Interface (HCI)

Das Host Controller Interface (HCI) ist ein High-Level-Protokoll zur Kommunikation mit dem NFC-Controller. Es wurde in ETSI TS 102 622 [23] spezifiziert. Während das Kommunikationsprotokoll in erster Linie die Kommunikation zwischen der UICC und dem NFC-Controller vorsieht, ist es nicht ausschließlich auf diese Verbindung beschränkt.

Der NFC-Controller steht grundsätzlich im Mittelpunkt der Kommunikation und hält sternförmig physikalische Verbindungen zu den anderen Teilnehmern. Diese Teilnehmer können, neben der UICC, andere Secure Elements oder der Basisbandcontroller sein. Weil der NFC-Controller im Mittelpunkt der Kommunikation steht und damit Kontrolle über die Verbindungen zu allen anderen HCI-Hosts hat, wird er in der HCI-Spezifikation als *Hostcontroller* bezeichnet. Den Host- bzw. Basisbandcontroller des Mobiltelefons nennt die Spezifikation hingegen Terminal-Host. Diese abweichenden Bezeichnungen tragen oft zur Verwirrung bei und erwecken gelegentlich den Anschein, dass das HCI-Protokoll ausschließlich für die Kommunikation zwischen dem Basisbandcontroller und der UICC zuständig ist. Im Weiteren werden die Bezeichnungen „HCI-Controller“ (für den Hostcontroller des HCI) und „Basisbandcontroller“ verwendet um eventuelle Mehrdeutigkeiten auszuschließen.

Das HCP (*Host Controller Protocol*) ist in zwei Ebenen gegliedert: HCP-Routing und HCP-Messaging. Auf der Basis des HCP setzt die logische Funktion des HCI auf: Jeder Teilnehmer (Host) hat mehrere logische Endpunkte. Diese werden als Gates bezeichnet. Zwischen zwei Gates können logische Kommunikationskanäle, sogenannte Pipes, hergestellt werden. Der HCI-Controller ist, als zentrales Element, für die Verwaltung der Verbindungen und für das Routing zwischen den Teilnehmern des HCI zuständig. Die typische Struktur des HCI ist in Abb. 7.19 dargestellt.

Die untere Schicht, das HCP-Routing, baut auf einer physikalischen Schnittstelle, wie dem Single Wire Protocol (SWP) auf. Die Datenpakete (Abb. 7.20) bestehen aus einem Headerbyte und einer Message. Der Header enthält das Chaining Byte (CB) und die Pipe-ID. Das Chaining Byte gibt an, ob das Paket eine neue Message beginnt (0) oder eine, im vorhergehenden Paket, begonnene Message fortsetzt (1). Die Pipe-ID ist die eindeutige Kennung der logischen Verbindung (Pipe) zwischen zwei Gates. Das Message-Feld transportiert eine ganze HCP-Message oder den Teil einer HCP-Message.

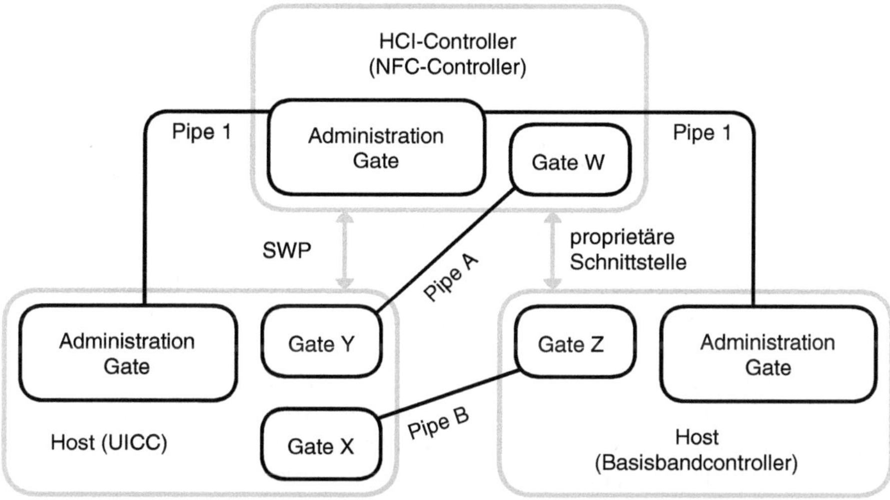

Abb. 7.19 Physikalischer und logischer Aufbau des Host Controller Interface (HCI). Um die Abbildung zu vereinfachen wurde nur ein administratives Gate eingezeichnet. Für den Betrieb des HCI sind noch weitere administrative Gates notwendig

Das HCP-Messaging ist die zweite Schicht des HCP. Es ist für den Transport von Befehlen, Befehlsantworten und Events zuständig. Eine Message (Abb. 7.20) besteht aus einem Headerbyte und den Daten. Der Header setzt sich aus dem Instruktionstyp (Type, 2 bits) und dem Instruktionscode (Instruction, 6 bits) zusammen. Die Instruktion kann ein Befehl (Type 0), ein Event (Type 1) oder eine Befehlsantwort (Type 2) sein. Je nach dem, welche Instruktion übertragen wird, enthält das Datenfeld entsprechende Parameter und Daten.

Jeder HCI-Host hat mehrere logische Endpunkte, die Gates. Es gibt verschiedene Arten von Gates für verschiedene Aufgaben im Protokollablauf. Zum einen können diese Gates administrative Aufgaben im Protokollablauf haben und zum anderen können diese Gates für bestimmte Funktionen des Hosts zuständig sein. Es gibt vier Arten von administrativen Gates:

- Das *Link Management Gate* ist für die ist für die Kontrolle der niedrigeren Protokollebenen zuständig. Im HCI-Controller führt dieser Endpunkt zusätzlich eine Liste aller Teilnehmer.

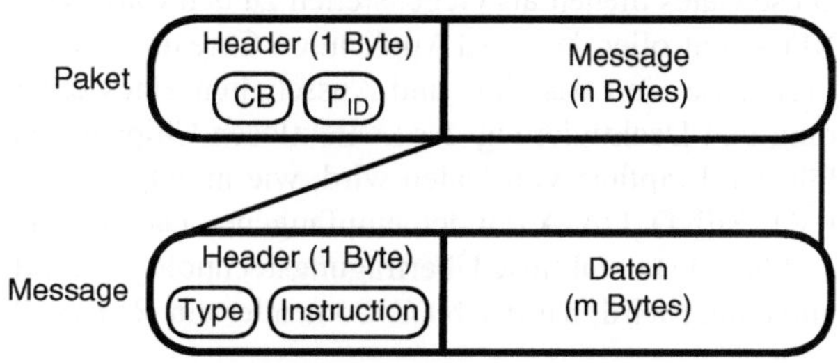

Abb. 7.20 Aufbau der Datenstrukturen zur Übertragung mit dem HCP

- Das *Administration Gate* verwaltet die Pipes zwischen den verschiedenen Endpunkten und den Zugriff auf die einzelnen Hosts. Dieses Gate unterstützt spezielle Befehle und Events, mit denen dynamische Pipes auf- und abgebaut werden können.
- Das *Identity Management Gate* enthält Informationen über die die verwendete Hardware und Software. Zudem wird eine Liste aller hostspezifischen Gates geführt.
- Das *Loop Back Gate* dient zum Test des HCI-Netzwerks.

Jedes Gate unterstützt einen bestimmten Befehlssatz und hat eine Tabelle mit Parametern, die sogenannte Registry. Die Parameter sind Eigenschaften des Gates bzw. der Funktionen hinter dem Gate. Für jede Pipe wird eine separate Instanz dieser Registry geführt. Beim Aufbau der Pipe werden die Parameter mit ihren Standardwerten belegt. Wenn eine Pipe gelöscht wird, dann wird auch die entsprechende Instanz der Registry gelöscht. Die Parameter können über allgemeine Befehle, die für jedes Gate gültig sind, gelesen und geschrieben werden.

Für die Card-Emulation-Funktion und die Reader/Writer-Funktion des NFC-Controllers definiert die HCI-Spezifikation eine Reihe von Gates:

- *Card RF Gates*,
- *Card Application Gates*,
- *Reader RF Gates*,
- *Reader Application Gates* und
- *Connectivity Gate*.

Für jede kontaktlose Übertragungstechnologie, für die der Card-Emulation-Modus unterstützt wird, hat der NFC-Controller ein *Card RF Gate*. Die Registry dieses Gates enthält die Parameter der emulierten kontaktlosen Chipkarte. Für die Technologie NFC-A umfassen diese Einstellungen u. a. die UID, das Select Acknowledge (SAK) und die Answer-to-Request (ATQA). Mit diesen Parametern kann der NFC-Controller selbstständig am Antikollisionsverfahren teilnehmen. Zudem lassen sich die Schnittstellen ein- und ausschalten und allgemeine Eigenschaften wie die Übertragungsrate einstellen. Zum Austausch von Daten haben Card RF Gates das Event EVT_SEND_DATA. Mit diesem Event wird der NFC-Controller darüber benachrichtigt, dass Daten über die HF-Schnittstelle zu senden sind. Die Daten werden als Parameter des Events gesendet.

Der emulierende HCI-Host, also die UICC oder ein anderes Secure Element, implementiert für jede unterstützte NFC-Technologie ein *Card Application Gate*. Diese Gates dienen als Gegenstellen zu den Card RF Gates. Über Events kann der NFC-Controller das Card Application Gate über Ereignisse benachrichtigen. Diese Ereignisse sind das Ein- und Ausschalten eines externen HF-Felds, die Aktivierung und Deaktivierung der kontaktlosen Chipkarte und der Empfang von Daten. Für den Empfang von Daten wird, wie in entgegen gesetzter Richtung, das Event EVT_SEND_DATA mit den empfangenen Daten als Parameter verwendet.

Für jede kontaktlose Übertragungstechnologie, für die der Reader/Writer-Modus unterstützt wird, hat der NFC-Controller ein *Reader RF Gate*. Die Registry dieses

Gates enthält Parameter des Lesegeräts und einer detektierten kontaktlosen Chipkarte. Für die Technologie NFC-A umfassen diese Informationen wiederum u. a. UID, SAK und ATQA. Diese Parameter erhält der NFC-Controller während dem Antikollisionsverfahren. Als Parameter des Lesegeräts lässt sich die Übertragungsrate einstellen. Zum Austausch von Daten mit der kontaktlosen Chipkarte haben Reader RF Gates den Befehl WR_XCHGDATA. Mit diesem Befehl werden Daten für die kontaktlose Chipkarte an den NFC-Controller gesendet. Die Befehlsantwort enthält die Antwortdaten der kontaktlosen Chipkarte.

Der HCI-Host mit der Reader/Writer-Anwendung implementiert für jede unterstützte NFC-Technologie ein *Reader Application Gate*. Diese Gates dienen als Gegenstellen zu den Reader RF Gates. Über ein Event kann der NFC-Controller das Reader Application Gate benachrichtigen, sobald eine kontaktlose Chipkarte erkannt wurde.

Ein weiteres Gate ist das *Connectivity Gate*. Dieses Gate ist typischerweise im Basisbandcontroller. Es kann von der UICC oder einem anderen Secure Element dazu verwendet werden, um den Basisbandcontroller über Ereignisse, wie zum Beispiel über Transaktionen mit einer Smartcard-Anwendung, zu benachrichtigen.

7.5.4 NFC Controller Interface (NCI)

Beim Host Controller Interface (HCI) steht die Kommunikation zwischen UICC und NFC-Controller im Vordergrund. Ebenso kann auch der Basisbandcontroller an der HCI Kommunikation teilnehmen. Es sind sogar schon erste NFC-Controller mit Unterstützung für das HCI verfügbar, die das HCI sowohl für die Kommunikation mit der UICC als auch mit dem Basisbandcontroller einsetzen. Ein Beispiel für einen solchen NFC-Controller ist der PN544 der Firma NXP Semiconductors.

Weil das HCI allerdings für die Kommunikation zwischen NFC-Controller und UICC entwickelt wurde, ist es nicht so optimal für die Kommunikation mit dem Basisbandcontroller geeignet. Aus diesem Grund spezifiziert das NFC Forum das *NFC Controller Interface* (NCI). Diese Schnittstelle wird speziell auf die Bedürfnisse der Kommunikation zwischen NFC-Controller und Basisbandcontroller ausgelegt. Das NCI befindet sich momentan (Anfang 2010) noch in einer frühen Entwicklungsphase: Bisher wurden Anforderungen an das NCI definiert und derzeit wird ein erster Entwurf des Standards entwickelt.

7.6 Softwareentwicklung für mobile NFC-Geräte

Mobiltelefone bieten für die NFC-Infrastruktur viele Vorteile. So sind sie kontaktlose Smartcard und Lesegerät in einem. Zusätzlich können auch noch im Peer-to-Peer-Modus zwischen einem NFC-Mobiltelefon und einem anderen NFC-Gerät Daten ausgetauscht werden. Sogar für die Verwendung als Ersatz für die vergleichsweise einfache Smartcard bringen mobile NFC-Geräte einen entscheidenden Mehrwert: Zum einen ist das Secure Element über das Mobilfunknetz verwaltbar. Zum anderen kann das Mobiltelefon als Benutzerschnittstelle für die Smartcard-Anwendung genutzt werden. NFC-Anwendungen haben mit dem Mobiltelefon eine multifunktionale Plattform mit einer Benutzerschnittstelle und zahlreichen Kommunikationsschnittstellen. Aktuelle Mobiltelefone sind üblicherweise zumindest mit einer GSM- bzw. UMTS-Schnittstelle und Bluetooth ausgestattet. Dadurch können sie Daten mit anderen Bluetooth-Geräten austauschen, Mobilfunkdienste wie SMS und MMS nutzen und sogar auf das Internet zugreifen.

Um diese Dienste in NFC-Anwendungen einzusetzen sind einheitliche Programmierschnittstellen notwendig. Die folgenden Abschnitte beschreiben eine Auswahl dieser APIs.

7.6.1 Java Micro Edition (Java ME)

Java ist eine objektorientierte Programmiersprache mit C++-ähnlicher Syntax. Sie wurde von Sun Microsystems entwickelt. Java-Programme werden zu Java-Bytecode kompiliert und anschließend von einer *Java Virtual Machine* (JVM) interpretiert. Der große Vorteil dieser Programmiersprache liegt darin, dass kompilierte Java-Programme plattformunabhängig sind. Das bedeutet, dass sie auf jeder Hardware und unter jedem Betriebssystem ausgeführt werden können, solange eine JVM verfügbar ist („*Write once, deploy anywhere*“ [27]). Die Programmiersprache Java hat fünf wesentliche Entwicklungsziele [4]:

- einfach, objektorientiert und bekannte Syntax,
- robust und sicher,
- plattformunabhängig und portabel,
- hohe Performance,
- interpretiert, Multithreading fähig und dynamisch.

Diese Eigenschaften haben zu einer weiten Verbreitung der Java-Technologie geführt.

Es gibt derzeit vier Varianten der Java-Plattform:

- Java Card,
- Java Platform, Micro Edition (Java ME, vormals J2ME),
- Java Platform, Standard Edition (Java SE, vormals J2SE) und
- Java Platform, Enterprise Edition (Java EE, vormals J2EE).

Die Varianten unterscheiden sich in ihrem Funktionsumfang und in ihrer Zielplattform. Java SE ist die Standardversion von Java für Einzelplatzrechner. Java EE erweitert die Funktionalität von Java für Geschäfts- und Internetumgebungen. Java Card ist eine sehr eingeschränkte Java-Plattform die an die speziellen Anforderungen von Smartcards maßgeschneidert wurde. Dementsprechend bestehen auch nur mehr wenige Gemeinsamkeiten mit den anderen Java-Plattformen.

Auch Java ME ist eine reduzierte Version der Standard-Java-Plattform. Sie ist speziell an die Anforderungen von Embeddedsystemen angepasst. Der Funktionsumfang der Java ME Virtual Machine und der Java ME API wird durch Konfigurationen und Profile festgelegt. Das System aus Konfigurationen und Profilen garantiert die Portabilität von Java-Programmen: Eine Anwendung, die für eine bestimmte Konfiguration-Profil-Kombination entwickelt wurde, ist in jeder Virtual Machine ausführbar, die diese Konfiguration-Profil-Kombination unterstützt.

7.6.1.1 Konfigurationen

Konfigurationen definieren die Laufzeitumgebung für Java ME Anwendungen. Sie legen dazu den Funktionsumfang der Virtual Machine und der Java API für Geräte mit ähnlichen Eigenschaften fest. Eine Konfiguration kann die Funktionen, im Vergleich zu Java SE, sowohl einschränken, als auch für die speziellen Anforderungen der Geräte erweitern.

Java ME hat zwei Konfigurationen:

- die *Connected, Limited Device Configuration* (CLDC, JSR 30, JSR 139) und
- die *Connected Device Configuration* (CDC, JSR 36, JSR 218).

Beide Konfigurationen sind für sogenannte Connected Devices, d. h. für Geräte mit Netzwerkanbindung (z. B. GSM, WLAN), vorgesehen. Die CLDC wurde für Geräte mit starken Einschränkungen in Bezug auf die Energieversorgung, den Speicherplatz und die Netzwerkbandbreite entwickelt [31]. Zu dieser Gruppe von Geräten gehören unter anderem auch viele Mobiltelefone und PDAs. Während die CLDC [31] viele Java SE Funktionen streicht, wird die Java API um das *Generic Connection Framework* (GCF) ergänzt. Das GCF abstrahiert den Zugriff auf Dateien und Kommunikationsverbindungen. Es definiert Schnittstellen für die unidirektionale und bidirektionale zeichenbasierte Übertragung sowie für die paketbasierte Übertragung. Instanzen von Kommunikationsverbindungen werden über die Methode `Connector.open(Target)` erzeugt. Dabei gibt `Target` das Ziel der Verbindung bzw. die Datei als URI an.

Die CDC [30] umfasst alle Funktionen der CLDC und hat im Vergleich zu Java SE weniger Einschränkungen als die CLDC. Die CDC wurde für weniger eingeschränkte Embeddedsysteme entworfen. Dazu zählen etwa Geräte mit mehr Speicherplatz, schneller Netzwerkverbindung und fester Stromversorgung.

7.6.1.2 Profile

Profile erweitern Konfigurationen um anwendungsspezifische Klassen die in den Konfigurationen noch nicht enthalten sind. Ein Beispiel dafür ist die Benutzerschnittstelle. Dabei wird festgelegt, welche Teile dieser Programmierschnittstelle eine kompatible Laufzeitumgebung unterstützen muss, und welche Teile optional sind. So lässt sich sicherstellen, dass eine Applikation, die für ein bestimmtes Profil entwickelt wurde, auch auf allen Virtual Machines ausführbar ist, die dieses Profil unterstützen. Neben der API können Profile auch den Aufbau von Anwendungen und die Vorgänge zur dynamischen Installation und Deinstallation von Applikationen definieren.

NFC-Mobiltelefone sind typischerweise Connected, Limited Devices und unterstützen daher die CLDC. Für diese Konfiguration ist das *Mobile Information Device Profile* (MIDP, JSR 37, JSR 118, JSR 271) definiert. Ein MID (*Mobile Information Device*) ist ein mobiles Gerät bzw. ein Handheld, bei dem die Benutzerinteraktion im Vordergrund steht. Das MIDP [10] ist für Geräte vorgesehen, die zumindest

- ein monochromes Display mit der Auflösung 96 Pixel mal 54 Pixel,
- eine Möglichkeit für Benutzereingaben (Ziffern-Tastatur, Zweihand-Tastatur oder Touchscreen),
- eine bidirektionale, drahtlose Netzwerkschnittstelle und
- eine Möglichkeit zur Audiowiedergabe

haben. Die MIDP-Spezifikation definiert eine minimale Schnittstelle um die Portabilität von Anwendungen zwischen verschiedenen MIDs zu gewährleisten. Die Schnittstelle umfasst [10]:

- die dynamische Verteilung, von Applikationen,
- den Lebenszyklus von Applikationen,
- die Signatur von Anwendungen und das Berechtigungsmodell,
- die PushRegistry,
- die Netzwerkverbindungen,
- den persistenten Datenspeicher,
- die Audiowiedergabe,
- die Timer und
- die Ein- und Ausgabeschnittstelle zum Benutzer.

Weiterführende Informationen zu den Themen Java ME und Mobile Information Device Profile findet man in [11, 27, 29].

7.6.1.3 MIDlet

Ein *MIDlet* ist eine MIDP-Applikation und ist mit Java SE Applets vergleichbar. Eine solche Applikation wird von der abstrakten Basisklasse MIDlet abgeleitet und muss zumindest einen öffentlichen Konstruktor und die öffentlichen Methoden `startApp`, `pauseApp` und `destroyApp` implementieren. Nach der Installation wird der Lebenszyklus des MIDlets über den Konstruktor und diese drei Methoden gesteuert:

- Wenn das MIDlet gestartet wird, erstellt die Applikationsverwaltung eine neue Instanz des MIDlets indem sie den Konstruktor aufruft.
- Wenn die Applikationsverwaltung dazu bereit ist das MIDlet auszuführen, wird die Methode `startApp` aufgerufen. Das MIDlet hat dann die Möglichkeit, alle notwendigen Ressourcen zu reservieren und seine Arbeit aufzunehmen.

- Wenn die Applikationsverwaltung die Ausführung unterbrechen möchte (z. B. weil die limitierten Ressourcen des Geräts für eine andere Anwendung benötigt werden), ruft sie die Methode `pauseApp` auf. Das MIDlet gibt dann so viele Ressourcen wie möglich frei. Die Applikationsverwaltung des Geräts kann die Ausführung zu einem späteren Zeitpunkt mit `startApp` fortsetzen.
- Zum Beenden des MIDlets ruft die Applikationsverwaltung die `destroyApp`-Methode auf. Daraufhin speichert das MIDlet alle Einstellungen und gibt alle seine Ressourcen frei.

Eine Anwendung kann aus einem oder mehreren MIDlets bestehen. Alle Klassen und sonstigen Daten einer Anwendung werden in einer JAR-Datei, der *MIDlet Suite*, verpackt. Zu einer MIDlet Suite gibt es auch eine JAD-Datei, den Application Descriptor. Über diesen erhält ein javafähiges Gerät, auch ohne die JAR-Datei selbst zu kennen, bereits wesentliche Informationen über eine Anwendung. So lassen sich damit Anwendungsparameter festlegen oder digitale Signaturen der JAR-Datei durchführen.

Die MIDlets einer MIDlet Suite haben Zugriff auf die in der MIDlet Suite enthaltenen Klassen und auf die API der Laufzeitumgebung. Die einzelnen MIDlet Suites sind vollständig von einander abgeschottet. Daher ist kein Zugriff auf Klassen einer anderen MIDlet Suite erlaubt.

MIDlets einer MIDlet Suite dürfen nicht immer automatisch auf die gesamte Java API eines Geräts zugreifen. Vielmehr kann der Zugriff auf Teile der Programmierschnittstelle durch Zugriffsberechtigungen geregelt werden. Um eine geschützte API zu verwenden, muss die MIDlet Suite über eine geeignete Zugriffsberechtigung verfügen. Als vertrauenswürdig eingestufte MIDlet Suites (z. B. durch die Signatur mit einem vertrauenswürdigen Zertifikat) können solche Berechtigungen anfordern. Hingegen sind Zugriffe auf solche Teile der API mit nicht-vertrauenswürdigen MIDlets nur nach einer expliziten Bestätigung durch den Benutzer oder überhaupt nicht möglich.

Ein detaillierterer Einblick in die MIDlet-Programmierung für NFC-Mobiltelefone wird in Kap. 10 geboten.

7.6.1.4 JSR 177

JSR 177 [8] spezifiziert die *Security and Trust Services API* (SATSA). Diese optionale Programmierschnittstelle ermöglicht die Integration von Secure Elements in Java ME Applikationen. Mit Hilfe dieser API können Java ME Applikationen daher die sichere Ausführungsumgebung, die kryptografischen Operationen und den sicheren Datenspeicher des Secure Elements benutzen.

Die SATSA besteht aus vier Teilpaketen:

- SATSA-APDU,
- SATSA-JCRMI,
- SATSA-PKI und
- SATSA-CRYPTO.

SATSA-APDU und SATSA-JCRMI sind Schnittstellen zur Kommunikation mit Smartcard- bzw. Secure Element-Applikationen. Dabei ermöglicht SATSA-APDU die Kommunikation mit beliebigen Secure Elements auf der Basis von APDUs nach ISO/IEC 7816-4. Hingegen ermöglicht SATSA-JCRMI die Interaktion mit Java Cards über die *Java Card Remote Method Invocation* (JCRMI). SATSA-PKI ist die Schnittstelle zum Zertifikatspeicher und zu den Signaturfunktionen des Secure Elements. SATSA-CRYPTO stellt einen Teil der Java SE Cryptography API für Java ME Anwendungen bereit.

7.6.1.5 JSR 257

JSR 257 [9] spezifiziert die *Contactless Communication API*. Dabei handelt es sich um eine optionale Programmierschnittstelle für Java ME Konfigurationen ab der CLDC. Die Contactless Communication API ermöglicht den Zugriff auf kontaktlose Tags, Smartcards und Barcodes.

Die Programmierschnittstelle ist in fünf Teilpakete gegliedert:

- gemeinsame Schnittstelle (javax.microedition.contactless),
- NDEF-Paket (javax.microedition.contactless.ndef),
- RFID-Tag-Paket (javax.microedition.contactless.rf),
- Smartcard-Paket (javax.microedition.contactless.sc) und
- Visual-Tag-Paket (javax.microedition.contactless.visual).

Das NDEF-Paket ist die Schnittstelle zu NDEF-Datenträgern. Das RFID-Tag-Paket ermöglicht die Kommunikation mit beliebigen RFID- bzw. NFC-Tags. Das Smartcard-Paket erlaubt den APDU-basierten Zugriff auf kontaktlose Smartcards nach den Normen ISO/IEC 14443-4 und ISO/IEC 7816-4. Mit dem Visual-Tag-Paket lassen sich Barcodes erstellen und auslesen. Die gemeinsame Schnittstelle enthält Klassen und Interfaces für alle kontaktlosen Targets (Tags, Smartcards, Barcodes).

Die Contactless Communication API deckt den Reader/Writer-Modus ab. Der Programmfluss solcher Applikationen ist ereignisbasiert. Das bedeutet, Anwendungen können Benachrichtigungen über bestimmte Ereignisse, wie beispielsweise die Erkennung eines RFID- oder NFC-Tags, anfordern. Sobald ein Ereignis eintritt, wird eine Methode („Listener") der Applikation aufgerufen. Neben der Erkennung kontaktloser Chipkarten sind auch Benachrichtigungen über Aktivitäten im Card-Emulation-Modus möglich. Der Peer-to-Peer-Modus wird hingegen in Version 1.1 der Programmierschnittstelle noch nicht unterstützt.

7.6.1.6 PushRegistry und JSR 257

Die PushRegistry ist eine Funktion des MIDP 2.0. Normalerweise werden MIDlets durch den Benutzer gestartet. Mit der PushRegistry lassen sich Anwendungen eventbasiert starten. Das bedeutet, dass ein MIDlet für ein bestimmtes Ereignis, wie zum Beispiel Aktivitäten der NFC-Hardware, registriert werden kann. Sobald das Ereignis eintritt, wird die Anwendung gestartet und der entsprechende Listener ausgelöst. Durch die PushRegistry muss nicht jede Anwendung, die auf ein Ereignis wartet, ständig aktiv sein. So kann die Speicherauslastung des mobilen Geräts minimiert werden. Ein MIDlet wird in der PushRegistry entweder über den Application Descriptor der MIDlet Suite oder über das MIDlet selbst registriert.

JSR 257 sieht zwei PushRegistry-Mechanismen vor: NDEF-Records und Secure Element Transaktionen.

NDEF-Records

Eine Anwendung kann bei der Detektion bestimmter NDEF-Record-Typen gestartet werden. Nach dem Start muss die Anwendung sofort einen Listener für NDEF-Records registrieren, um das Ereignis und die auslösende NDEF-Message zu empfangen.

Die PushRegistry für NDEF-Records kann auf der NDEF Record Handling Architecture (Abb. 7.21, [17]) aufbauen. Die Record Handling Architecture ist nicht auf Java-Anwendungen beschränkt, sondern wird überall dort eingesetzt, wo Anwendungen auf den Empfang von NDEF-Records reagieren müssen. Die Record Handling Architecture besteht aus mehreren Verarbeitungsebenen: Zunächst werden die NDEF-Daten von der NFC-Hardware empfangen. Der NDEF-Parser verarbeitet die NDEF-Records. Je nach Typ der Records weist der Record Dispatcher die Records einem Record-Handler zu. Der Application-Launcher startet daraufhin eine bestimmte Anwendung, die mit dem Record-Typ verknüpft ist. Auf diese Weise können sowohl Standardanwendungen des Mobiltelefons, als auch PushRegistry-Anwendungen gestartet werden.

Tabelle 7.2 listet einige NDEF-Record-Types, die auf Nokia-Mobiltelefonen bereits mit Standardanwendungen verknüpft sind. Visitenkarten-Records, Kalendereintrag-Records und Smartposter-Records können dabei nicht über die PushRegistry mit einer benutzerdefinierten Anwendung verbunden werden.

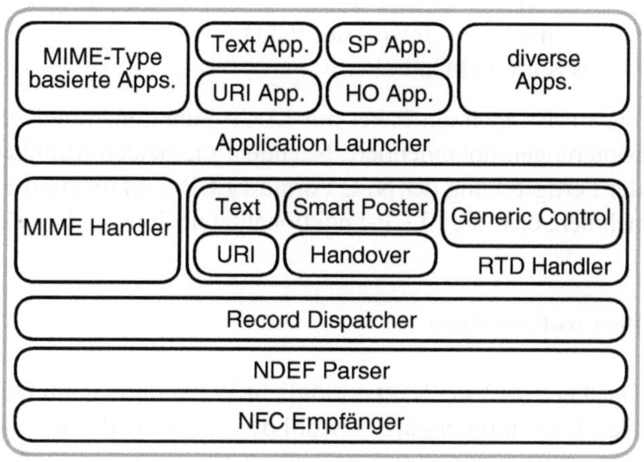

Abb. 7.21 Die NDEF Record Handling Architecture kann zur Verarbeitung und Reaktion auf empfangene NDEF-Records verwendet werden [17]

Tab. 7.2 Liste der NDEF-Record-Types, die auf Nokia-Mobiltelefonen mit Standardanwendungen verknüpft sind

TNF	Type-Name	Verwendung
MIME-Media-Type	text/x-vcard	Visitenkarte
MIME-Media-Type	text/x-vcalendar	Kalendereintrag
NFC Forum Well-known Type	urn:nfc:wkt:Sp	Smartposter
NFC Forum Well-known Type	urn:nfc:wkt:St	SMS-Nachricht (dieser Record-Type ist nicht standardkonform!)
NFC Forum Well-known Type	urn:nfc:wkt:U	URI
NFC Forum External Type	urn:nfc:ext:nokia.com:bt	Bluetooth-Verbindungsaufbau zum Ausdruck von Bildern

Secure Element Transaktionen

Auch für die Erkennung von Transaktionen am Secure Element kann die PushRegistry verwendet werden. Ein MIDlet kann gestartet werden, sobald Transaktionen mit einer bestimmten Applikation auf einem Secure Element durchgeführt werden. Nach dem Start muss die Anwendung sofort einen entsprechenden Listener registrieren, um das Ereignis und die Identifikation des zugehörigen Secure Elements zu erhalten.

7.6.1.7 Nokia-Erweiterungen zu JSR 257

Die Series 40 Mobiltelefone Nokia 6131 NFC und Nokia 6212 Classic bieten noch einige Ergänzungen zum Funktionsumfang von JSR 257. Dabei ist zu beachten, dass nicht mit jeder Firmware-Version alle Funktionen verfügbar sind. Die Nokia spezifischen Erweiterungen werden in [18, 19] beschrieben. Sie bestehen aus mehreren Teilpaketen für unterschiedliche Kommunikationsaufgaben und aus Ergänzungen zur PushRegistry. Die wichtigsten Teilpakete sind

- das Peer-to-Peer-Paket,
- die NXP MIFARE-Pakete,
- das Innovision Jewel-Tag-Paket und
- das Sony FeliCa-Paket.

Zudem ist noch ein Paket mit LLCP-Funktionen und zugehörigen PushRegistry-Erweiterungen dokumentiert. Nachdem die beiden Mobiltelefone allerdings bereits vor der Fertigstellung der NFC Forum LLCP-Spezifikation ausgeliefert wurden, ist anzunehmen, dass die LLCP-Funktionalität noch nicht dem aktuellen Standard entspricht.

Peer-to-Peer-Paket

Das Peer-to-Peer-Paket ermöglicht Verbindungen im NFCIP-1 Peer-to-Peer-Modus. Das Telefon unterstützt sowohl den Initiator-Modus, als auch den Target-Modus.

NXP MIFARE-Pakete

Die MIFARE-Pakete erlauben den Zugriff auf verschiedene MIFARE-Varianten der Firma NXP Semiconductors.

- Mit dem SimpleTag-Paket ist die Kommunikation mit MIFARE Ultralight Tags bzw. NFC Forum Type 2 Tags möglich. Damit können diese Tags auch für andere als NDEF-Daten verwendet werden. Zudem kann auf die Lock-Bits und den einmal-beschreibbaren Bereich (OTP) zugegriffen werden.
- Das MFStd-Paket enthält eine Reihe von Interfaces und Klassen zum Zugriff auf die Standard-MIFARE-Speicherstrukturen (MIFARE Classic 1k und 4k). Die Kommunikation baut auf den MIFARE-Fähigkeiten der in den Nokia-Mobiltelefonen verwendeten NFC-Controller von NXP Semicoductors auf. Dieser übernimmt auch die Verarbeitung des proprietären Verschlüsselungsalgorithmus CRYPTO1.
- Das DESFire-Paket bietet Klassen und Interfaces zur Interaktion mit MIFARE DESFire Smartcards.

Innovision Jewel-Tag-Paket

Das Jewel-Tag-Paket enthält die Schnittstelle zum Zugriff auf Jewel Tags und Topaz Tags der Firma Innovision bzw. NFC Forum Type 1 Tags. Vergleichbar mit dem SimpleTag-Paket ist auch dieses Paket für andere als NDEF-Daten verwendbar. Zudem kann das Header-ROM ausgelesen und auf Lock-Bits und einmal-beschreibbare Bereiche (OTP) zugegriffen werden.

Sony FeliCa-Paket

Mit dem FeliCa-Paket ist die Kommunikation mit FeliCa Targets ohne Zugriffsschutz der Firma Sony bzw. mit NFC Forum Type 3 Tags möglich.

PushRegistry

Die Erweiterungen zur PushRegistry ermöglichen den automatischen Start von MIDlets auch dann, wenn kontaktlose Targets ohne NDEF-Daten erkannt wurden.

Weitere Besonderheiten

Neben der Unterstützung für verschiedene proprietäre Tagformate und den Erweiterungen zur PushRegistry haben die Nokia-Erweiterungen zu JSR 257 noch weitere Besonderheiten.

So ist neben dem Zugriff auf externe Targets auch ein direkter Zugriff auf das interne Secure Element möglich. So kann auch ohne JSR 177 eine APDU-basierte Verbindung zu Secure Element Applikationen hergestellt werden. Zudem lässt sich der interne MIFARE-Speicher des Secure Elements ansprechen.

Mit der Nokia-Implementierung ist auch die Verwendung von MIFARE Classic als NDEF-Tag-Format möglich. MIFARE Classic verwendet für jeden Sektor einen Zugriffsschlüssel. Für die Verwendung als NDEF-Tags sind einheitliche Leseschlüssel vorgegeben.

Eine dritte Besonderheit stellen die Target-Eigenschaften dar. Für ISO/IEC 14443-4 Smartcards gibt die Eigenschaft „ATS“ die Answer-to-Select an und für NFC Forum Type 3 Tags enthält die Eigenschaft „PrimarySystemCode“ den primären Systemcode des Tags.

7.6.2 Smartcard Webserver

Der *Smartcard Webserver* (SCWS, [26]) ist eine neue Methode um Mobiltelefonanwendungen zu entwickeln. Die Anwendungen werden dabei nicht mehr am Mobiltelefon selbst, sondern direkt auf der UICC ausgeführt. Ein in die Smartcard integrierter HTTP-Server liefert die Benutzerschnittstelle. Diese kann am Mobiltelefon in einem gewöhnlichen Webbrowser dargestellt werden. Dadurch ist die Smartcard-Anwendung auch ohne Installation von zusätzlichen Softwarekomponenten verwendbar. Zudem ist sie Unabhängig von der Mobiltelefonplattform: Während MIDlets eine MIDP-Java-Umgebung benötigen, reicht für eine solche Smartcard-Anwendung ein einfacher Webbrowser, der in jedem gängigen Mobiltelefonbetriebssystem enthalten ist, aus.

Die HTTP-Kommunikation zwischen dem Smartcard-Webserver und dem Mobiltelefon findet entweder direkt über TCP/IP (*Transmission Control Protocol/ Internet Protocol*) oder über das BIP (*Bearer Independend Protocol*, ETSI TS 102 223 [21]) statt.

7.6.3 Windows Mobile und andere Betriebssysteme

NFC am Mobiltelefon ist nicht auf reine Smartcard-Applikationen und Java ME Anwendungen beschränkt. Es sind bereits von mehreren Herstellern NFC Protocol Stacks und APIs für die Betriebssysteme Microsoft Windows Mobile, Linux, und Google Android angekündigt oder sogar schon verfügbar. Dazu zählen unter anderem Trusted NFC der Firma Trusted Logic und Open NFC der Firma Inside Contactless.

Allerdings sind momentan nur sehr wenige NFC-Mobiltelefone auf der Basis dieser Systeme verfügbar. Für verschiedene PDAs gibt es Zusatzmodule wie beispielsweise SDiD der Firma Wireless Dynamics. Die Treiber für das SDIO-Erweiterungsmodul SDiD sind für mehrere PDA-Plattformen verfügbar. Auch für Apples iPhone hat Wireless Dynamics ein RFID/NFC-Erweiterungsmodul, die iCarte, entwickelt.

Dennoch gilt für alle diese Lösungen, dass jede ihre eigenen Treiber und ihre eigene Programmierschnittstelle verwendet. Für die Entwicklung von Mobiltelefonanwendungen für NFC ist daher derzeit, für andere Programmiersprachen als Java, noch keine standardisierte API vorhanden.

7.7 Sicherheitsaspekte

Bei NFC für Mobiltelefone ist das Thema Sicherheit ein entscheidender Faktor. Gerade die Verwendung mobiler NFC-Geräte als elektronische Brieftasche erfordert ein hohes Maß an Sicherheit um die gespeicherten Wertsachen zu schützen. Aber nicht nur Secure Element Aktivitäten sind sicherheitskritisch. Auch beim Auslesen von NFC-Tags ist Vorsicht geboten: So könnten manipulierte NDEF-Tags den Benutzer dazu verleiten, unbeabsichtigte Aktionen auszuführen oder diese sogar selbst ausführen. Solche Aktionen sind zum Beispiel die unbewusste Nutzung von Mehrwertdiensten oder die Installation von Schadsoftware.

Die Gefahren für NFC-Anwendungen sind vielfältig. Die Betrachtung aller Sicherheitsaspekte würde den Rahmen dieses Kapitels bei weitem sprengen. Aus diesem Grund widmet sich dieser Abschnitt nur einigen ausgewählten Themen. Die Wahl der Themen ist dabei an [14] orientiert.

7.7.1 Schaltbare NFC-Funktion

Durch eine einfache Berührung lassen sich verschiedenste Informationen von einem NFC-Tag auf ein NFC-Mobiltelefon übertragen. Eventuell lösen diese Informationen automatisch Aktivitäten des Mobiltelefons aus. Ein Angreifer könnte unter Umständen solche Ereignisse nutzen um den normalen Betrieb eines Mobiltelefons zu stören, SMS-Nachrichten zu versenden oder Schadsoftware zu installieren. Um ein unbeabsichtigtes Auslösen dieser Ereignisse zu verhindern, sollte der Benutzer eine Möglichkeit haben, den Reader/Writer-Modus auszuschalten [14]. Ein solcher Mechanismus könnte, analog zur Tastensperre, durch eine einfache Tastenkombination gesteuert sein.

Beim Nokia 6131 NFC werden beispielsweise NFC-Tags nur dann erkannt, wenn es aufgeklappt ist und die Hintergrundbeleuchtung aktiv ist. Zudem lässt sich die automatische Tag-Erkennung über einen eigenen Menüpunkt vollständig ausschalten.

Nicht nur der unbeabsichtigte Empfang von NDEF-Daten kann sich zum Schaden des Benutzers auswirken. Auch der Card-Emulation-Modus könnte ohne den Willen des Benutzers verwendet werden. Wenn das Secure Element als kontaktlose

Chipkarte verwendet wird, dann lassen sich Transaktionen, wie die Verwendung des Telefons als Kreditkarte oder das Auslesen von Tickets, durch ein einfaches Auflegen des Mobiltelefons auf das Lesegerät durchführen. Am Mobiltelefon selbst ist dazu typischerweise keine Bestätigung erforderlich. Eventuell ist nicht einmal eine PIN-Eingabe am Lesegerät notwendig. Aber auch eine PIN lässt sich eventuell bei vorhergehenden Transaktionen des Benutzers ausspähen. Ein Angreifer könnte nun im Vorbeigehen mit einem speziellen Lesegerät eine kontaktlose Verbindung zu einem Mobiltelefon aufbauen und diese Verbindung beispielsweise zu einem Kreditkartenterminal weiterleiten. So hätte der Angreifer eine Möglichkeit um im Vorbeigehen, als „virtueller Taschendieb“, Geld vom fremden Kreditkartenkonto abzubuchen.

Als wirkungsvolle Schutzmaßnahme gegen diese Form des Angriffs könnte das Mobiltelefon vor jeder Secure Element Transaktion eine Bestätigung durch den Benutzer anfordern. Mit zukünftigen Mobiltelefongenerationen soll das Secure Element allerdings auch bei ausgeschaltetem Mobiltelefon verwendbar sein. In diesem Fall würde nur ein Schalter am Mobiltelefon Abhilfe schaffen [14].

7.7.2 Verbindung zwischen Secure Element und Hostcontroller

Auch Anwendungen am Hostcontroller können mit dem Secure Element kommunizieren. Der Aufbau einer solchen Verbindung ist zum Beispiel aus Java MIDlets über JSR 177 (SATSA) möglich. Durch die Verschlüsselung der Verbindung lässt sich eine Abhörsicherheit gewährleisten, sofern die Applikation im Hostcontroller nicht nach der Entschlüsselung durch andere Hostcontrollersoftware belauscht werden kann. Um sicherzustellen, dass die verschlüsselte Verbindung nicht durch einen „Man-in-the-Middle“ (MITM) abgehört wird, ist zusätzlich eine Authentifikation der Endpunkte des verschlüsselten Kanals notwendig. Die Echtheitsprüfung der Smartcard-Anwendung (bzw. des Secure Elements) ist vergleichsweise einfach, weil die Authentifikation zu den Standardaufgaben einer Smartcard zählt. Für die Authentifikation der Anwendung im Hostcontroller sieht SATSA beispielsweise keine Funktionen vor. Lediglich der Benutzer kann eine Anwendung über eine gesicherte PIN-Eingabe autorisieren.

Die Hostcontroller-Anwendung selbst kann geheime Identifikationsdaten, wie PINs und Kennwörter, nicht sicher speichern. Eine Alternative zur PIN wäre die Signatur der Anwendung. Der Hostcontroller müsste in diesem Fall dem Secure Element eine Möglichkeit bieten, um die Signatur der zugreifenden Anwendung anhand einer Liste vertrauenswürdiger Zertifikate zu prüfen [14].

7.7.3 Sichere Ein- und Ausgabe

Ein weiterer Sicherheitsaspekt ist die Ein- und Ausgabe von Informationen am Mobiltelefon. SATSA sieht zum Beispiel für die sichere PIN-Eingabe einen Modus vor, der nicht von anderen Anwendungen imitierbar ist. Zudem darf keine Anwendung die PIN-Eingabe abhören können. Ebenso ist es für verschiedene NFC-Anwendungen wichtig, dass am Bildschirm ausgegebene persönliche Informationen nicht von Fremdanwendungen aufgezeichnet werden können.

Literatur

[1] Choudhary B, Risikko J: Mobile Device Security Element, Key Findings from Technical Analysis V1.0. Mobey Forum (2005)
[2] EMVCo: EMV Contactless Communication Protocol Specification, V2.0 (Aug 2007)
[3] ETSI: SIM / NFC based mobile services – the future starts here, News Release (Feb 2008)
[4] Gosling J, McGilton H: The Java Language Environment, Whitepaper. Sun Microsystems (Mai 1996)
[5] GSM Association: Mobile NFC Technical Guide, V1.0 (Apr 2007)
[6] GSM Association: Mobile NFC Technical Guide, V2.0 (Nov 2007)
[7] GSM Association: Requirements for Single Wire Protocol NFC Handsets, V2.0 (Nov 2008)
[8] JSR 177 Expert Group: Security and Trust Services API (SATSA), V1.0.1. Specification (Aug 2007)
[9] JSR 257 Expert Group: Contactless Communication API, V1.1. Specification (Jun 2009)
[10] JSR 118 Expert Group: Mobile Information Device Profile, V2.0. Specification (Nov 2002)
[11] Kroll M, Haustein S: J2ME Developer's Guide. Markt+Technik Verlag, München (2003)
[12] Madlmayr G, Dillinger O, Langer J et al. The benefit of using SIM application toolkit in the context of near field communication applications. In: Proceedings of the Sixth International Conference on the Management of Mobile Business, ICMB 2007, pp. 5–9. IEEE Computer Society (2007)
[13] Madlmayr G, Dillinger O, Langer J, Scharinger J: Management of Multiple Cards in NFC-Devices. In: Grimaud G, Standaert FX (Hrsg) Proceedings of the 8th IFIP WG 8.8/11.2 International conference on Smart Card Research and Advanced Applications, CARDIS 2008, pp. 149-161. Springer-Verlag, Berlin (2008)
[14] Madlmayr G, Langer J, Kantner C, Scharinger J: NFC Devices: Security and Privacy. In: Proceedings of the Third International Conference on Availability, Reliability and Security, ARES '08, pp. 642-647. IEEE Computer Society (2008)
[15] Madlmayr G, Langer J, Scharinger J: Managing an NFC Ecosystem. In: Proceedings of the 7th International Conference on Mobile Business, ICMB 2008, pp. 95-101. IEEE Computer Society (2008)
[16] NFC Forum: Essentials for Successful NFC Mobile Ecosystems, Whitepaper (Okt 2008)
[17] NFC Forum: Generic Control Record Type Definition, Rev 1.0. Technical Specification (Mar 2008)
[18] Nokia Corporation: Nokia 6131 NFC JSR-257 Implementation (2006)
[19] Nokia Corporation: Nokia 6212 Classic JSR-257 Implementation (2006)
[20] Norm ECMA-373 (2006): Near Field Communication Wired Interface (NFC-WI)
[21] Norm ETSI TS 102 223 V9.0.0: Smart Cards – Card Application Toolkit (CAT) (Release 9, Okt 2009)
[22] Norm ETSI TS 102 613 V9.0.0: Smart Cards – UICC - Contactless Front-end (CLF) Interface – Part 1: Physical and data link layer characteristics (Release 9, Okt 2009)
[23] Norm ETSI TS 102 622 V7.1.0: Smart Cards – UICC - Contactless Front-end (CLF) Interface – Host Controller Interface (HCI) (Release 7, Jun 2008)
[24] Norm ISO/IEC 13239:2002: Information technology – Telecommunications and information exchange between systems – High-level data link control (HDLC) procedures

[25] Norm ISO/IEC 28361:2007: Information technology – Telecommunications and information exchange between systems – Near Field Communication Wired Interface (NFC-WI)
[26] Open Mobile Alliance: Smartcard-Web-Server, V1.0. Technical Specification (Apr 2008)
[27] Ortiz CE, Giguère E: Mobile Information Device Profile for Java 2 Micro Edition. Wiley, New York (2001)
[28] Reveilhac M, Pasquet M: Promising Secure Element Alternatives for NFC Technology. In: Proceedings of the First International Workshop on Near Field Communication, NFC '09, pp. 75-80. IEEE Computer Society (2009)
[29] Schmatz KD: Java 2 Micro Edition. dpunkt.verlag, Heidelberg (2004)
[30] Sun Microsystems: Connected Device Configuration, V1.1.2. Specification (Aug 2006)
[31] Sun Microsystems: Connected Limited Device Configuration, V1.1. Specification (März 2003)
[32] Sun Microsystems: J2ME Building Blocks for Mobile Devices, Whitepaper (Mai 2000)
[33] Sun Microsystems: JCP 2: Process Document, V2.7 (Mai 2009)
[34] Vedder K: Smart Cards. 2nd ETSI Security Workshop (Jan 2007)

Kapitel 8
Over-the-Air (OTA) Management

In diesem Kapitel werden die Methoden und Spezifikationen für das *Over-the-Air* (OTA) Management der Near Field Communication Technologie erklärt. Durch das OTA-Management werden Anwendungen (Applets) im *Secure Element*, sowie Anwendungen im NFC-Gerät, installiert, personalisiert und gelöscht. Durch den OTA-Manager können Dienstanbieter ihre Anwendungen auf den Telefonen der verschiedenen Mobilfunkbetreiber installieren und ausführen.

8.1 Einleitung

In NFC-Systemen werden die Anwendungen (Applets) von einem zentralen Server zum *Secure Element* eines mobilen Endgerätes *Over-the-Air* (OTA) übertragen. D. h. der Datenaustausch erfolgt über die GSM/UMTS-Schnittstelle eines Mobiltelefons oder eines anderen mobilen Endgeräts, wie z. B. eines Personal Digital Assistants (PDAs). In Abb. 8.1 ist die OTA-Übertragung in einer Übersichtsgrafik dargestellt.

Das Mobiltelefon kommuniziert über den Host-/Basisbandcontroller mit dem Secure Element. Dieses Secure Element ist in der UICC (SIM-Karte), als festes Bauelement im Mobiltelefon oder als austauschbare Smartcard realisiert. In diesem Kapitel wird vor allem von einem in die UICC integrierten Secure Element ausgegangen. In einem Secure Element können mehrere Security Domains angelegt werden. Security Domains sind voneinander abgetrennte Bereiche im Secure Element, die unabhängig voneinander verwaltet werden können. Innerhalb jeder Security Domain werden Applets installiert.

Der Hostcontroller des Mobiltelefons stellt darüber hinaus die Datenverbindung zum OTA-Server her. Dieser verwaltet die Applets des Secure Elements. Über dieses Serversystem werden die Anwendungen im Secure Elements der Mobiltelefone geladen, personalisiert und, bei Bedarf, auch gelöscht. In einem NFC-Ökosystem übernimmt diese Aufgabe der *Trusted Service Manager* (TSM). Eine wichtige Rolle im Lebenszyklus eines Secure Elements nimmt die Organisation GlobalPlatform ein.

J. Langer, M. Roland, *Anwendungen und Technik von Near Field Communication (NFC)*, DOI 10.1007/978-3-642-05497-6_8,

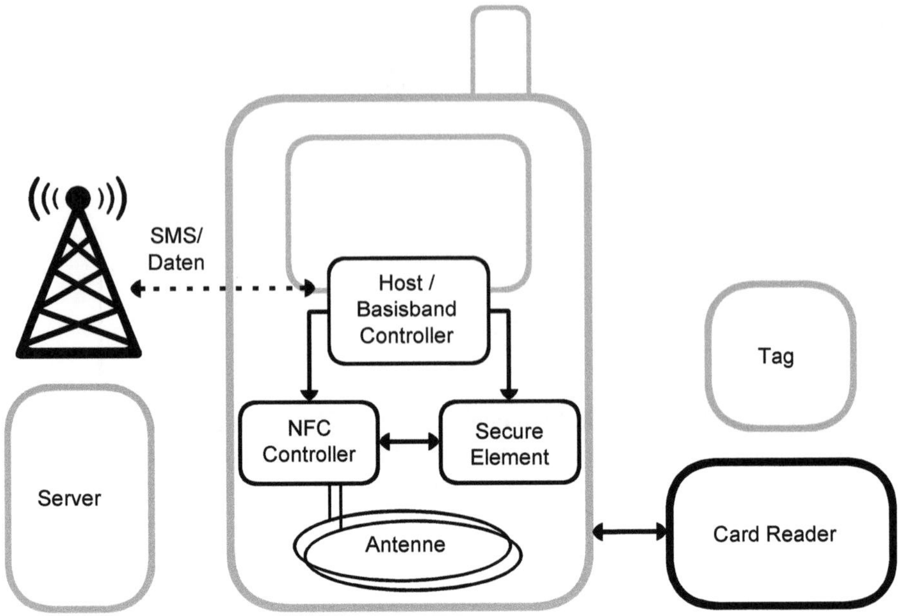

Abb. 8.1 Übersicht über die OTA-Funktion. (Quelle: [4])

8.2 GlobalPlatform

GlobalPlatform ist eine internationale Vereinigung, die technische Spezifikationen für eine offene und interoperable Infrastruktur für Chipkarten, Geräte und Systeme definiert und in Stand hält. Die GlobalPlatform Smartcard-Infrastruktur dient der Vereinfachung und Beschleunigung des Einsatzes von Multi-Applikations-, Multi-Anwender- und Multi-Business-Modell-Implementierungen [2].

Die Spezifikationen von GlobalPlatform sind im Internet frei erhältlich. GlobalPlatform ist eine Non-Profit-Organisation. Im Jahr 2010 waren folgende Unternehmen Vollmitglieder bei GlobalPlatform: Actividentity, American Express, Datacard Group, Ericsson, FeliCa Networks, France Telecom, Gemalto, Giesecke & Devrient, Intercede, MasterCard, NTT, NXP Semiconductors, Oberthur Technologies, Renesas Technology, SEMPERA, ST Microelectronics, Sun Microsystems und Visa.

8.3 Trusted Service Manager

Die Benutzer von NFC-Lösungen werden in naher Zukunft viele Anwendungen auf ihren Mobiltelefonen gespeichert haben: Bezahlen, Fahrkarten für den öffentlichen Personennahverkehr, Karten für Kinos und Veranstaltungen, Kundenkarten, Zutritt zu Firmen und Hotels, sowie viele andere Dienste. Solange diese Anwendungen

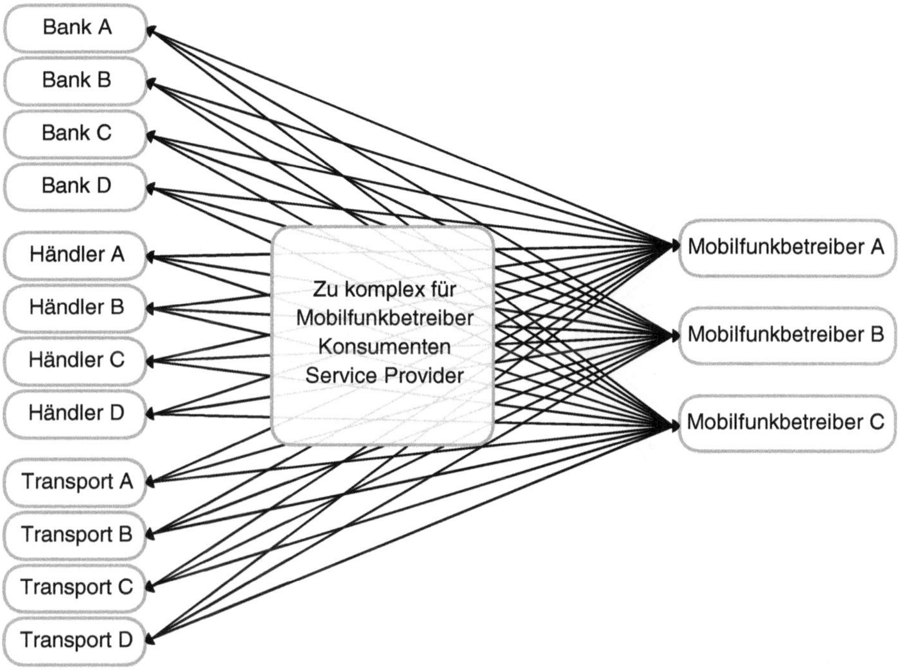

Abb. 8.2 Das NFC-Ökosystem ist ohne den Trusted Service Manager zu komplex und führt zu einem chaotischen Zustand

lokal isoliert sind, wie dies bei den meisten Feldversuchen bisher der Fall war, können die Betreiber des lokalen NFC-Ökosystems diese verwalten. Ist die Anzahl der Dienste und Anwendungen nicht mehr lokal beschränkt und sind diese global verfügbar, ist eine zentrale Stelle für die Verwaltung der Anwendungen nötig. Damit unterschiedliche internationale Mobilfunkbetreiber mit einer Vielzahl von Dienstanbietern zusammenarbeiten können, wird ein interoperables NFC-Ökosystem benötigt.

In Abb. 8.2 ist das Szenario skizziert, in dem Dienstanbieter (Banken, Handelsketten, Transportunternehmer, ...) ihre Anwendungen bei Mobilfunkbetreibern anbieten wollen. Jeder Dienst und jede Anwendung müsste einerseits technisch und andererseits vertraglich mit den jeweiligen Mobilfunkanbietern akkordiert werden. Aus der Grafik ist ersichtlich, dass dies zu einem chaotischen Zustand führt und NFC nur für sehr wenige Dienstanbieter möglich wäre. Die meisten lokalen oder nationalen Anwendungen wären nicht verfügbar. Nur globale Anwendungen, wie Kreditkarten am Mobiltelefon, könnten existieren.

Um dieses Problem zu lösen, führte die GSMA die Rolle des *Trusted Service Managers* (TSM) ein. Der TSM ist das Bindeglied zwischen Mobilfunkoperatoren und Dienstanbietern. Abbildung 8.3 zeigt deutlich, wie die Beziehungen dadurch vereinfacht wurden und wie sich die Komplexität entsprechend reduziert. Der Trusted Service Manager ist zusätzlich für die Sicherheit und die Vertraulichkeit der Daten zuständig.

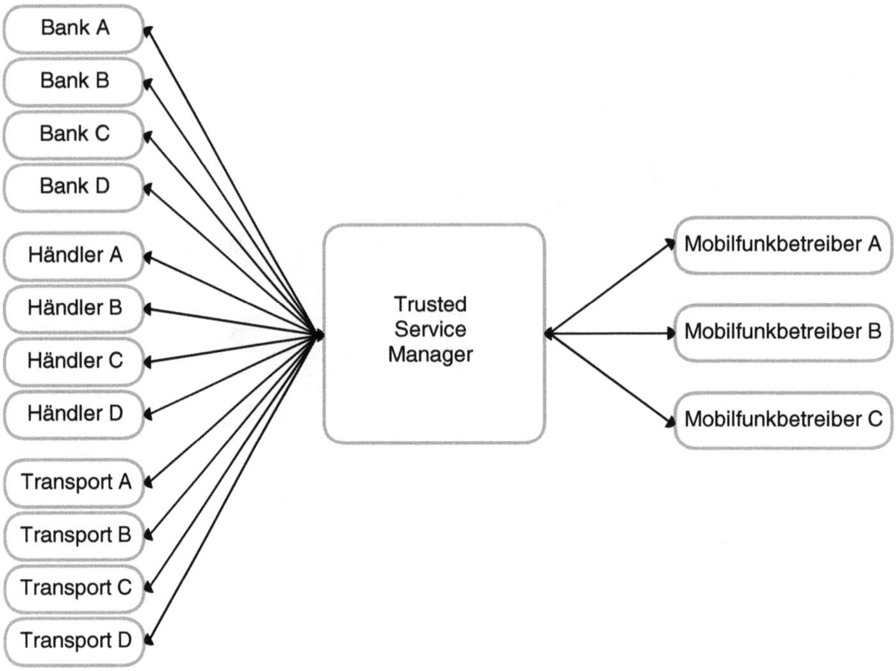

Abb. 8.3 Die Komplexität des NFC-Ökosystems wird durch den Trusted Service Manager deutlich reduziert

In einem NFC-Ökosystem sind folgende Parteien beteiligt, falls das Secure Element in der UICC abgelegt ist:

- Die *Mobilfunkbetreiber* sind die Besitzer der UICCs und werden in vielen Fällen eine OTA-Plattform besitzen.
- Die *Dienstanbieter* sind z. B. Banken, Transportunternehmen, Kinos und Handelsketten. Sie bieten Dienste für die Endkunden an, wobei ihre Anwendungen auf dem Secure Element installiert sind.
- Der *Trusted Service Manager* stellt die Verbindung zwischen Mobilfunkbetreiber und Dienstanbieter her, um Nachrichten auszutauschen und das Management der Anwendungen (Laden, Personalisieren, Löschen) vorzunehmen. Die Basis für das Senden und Austauschen dieser Nachrichten ist die *GlobalPlatform Messaging Specification* [3].

8.4 GlobalPlatform Messaging

Das Hauptziel der *GlobalPlatform Messaging Specification* [3] ist die Standardisierung der wichtigsten Nachrichten, die zwischen Systemen unterschiedlicher Anbieter ausgetauscht werden. Durch diese Standardisierung wird eine Systemintegration erleichtert. Für Nachrichten, die innerhalb eines Systems benötigt werden, liefert GlobalPlatform keine Spezifikationen. Der Leitsatz der GlobalPlatform Messaging Specification ist die Herstellung von Interoperabilität in den Bereichen *Business Data, Business Process* und *Data Exchange.*

Im Bereich Business Data (Geschäftsdaten) werden gemeinsame Begriffe definiert und erklärt.

Der Business Process (Geschäftsprozess) definiert Rollen und Verantwortungen. Eine Rolle ist ein abstraktes Modell, in dem eine Anzahl von Pflichten und Aufgaben definiert wird. Es besteht aus einer vollständigen Liste von Aktionen und Funktionen, die ausgeführt werden müssen. Weiters wird definiert, welche Geschäftsdaten auszutauschen sind.

Im Bereich Data Exchange (Datenaustausch) werden Datenstrukturen und Protokolle festgelegt. Die Nachrichten werden in einer XML-Struktur definiert.

8.5 Rollenverteilung

GlobalPlatform spezifiziert die notwendigen Rollen für den Lebenszyklus von Chipkarten. Für den Lebenszyklus eines Secure Elements in einem NFC-Telefon wurde eine neue Rollenverteilung erarbeitet. Dieses neue Modell erlaubt es den Dienstanbietern, ihre eigenen Anwendungen völlig autonom zu verwalten. Für das Management des Inhalts von vertraulichen Daten ist folgendes vorgesehen:

- sicherer Download der Initial-Schlüssel einer Security Domain unter Verwendung eines Trusted Service Managers,
- sicherer Download der Anwendungen,
- sicheres Senden von Nachrichten an eine Security Domain, um die Anwendung zu personalisieren und zu verwalten.

Um diese Forderungen im Einklang mit der bestehenden GlobalPlatform Spezifikation zu erreichen, wurden einige Anpassungen durchgeführt. Die Aufgaben der *Controlling Authority* (CA) wurden erweitert, um den Austausch mit einer optionalen dritten Partei zu ermöglichen. Die Controlling Authority unterstützt zwei Verantwortungsbereiche und kann von zwei unterschiedlichen Akteuren ausgeführt werden:

- Die Controlling Authority ist verantwortlich für die Kontrolle und Verwaltung einer spezifischen *Controlling Authority Security Domain* und für die Installation der initialen Schlüssel einer Security Domain.
- Der zweite Verantwortungsbereich ist die Kontrolle und Verwaltung einer spezifischen Security Domain für die Aktivierung des *Mandated Data Authentification Pattern.* Dies wird für die digitale Signatur von Applets verwendet.

Weiters wird für NFC-Anwendungen eine *Supplementary Security Domain* (SSD) benötigt. Das ist ein zusätzlicher Sicherheitsbereich, der unabhängig vom bereits definierten Sicherheitsbereich des Kartenherausgebers (*Card Issuer*) ist.

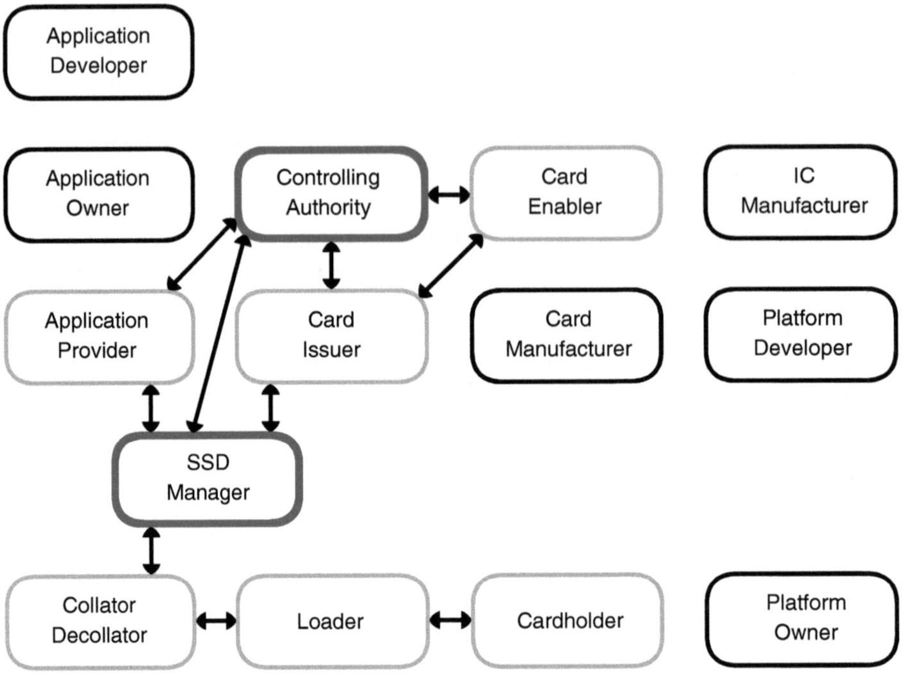

Abb. 8.4 Rollenverteilung des GobalPlatform Messaging. (Quelle: [2])

Der *SSD-Manager* verwaltet eine oder mehrere Security Domains des Secure Elements. Er besitzt die Schlüssel des Secure Channel Protokolls bzw. der Zertifikate, die zu der von ihm verwalteten Security Domain gehören. Der SSD-Manager kann im Auftrag des Dienstanbieters Applikationen laden, installieren und personalisieren.

In Abb. 8.4 sind die Rollen und Zusammenhänge laut GlobalPlatform dargestellt. Die angepassten Rollen *Controlling Authority* und *SSD-Manager* sind in der Abbildung hervorgehoben.

8.5.1 Application Developer

Der *Application Developer* (Anwendungsentwickler) schreibt das Konzept und den Quellcode für die Anwendungen.

8.5.2 Application Owner

Der *Application Owner* (Besitzer der Anwendung) definiert und verwaltet die Anwendung.

8.5.3 Application Provider

Der *Application Provider* (Anbieter der Anwendung) besorgt sich die notwendigen Komponenten, um eine Anwendung auf eine Karte bzw. ein NFC-Telefon zu laden (Anwendungscode, Anwendungsdaten, geheime Schlüssel, Zertifikate, Personendaten). Der Application Provider steht in direkter Geschäftsbeziehung zum Karten- bzw. Telefonbesitzer.

8.5.4 Supplementary Security Domain Manager

Der *Supplementary Security Domain (SSD) Manager* verwaltet die zusätzlichen Sicherheitsbereiche des Secure Elements.

8.5.5 Controlling Authority

Die *Controlling Authority (CA)* verwaltet und organisiert den Austausch von Karteninformationen und Daten mit einer dritten Organisation, falls dies erforderlich sein sollte.

8.5.6 Card Issuer

Der *Card Issuer* (Kartenherausgeber) ist für das Secure Element bzw. die Karte verantwortlich. Er kann die einzige Instanz sein, die das Laden, Installieren, Löschen und Personalisieren von Applets erlaubt. Der Card Issuer kann diese Funktionen auch an eine dritte Person delegieren – z. B. an den SSD-Manager. Zudem ist der Kartenherausgeber für die sichere Produktion, für alle Prozesse vor der Herausgabe und für die Stilllegung der Karte verantwortlich.

8.5.7 Cardholder

Der *Cardholder* (Karteninhaber) erhält die Karte bzw. das Secure Element des NFC-Mobiltelefons. Ein Karteninhaber verwaltet den Inhalt mit der Genehmigung des Kartenherausgebers.

8.5.8 Card Enabler

Der *Card Enabler* führt die Vorpersonalisierungsfunktionen aus – vor allem die initiale Ausstellung, das Anlegen einer Security Domain und falls vorhanden auch das Anlegen der Security Domains von Anwendungsanbietern. Der Card Enabler bereitet das Secure Element für die späteren Anwendungen vor.

8.5.9 Loader

Der *Loader* lädt die Anwendungen in das Secure Element und führt die Personalisierung durch, so wie es der Anwendungsanbieter vorschreibt. Er hält die Sicherheitsrichtlinien des Kartenherausgebers ein. Am Ende des Ladevorganges können noch Security Domain Schlüssel in die Karte geladen werden.

8.5.10 Card Manufacturer

Der *Card Manufacturer* (Kartenhersteller) stellt die Karte so her, wie der Kartenherausgeber dies angefordert hat.

8.5.11 IC Manufacturer

Der *IC Manufacturer* (Chiphersteller) erzeugt die Smartcard-Mikrochips mit einer speziellen ROM-Konfiguration. D. h. es werden bereits vorab bestimmte Daten und Anwendungen (wie auch das Betriebssystem) im unveränderlichen Speicher des Chips abgelegt.

8.5.12 Platform Owner

Der *Platform Owner* definiert und verwaltet die Spezifikationen des Betriebssystems der Karte bzw. des Secure Elements.

8.5.13 Platform Developer

Der *Platform Developer* entwickelt die Smartcards nach den Spezifikationen und Vorgaben des GlobalPlatform Konsortiums.

8.6 OTA Deployment

Alle Anwendungen für die Endkunden werden automatisiert über die GSM- bzw. UMTS-Schnittstelle installiert. Mögliche Anwendungen, die im Secure Element gespeichert werden, sind Kreditkarten, Fahrscheine für den öffentlichen Personennahverkehr, Berechtigungen für Zutrittssysteme, usw. Im NFC-Ökosystem besitzt der Mobilfunkbetreiber (*Mobile Network Operator*, MNO) die UICC mit dem Secure Element und hosted die Anwendungen der Dienstanbieter. Daher kann der Mobilfunkbetreiber entscheiden, welches Geschäftsmodell für ihn passend ist, welche Personalisierungsoptionen die UICC unterstützt und welche Personalisierungsoptionen an die Partner weitergegeben werden. GlobalPlatform schlägt drei Hauptszenarien für die Konfiguration der UICC vor (s. auch Abb. 8.5):

- *Simple Mode*: Das *Card Content Management* (CCM), d. h. das Initialisieren, Personalisieren, Verwalten und Löschen der Daten am Secure Element, wird ausschließlich vom Mobilfunkbetreiber durchgeführt und vom Trusted Service Manager (TSM) überwacht.
- *Delegated Mode*: Das Card Content Management ist an einen TSM delegiert. Für jede Operation muss die Zustimmung des Mobilfunkbetreibers eingeholt werden.
- *Authorized Mode*: Das Card Content Management ist vollständig an den TSM, in einen separaten Unterbereich (Security Domain) der UICC, ausgelagert.

GlobalPlatform unterstützt alle drei der hier genannten Möglichkeiten, um Applets für den Endkunden zu laden und zu personalisieren. Jede dieser Varianten ist wieder in Untervarianten unterteilt. Für eine exakte Darstellung verweisen wir daher auf die GlobalPlatform Spezifikationen [1] und das GobalPlatform Whitepaper zum Secure Element Management [2]. Nachfolgend werden die drei Arten des Card Content Management anhand je eines Szenarios erklärt.

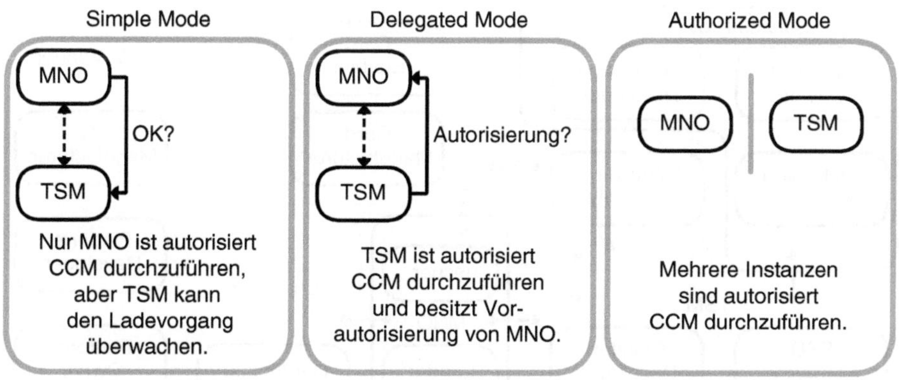

Abb. 8.5 Unterschiedliche Geschäftsmodelle für die Verwaltung von Anwendungen auf der UICC. (Quelle: [2])

8.6.1 Simple Mode

Als Szenario wurde jener Simple Mode gewählt, in dem ausschließlich der Mobilfunkbetreiber eine OTA-Plattform betreibt. Eine weitere Ausprägung des Simple Modes wäre die Verwendung eigener OTA-Plattformen durch den Mobilfunkbetreiber und den Trusted Service Manager.

Der Service Provider gibt in unserem Szenario das vollständige Management seiner Anwendung an den Trusted Service Manager (TSM) ab. Das bedeutet, dass der TSM eine Application Provider Security Domain (APSD) erstellt und die Anwendung lädt und personalisiert. Der TSM verwendet in diesem Szenario die OTA-Plattform des Mobilfunkbetreibers, sowohl für die Erstellung der APSD als auch für das Laden und die Personalisierung. Die APSD-Schlüssel werden vom TSM generiert oder verschlüsselt abgerufen. In Abb. 8.6 ist die Rollenverteilung des NFC-Ökosystems dargestellt.

In einer anderen Ausprägung des Simple Modes übergibt der Service Provider nur das Laden der unpersonalisierten Anwendungen an den TSM und übernimmt die anschließende Personalisierung selbst. Ebenso könnte der TSM nur die Erstellung der Security Domain beim MNO in Auftrag geben und die Verwaltung, d. h. das Laden und Personalisieren der Anwendung über eine eigene OTA-Plattform durchführen.

Als Beispiel für Service Provider, die das Laden der unpersonalisierten Anwendung durch den TSM und die Personalisierung selbst durchführen, kommen Kreditkartenfirmen oder Verkehrsbetriebe in Frage. Diese könnten sich entscheiden, die Applets vom TSM auf den Telefonen installieren zu lassen. Das Einbringen von personenbezogenen Daten wird über die OTA-Plattformen der Service Provider durchgeführt.

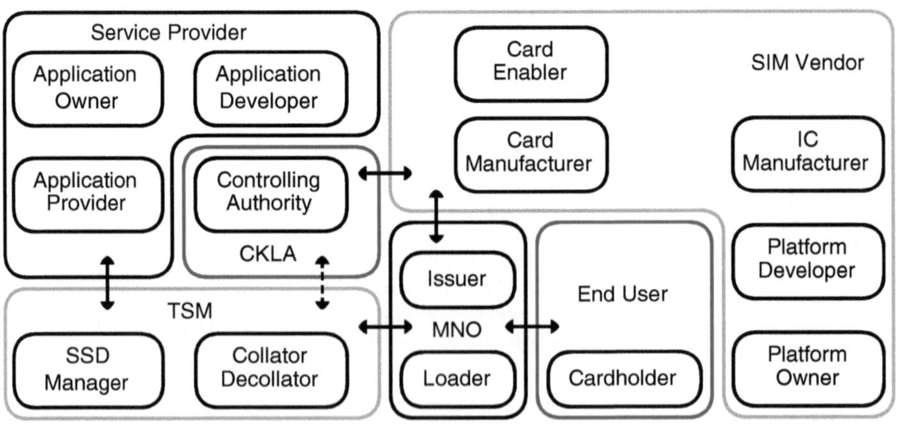

Abb. 8.6 Rollenverteilung im Simple Mode: Der Mobilfunkbetreiber betreibt die OTA-Plattform. (Quelle: [2])

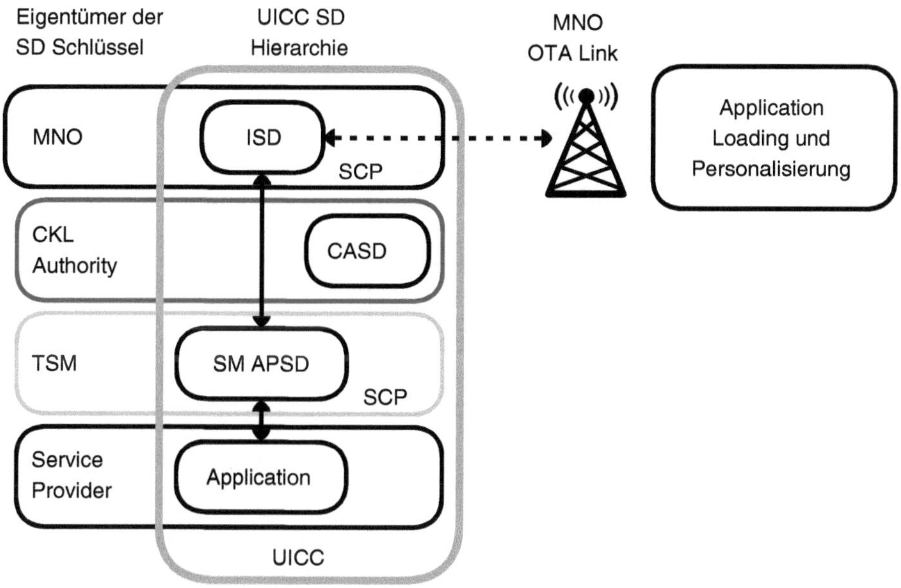

Abb. 8.7 Simple Mode: Hierarchie der Security Domains im Secure Element. (Quelle: [2])

Der TSM ist im Szenario, wo nur der Mobilfunkbetreiber die OTA-Plattform besitzt SSD Manager zur Verwaltung der Security Domain. Die Funktion des Loaders übernimmt der Mobilfunkbetreiber. Auf dem Secure Element sieht die Hierarchie der Security Domains wie in Abb. 8.7 dargestellt aus:

Der Mobilfunkbetreiber (MNO) besitzt eine *Issuer Security Domain* (ISD). Über die *Confidential Key Loading Authority* (CKLA) und die *Controlling Authority Security Domain* (CASD) werden die Daten zum Trusted Service Manager gesendet. Dieser besitzt die *Simple Mode Application Provider Security Domain* (SM APSD), die über das *Secure Channel Protocol* (SCP) die Verbindung zwischen dem MNO und der Applikation des Service Providers herstellt.

8.6.2 Delegated Mode

Im Delegated Mode lädt, installiert, aktiviert und löscht der Trusted Service Manager die Applikationen. Der Mobilfunkbetreiber autorisiert jede Aktion des TSM vor der Ausführung. In diesem Abschnitt wird die Variante der vollständigen Übernahme durch den TSM erklärt. Eine weitere Variante des Delegated Modes wäre die Ausgliederung der Personalisierung an den Service Provider. Dies wird dann eingesetzt, wenn der Service Provider die Daten zur Personalisierung nicht an den TSM weitergeben möchte oder darf.

Der Service Provider überträgt das gesamte Management seiner Anwendung an den TSM (Abb. 8.8). Dieser erstellt eine Application Provider Security Domain,

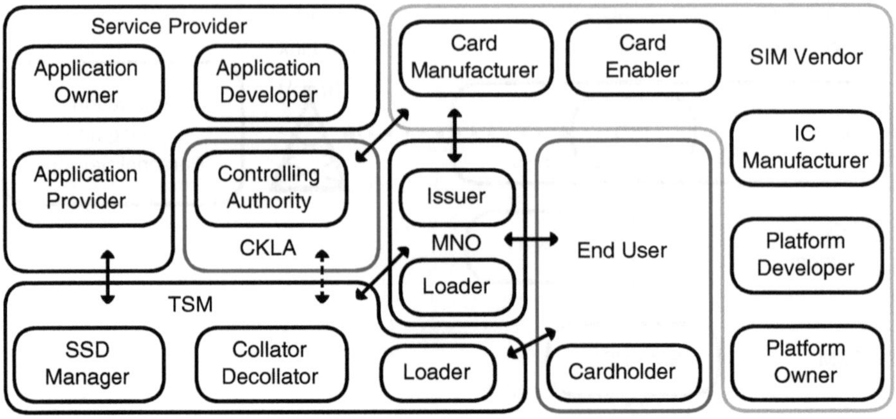

Abb. 8.8 Rollenverteilung im Delegated Mode: Der TSM übernimmt das gesamte Management. (Quelle: [2])

lädt und personalisiert die Anwendung. Der TSM verwendet in diesem Szenario die eigene OTA-Plattform, wobei vor jeder Aktion ein Token vom Mobilfunkbetreiber für die Vorautorisierung benötigt wird.

Der TSM verwaltet die Supplementary Security Domain und übernimmt in diesem Szenario die Rolle des Loaders. Der MNO ist Loader und Issuer. Im Secure Element sieht die Hierarchie der Security Domains wie in Abb. 8.9 dargestellt aus:

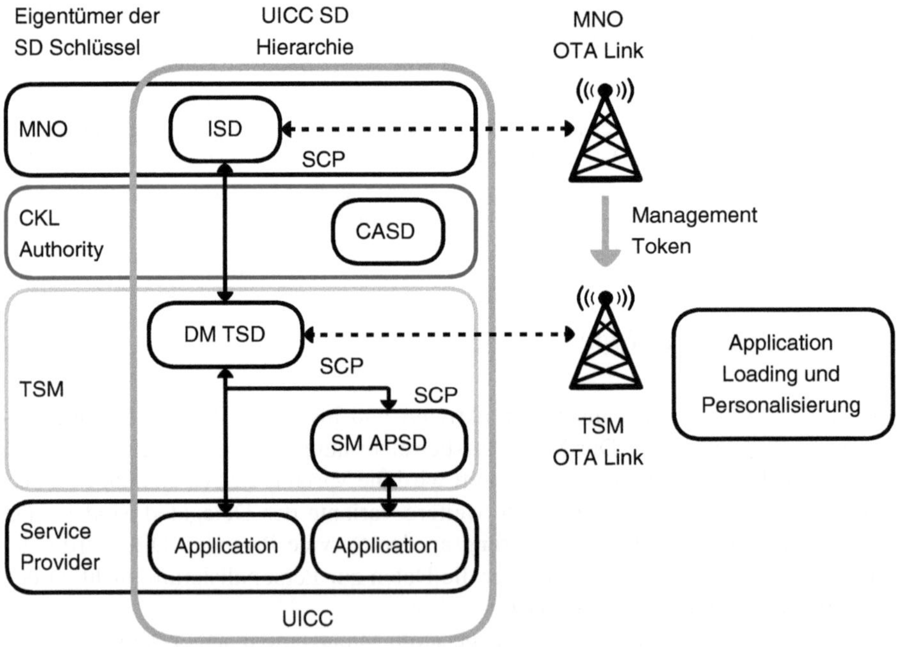

Abb. 8.9 Delegated Mode: Hierarchie der Security Domains im Secure Element. (Quelle: [2])

Der Mobilfunkbetreiber übergibt ein Management-Token an den TSM. Dieses wird vor jeder Aktion des TSM benötigt, um das Laden, Personalisieren und Löschen von Applikationen zu autorisieren. Die Anwendung des Service Providers kann anschließend direkt in die Security Domain des TSM geladen werden. Der TSM verwaltet die *Delegated Mode TSM Security Domain* (DM TSD) und dieSimple Mode Application Provider Security Domain.

8.6.3 Authorized Mode

Im Authorized Mode kann der Trusted Service Manager direkt, ohne vorherige Autorisierung, die Anwendungen des Service Providers laden, personalisieren und löschen. Auch in diesem Fall gibt es die Variante, bei der der Service Provider seine Anwendungen selbst personalisiert. Für genaue Details zu dieser Ausprägung des Authorized Mode verweisen wir auf die GlobalPlatform Spezifikationen.

Der Service Provider übergibt das gesamte Management seiner Anwendung an den TSM. Der TSM erstellt eine Application Provider Security Domain und lädt und personalisiert die Anwendung. Der TSM verwendet in diesem Szenario die eigene OTA-Plattform und lädt die Anwendungen in die eigene TSM Security Domain (*Authorized Mode TSM Security Domain*, DM TSD), ohne die Autorisierung durch den Mobilfunkbetreiber zu benötigen. Der TSM kann eventuell vom Mobilfunkbetreiber eine größere Security Domain anfordern, falls der Speicherplatz für neue Anwendungen nicht mehr ausreicht. In Abb. 8.10 ist das Rollenmodell dargestellt.

In diesem Szenario ist der Mobilfunkbetreiber nur mehr Issuer. Die Aufgabe des Loaders übernimmt ausschließlich der Trusted Service Manager. In Abb. 8.11 ist die Hierarchie der Security Domains dargestellt: Der TSM lädt und personalisiert die Anwendungen. Der Mobilfunkbetreiber wird nicht mehr benötigt.

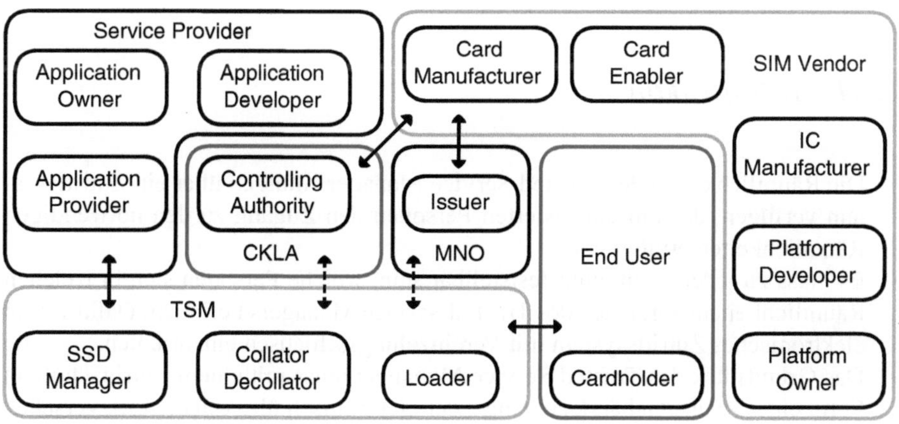

Abb. 8.10 Rollenverteilung im Authorized Mode mit vollständiger Vollmacht durch den TSM. (Quelle: [2])

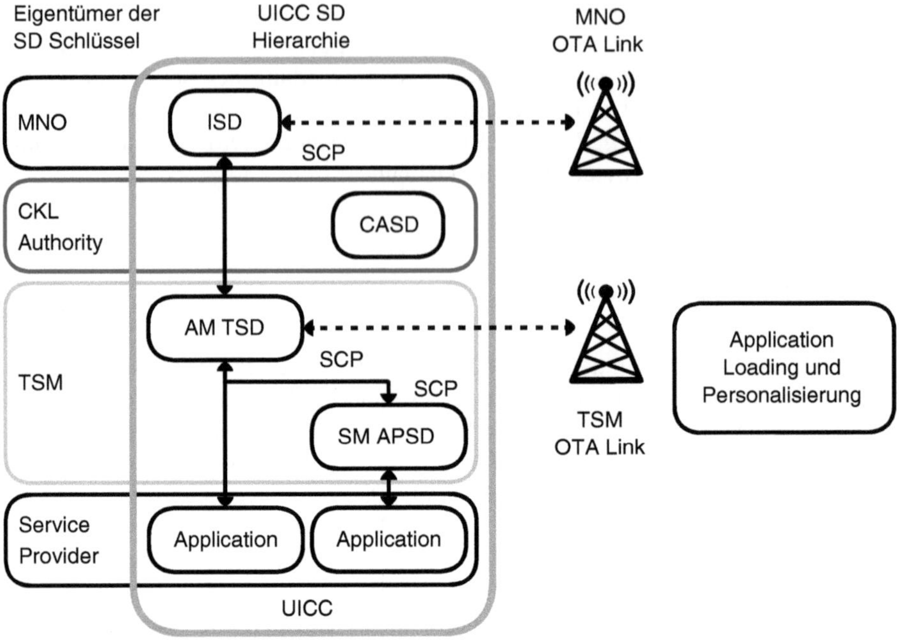

Abb. 8.11 Authorized Mode: Hierarchie der Security Domains im Secure Element. (Quelle: [2])

8.7 Anforderungen an einen Trusted Service Manager

Für einen Trusted Service Manager sind eine Reihe an Maßnahmen erforderlich, die sich an dem Maßnahmenkatalog des IT-Grundschutzes der British Standards Institution (BSI) orientieren. Madlmayr hat dies in [5] zusammengefasst:

8.7.1 Infrastruktur

- Die Räumlichkeiten des Trusted Service Managers müssen über ein Zutrittssystem verfügen, das nur autorisierten Personen den Zugang zu den notwendigen Räumlichkeiten ermöglicht.
- Es muss zu jedem Zeitpunkt feststellbar sein, welche Personen sich in welchen Räumlichkeiten/Bereichen des Trusted Service Managers befinden. Dafür ist ein elektronisches Zutrittssystem mit Vereinzelungsschleusen einzurichten.
- Das Grundstück des Trusted Service Managers muss mit einem Zutrittschutz in Form eines Zauns/Gebäudeeingangs, der elektronisch überwacht wird, versehen sein und über Zugangspunkte verfügen, die ein Betreten nur nach Vorweis eines Betriebsausweises ermöglichen. Die Zutrittspunkte müssen 24 Stunden am Tag videoüberwacht werden.

- Es muss klar geregelt werden, wer welche Tätigkeiten in Hinblick auf das Gebäudemanagement wahrnimmt (Alarmierung der Feuerwehr, Kontrolle des Zutrittssystems, Einlass von externen Mitarbeiten, Kontrolle von durchgeführten Wartungsarbeiten …)
- Der Posten eines Portiers an den Zugangspunkten zur allfälligen Personenkontrolle bzw. zur Aufnahme der Personalien von Besuchern ist einzurichten.

8.7.2 Organisation

- Es muss eine Passwortrichtlinie eingerichtet werden, die vorsieht, dass alle Standardpasswörter vor einem Live-Betrieb geändert, sowie innerhalb von bestimmten Zeitabständen gegen neue Kennwörter getauscht werden, wobei sich neue Kennwörter in wesentlichen Komponenten von vorherigen unterscheiden müssen. Passwörter müssen so gestalten werden, dass Brute-Force-Angriffe oder Wörterbuchangriffe nicht oder kaum zielführend sind. Auch Standardkennwörter müssen diese Eigenschaften aufweisen.
- Ein Softwarekonfigurations-Managementsystem für Rechner, die im administrativen und operativen Betrieb eingesetzt werden, muss eingeführt werden.
- Eine entsprechende Klassifizierung der Daten ist unternehmensweit einzuführen. Daten, die als geheim klassifiziert sind, dürfen nicht auf lokalen Rechnern abgelegt werden.
- Die Umsetzung eines Informationssicherheits-Managementsystems und einer Zertifizierung nach ISO/IEC 27001 [6] ist nötig. Zudem müssen eine Informationssicherheitspolitik und zugehörige Risikoanalyse-Methoden für Prozesse und Komponenten im Unternehmen eingeführt werden.
- In der Informationssicherheitspolitik ist die Organisation des Unternehmens, mit sämtlichen involvierten Rollen und deren Rechten, festzuhalten. Es sind explizit Regeln zu definieren, welche Personengruppen auf welche Arten von Daten zugreifen dürfen bzw. wer welche Rechte vergeben darf.

8.7.3 Personal

- Es muss zu jedem Zeitpunkt feststellbar sein, welche Personen für das Unternehmen tätig sind und es muss eine vollständige Personalakte vorhanden sein.
- Vor der Einstellung von Mitarbeitern, die mit der Verarbeitung und dem Zugriff auf klassifizierte Daten betraut werden, sind eine Recherche hinsichtlich deren früheren Dienstverhältnissen durchzuführen, sowie ein Leumundszeugnis und ein Strafregisterauszug anzufordern.
- Rollen, die mit der Verarbeitung und dem Zugriff auf geheime Daten zu tun haben, dürfen nicht von externen Personen (Beratern, Leiharbeiten, …) wahrgenommen werden.

- Es muss zu jedem Zeitpunkt feststellbar sein, welche Person Zutritt zu welchen Räumlichkeiten hat.
- Es muss zu jedem Zeitpunkt feststellbar sein, welche betriebsfremden Personen sich im Unternehmen unter Aufsicht welches Mitarbeiters aufhalten. Dafür hat sich jede betriebsfremde Person beim Betreten des Gebäudes beim Empfang anzumelden und auszuweisen. Diese Person darf das Gebäude nur in Begleitung eines Mitarbeiters des Unternehmens betreten. Zusätzlich sind Zeitpunkt von Betreten und Verlassen des Gebäudes festzuhalten.

8.7.4 Hardware und Software

- Jede verwendete Software-Komponente im Bereich der IT-Anwendungsentwicklung (egal ob mit oder ohne verfügbaren Sourcecode) muss einen Prozess der Funktionalitäts- und Vertraulichkeitsprüfung im Unternehmen durchlaufen, bevor sie eingesetzt wird.
- Entwickelte Anwendungen bedürfen eines Codereviews oder müssen von einer externen Instanz gereviewt und zertifiziert werden.
- Eingesetzte Applikationen, die Teil des operativen Geschäfts sind, bedürfen einer jährlichen Prüfung durch eine unabhängige Instanz (z. B. im Zuge von Wirtschafts- und Steuerprüfung).

8.7.5 Netzwerk und Kommunikation

- Übertragungen von geheimen Daten innerhalb des Netzwerkes müssen verschlüsselt erfolgen. Die Prozesse der Einführung neuer Software oder von Updates müssen überwacht und protokolliert werden.
- Stationäre und mobile Arbeitsplätze müssen mit regelmäßig aktualisierten Virenscannern und Firewalls ausgestattet werden.
- Es muss eine Überwachung und Protokollierung von An- und Abmeldevorgängen, sowie des Zugriffs auf geheime Daten, stattfinden. Fehlgeschlagene Anmeldeversuche sind aufzuzeichnen und deren Grund nachzuprüfen.
- Sämtliche Transaktionen, die von Service Providern zum Trusted Service Manager durchgeführt werden, sind aufzuzeichnen und müssen nachvollziehbar sein. Service Provider müssen sich vor der Durchführung einer Transaktion gegenüber dem System des Trusted Service Managers mit einem Zertifikat ausweisen, das durch den Trusted Service Manager geprüft wird.
- Die Transaktionen zwischen dem Service Provider und dem Trusted Service Manager, und zwischen mobilen Endgeräten und dem Trusted Service Manager, müssen über einen verschlüsselten Kanal (HTTPS/TLS) abgewickelt werden.

- Sämtliche Transaktionen, die zwischen einem mobilen Endgerät und dem Trusted Service Manager durchgeführt werden, sind aufzuzeichnen und müssen nachvollziehbar sein.
- Auf Servern im System gespeicherte Daten, die als geheim klassifiziert sind, müssen verschlüsselt abgelegt werden. Das Zugriffsmanagement bzw. die Zuordnung von Schlüsseln ist über ein entsprechendes Benutzermanagement zu implementieren. Die Server mit geheimen Daten müssen sich zusätzlich auf anderen logischen Netzwerksegmenten befinden.

Literatur

[1] GlobalPlatform: Card Specification, Version 2.2 (März 2006)

[2] GlobalPlatzform: GlobalPlatform's Proposition for NFC Mobile: Secure Element Management and Messaging, Whitepaper (Apr 2009)

[3] GlobalPlatform: Messaging Specification, Version 1.0 (Okt 2003)

[4] Langer J: Vorlesungsunterlagen Smartcards, RFID und NFC. Hagenberg (2009)

[5] Madlmayr G: Eine mobile Service-Architektur für ein sicheres NFC Ökosystem. Dissertation, Linz (2009)

[6] Norm ISO/IEC 27001:2005: Information technology – Security techniques – Information security management systems – Requirements

Kapitel 9
Anwendungen der NFC-Technologie

Dieses Kapitel gibt einen Überblick über die wichtigsten Anwendungen der NFC-Technologie. Die Integration der berührungslosen Technologie in mobile Geräte ermöglicht eine Vielzahl von neuartigen Anwendungen. Alle diese Anwendungen bestechen durch besonders einfache Bedienung. Der Benutzer muss für das Bezahlen, Bestellen und Abholen von Informationen mit seinem Mobiltelefon nur für den Bruchteil einer Sekunde eine gekennzeichnete Stelle berühren.

Geräte, die mit NFC-Technologie ausgestattet sind, können sowohl passive Transponder lesen, als auch eine kontaktlose Chipkarte emulieren, Daraus ergeben sich neue Möglichkeiten, um bestehende Geschäftsprozessen besser abzubilden. Die Kombination von kontaktlosem Lesegerät, Secure Element, Display, Tastatur, GPRS/EDGE- oder UMTS-Verbindung und Internetbrowser bietet die Chance, das Leben von Benutzern einfacher zu gestalten und Prozesse effizienter abzuwickeln. Beispiele dazu werden in diesem Kapitel ausführlich besprochen.

9.1 Das NFC Forum N-Mark

Damit eindeutig erkennbar ist, wo die Anwender ihre NFC-Geräte verwenden können, wurde vom NFC Forum das „*N-Mark*" (Abb. 9.1) entworfen und weltweit als Marke registriert. Das stilisierte „N" markiert Stellen, an denen der Benutzer durch eine kurze Berührung mit einem NFC-Gerät eine Aktion auslösen kann. Das N-Mark ist für jeden kostenlos im Internet von der Webseite

http://www.nfc-forum.org/n-mark

abrufbar und darf unter Einhaltung der Lizenzbedingungen, sowie der Richtlinien für die Anbringung, verwendet werden.

Falls NFC-Tags mit dem N-Mark ausgestattet werden, müssen sie das *NFC Data Exchange Format* (NDEF) einhalten und NFC-Forum-Tags vom Typ 1, 2, 3 oder 4 benutzen.

J. Langer, M. Roland, *Anwendungen und Technik von Near Field Communication (NFC)*, 205
DOI 10.1007/978-3-642-05497-6_9, © Springer-Verlag Berlin Heidelberg 2010

Abb. 9.1 Das N-Mark ist das internationale Kennzeichen für NFC-kompatible Tags und Anwendungen. (Quelle: NFC Forum, http://www.nfc-forum.org/n-mark)

9.2 Bezahlen mit NFC

Eine der wichtigsten Anwendungen der NFC-Technologie ist die Bezahlfunktion mit mobilen Endgeräten. Die Bezahlung von Klein- und Kleinstbeträgen mit dem Mobiltelefon stellt seit Jahren für die Mobilfunkbetreiber eine große Herausforderung dar, die bisher nicht zufriedenstellend gelöst wurde. Ein wichtiger Hinderungsgrund sind die mangelnde Benutzbarkeit und die Komplexität von bestehenden mobilen Bezahlarten (SMS, WAP) für die Endkunden. Durch die umständliche Benutzerführung entstehen lange Wartezeiten am *Point of Sale*. Durch die einfache Bedienung mittels NFC kann die Akzeptanz maßgeblich verbessert werden und das NFC-Mobiltelefon könnte so die Art des Bezahlens revolutionieren.

Andererseits sind beim Bezahlen mit NFC sehr viele Unternehmen und Industriesektoren involviert, was die schnelle Verbreitung und Ausrollung verlangsamt. In Abb. 9.2 ist eine Übersicht der möglichen Interessenvertreter beim Bezahlen mit NFC gezeigt, wie dies die Smart Card Alliance überlegt hat [19].

Die Smart Card Alliance hat eine Reihe von Vorteilen für das Bezahlen mit Mobiltelefonen mit NFC herausgearbeitet und in einem Konzeptionspapier die Hebelwirkungen von NFC im Zusammenhang mit Finanzindustrie und Banken publiziert [19]. Die Smart Card Alliance verwendet in diesem Beitrag nicht den Begriff NFC, sondern „Proximity Payment" – d. h. Bezahlung auf kurze Distanz, so wie dies die NFC-Schnittstelle erlaubt. Das Gegenstück für das Bezahlen am Mobiltelefon wäre „Remote Mobile Payment". Hier wird die Bezahlung nicht direkt beim Händler über eine Kontaktlosschnittstelle, sondern über einen entfernten Server abgewickelt.

NFC bietet ein erhebliches Potential, um Vorteile für Unternehmer und Verbraucher zu generieren. Außerdem werden neue Möglichkeiten für die Partnerschaften zwischen den wichtigsten Interessenvertretern geschaffen.

Der Mobilfunkbetreiber (*Mobile Network Operator*) kann durch NFC eine bessere Kundenbindung erreichen, da die Telefonkunden den zusätzlichen Dienst „Bezahlen am Mobiltelefon" nutzen können. Der Mobilfunkbetreiber kann komplexere Bank- und Kommerzdienste anbieten, sowie intensiver mit Händlern und Banken kooperieren. Dadurch entstehen Kosteneinsparungen und Vorteile für die Kunden des Mobilfunkbetreibers. Teile der Kosteneinsparungen können an den Kunden weiter gegeben werden, in dem z. B. eine vergleichsweise günstige Gebühr für die ins Mobiltelefon integrierte Kreditkarte eingehoben wird.

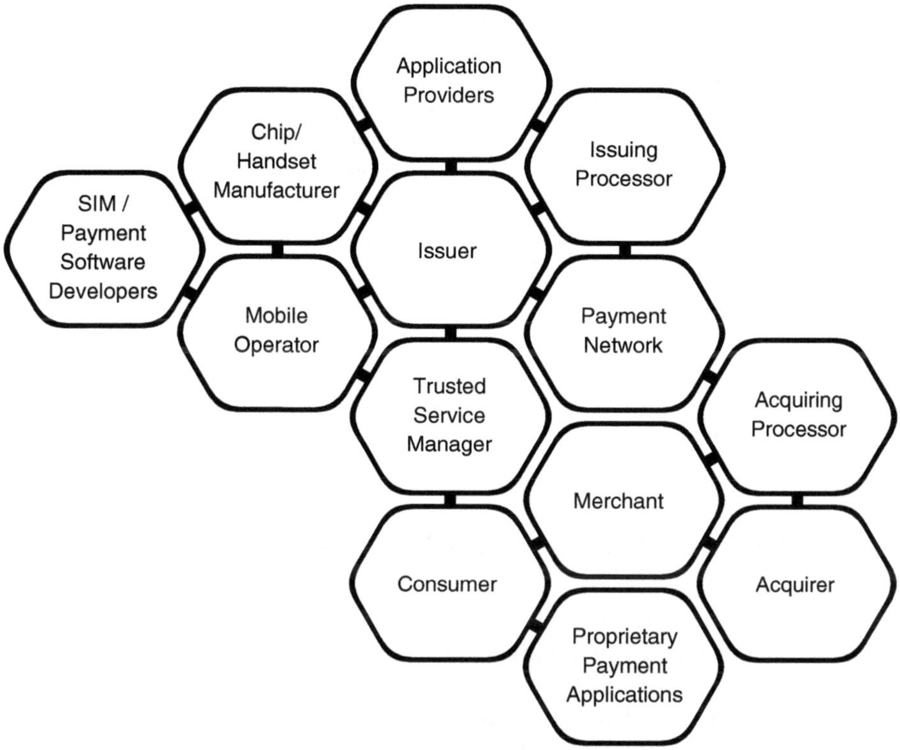

Abb. 9.2 Mögliche Interessenvertreter bei „Proximity Payment". (Quelle: [19])

Die Finanzinstitute und Banken können ein neues Bezahlservice für ihre Kunden anbieten, wodurch höhere Volumina und mehr Transaktionen erwartet werden. Die Marken der Bankprodukte und Banken sind am Mobiltelefon sichtbar, was ein zusätzlicher Nutzen für deren Verbreitung ist. Die schnellere Bezahlung am Point of Sale erhöht die Akzeptanz und Verwendung.

Für den Händler (*Merchant*) bietet die neue Form der Bezahlung einen unmittelbaren Nutzen, da der Zahlungsverkehr beschleunigt und der Komfort für den Kunden verbessert wird. Dadurch erhöht sich der Durchsatz an den Kassen und die Bargeldmanipulation sinkt. Die erhöhte Kundenzufriedenheit wird durch weitere Programme zur Kundenbindung verstärkt. Das Mobiltelefon kann Gutscheine verwalten, die durch Berühren des Lesegerätes eingelöst werden.

Der Mobiltelefonhersteller (*Handset Manufacturer*) kann durch neue innovative mobile Anwendungen zusätzlich Kunden gewinnen und neue Partnerschaften aufbauen. Durch die Unterstützung von Zahlungsanwendungen am Mobiltelefon werden attraktive Angebote für den Verbraucher geschaffen.

Für den Konsument (*Consumer*) bedeutet die Bezahlung mit NFC einen gesteigerten Komfort, Einsparmöglichkeiten und eine Unterstützung beim Einkauf durch personalisierte Informationen über bevorzugte Produkte. Die Papierbelege müssen nicht mehr gesammelt werden sondern sind am Mobiltelefon gespeichert. Verbraucher können ihre gesamten Debit-, Kredit-, Prepaid- und Gutscheinkarten am Mobiltelefon verwalten und haben diese immer dabei.

Das Bezahlen mit dem Mobiltelefon ist eine der populärsten Anwendungen von NFC. Die Ursachen dafür sind die einfache Benutzung durch die Verbraucher, kompatible Spezifikationen zu kontaktlosen Chipkarten (s. Abschn. 7.1.2.6) und die dadurch bereits bestehende Infrastruktur von Lesegeräten am Point of Sale.

Für die Bezahlung mit einem NFC-Mobiltelefon werden verschiedene Varianten unterschieden: Das NFC-Telefon kann als

- Kreditkarte,
- Prepaid-Börse oder
- Debitkarte

eingesetzt werden [12, 21].

9.2.1 Das NFC-Mobiltelefon als Kreditkarte

Kreditkarten sind weltweit im Einsatz und werden von Konsumenten intensiv genutzt. Derzeit gibt es unterschiedliche automatisierte Prüfungs- und Identifikationsprozeduren für das Erkennen der Echtheit von Karten. Die unsicherste Methode ist das Verwenden von Magnetstreifenlesegeräten, die die Daten des Magnetstreifens der Kreditkarte auslesen. Diese Daten können leicht kopiert werden und sind nicht geschützt. Eine weitere Möglichkeit ist die Bezahlung mit dem kontaktbehafteten Chip, wie dies im deutschsprachigen Raum vorwiegend der Fall ist. Die dritte Möglichkeit setzt auf dem zur NFC-Technologie kompatiblen Standard ISO/IEC 14443 [17] auf. Hier wiederum gibt es eine Variante, die die Daten eines Magnetstreifens emuliert und einfach zu implementieren ist. Eine zweite Variante ist kompatibel zur EMV-Spezifikation und verwendet den Ablauf der kontaktbehafteten Chip-Bezahlung. Diese Variante wird auch im offline Fall als sicher eingestuft [4].

In Ländern, in denen kontaktlose Terminals (Abb. 9.3) weit verbreitet sind, ist die Kompatibilität zu NFC bereits gegeben. In den anderen Ländern wird die Umstellung bzw. Erweiterung auf kontaktlose Terminals noch einige Jahre in Anspruch nehmen. Im Jahr 2009 wurden bereits mehr als 50 Mio. kontaktlose Kreditkarten von MasterCard ausgegeben, die bei mehr als 141.000 Händlern zum Bezahlen verwendbar sind. Im Jahr 2009 gab es in 28 Ländern Studien und Ausrollungen von PayPass, der kontaktlosen Kreditkarte von MasterCard [14].

Wenn die Kreditkarte im Mobiltelefon integriert ist, können die Bezahlungen am Display des Mobiltelefons geprüft werden. Bezahlt werden größere Beträge, jedoch auch Klein- und Kleinstbeträge, wie dies bei Automaten der Fall ist. Hier ist weder eine PIN-Prüfung noch eine Unterschrift nötig. Die Bezahlung am Kaffeeautomat erfolgt durch Berühren der Leseeinheit und wird in Bruchteilen von Sekunden durchgeführt. Die Getränke-, Kaffee- und Snackautomaten müssen zu

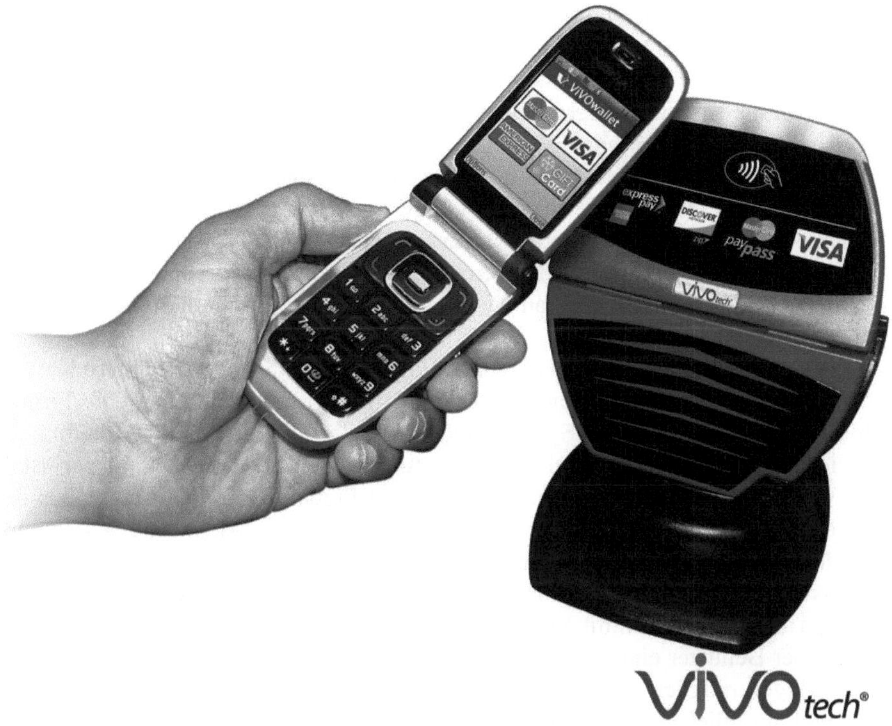

Abb. 9.3 Bezahlen mit dem NFC-Mobiltelefon als kontaktlose Kreditkarte. (Foto: ViVOtech, Inc.)

diesem Zweck mit einem Kreditkartenterminal ausgerüstet werden, welches die Verbindung mit dem Kreditkartenserver herstellt.

In einem NFC-Mobiltelefon können mehrere Kreditkarten gespeichert und verwaltet werden. Der Kunde kann seine bevorzugte Karte auswählen, damit diese bei allen Transaktionen zuerst vorgeschlagen wird. Der Benutzer hat auch die Möglichkeit, eine andere Kreditkarte, die in seinem Mobiltelefon gespeichert sind, für die Bezahlung zu verwenden. Die Kreditkarten werden vom *Trusted Service Manager* (TSM) über das Mobilfunknetz auf das *Secure Element* geladen.

9.2.2 Das NFC-Telefon als Prepaid-Karte

Eine Alternative zur Kreditkarte stellen Prepaid-Karten, d. h. Karten mit Guthaben, dar. Der Wert des Guthabens wird im Secure Element gespeichert und kann zur Bezahlung an Kassen oder Automaten verwendet werden. Bevor das Guthaben im Telefon einsatzbereit ist, muss es zuerst aufgeladen werden. Genau hier entsteht ein großer Vorteil der NFC-Prepaid-Lösung im Gegensatz zu bestehenden reinen Kartensystemen. Da das NFC-Telefon die Verbindung zwischen dem Secure Element und dem Bankserver herstellt, ist das Laden des Guthabens jederzeit und an jedem Ort möglich. Bei der Verwendung von Guthabenkarten hingegen muss die Aufladung an Automaten oder in Banken durchgeführt werden.

Bei Guthabenkarten unterscheidet man zwischen offenen und geschlossenen Börsensystemen. Bei offenen Systemen wird an zahlreichen Akzeptanzstellen bei unterschiedlichen Händlern bezahlt. Beispiele dazu sind die elektronischen Geldbörsen „QUICK" (in Österreich) und „GeldKarte" (in Deutschland). Geschlossene Systeme sind auf einen begrenzten Nutzerkreis beschränkt. Typische Anwendungen dazu sind Mitarbeiterkarten in Firmen. Auf der Karte ist ein Börsensegment aufgebracht, wodurch Mitarbeiter an Automaten und Kassen innerhalb des Betriebsgeländes bezahlen können.

Die Fachhochschule im Softwarepark Hagenberg stattete 2007 mehrere Kaffee- und Colaautomaten, sowie beide Mensen mit NFC-Lesegeräten aus. Die Firmen Mobilkom Austria und NXP Semiconductors stellten knapp 100 NFC-Telefone für Studierende, Lehrende und technisches Personal zur Verfügung. Darauf vorinstalliert war eine Bezahlanwendung auf Basis einer Prepaid-Börse. Das Guthaben der Börse wurde im Secure Element abgespeichert und konnte, wie in Abb. 9.4 ersichtlich, jederzeit von den Testnutzern aufgeladen werden.

Das Aufladen der Börse erfolgte ohne PIN-Eingabe und wurde aus Sicherheitsgründen auf ein Tageslimit von 100 € begrenzt. Bei Verlust des Mobiltelefons konnte der Benutzer eine Sperrung beantragen, wodurch weder Aufladungen noch Bezahlungen möglich waren. Alle Aufladevorgänge eines Monats wurden kumuliert und anschließend über die Mobilfunkrechnung abgerechnet. Auf der Mobilfunkrechnung (Abb. 9.5) wurden die Aufladungen ausgewiesen und automatisch abgebucht.

Die Bezahlung erfolgte innerhalb von wenigen 100 ms. Alle Automaten (Abb. 9.6) und Kassen waren über eine Netzwerkverbindung mit der Clearing-Stelle verbunden. Die Verkäufe an den Automaten und Kassen konnten auch durchgeführt werden, wenn keine online Verbindung zur Clearing-Stelle bestand.

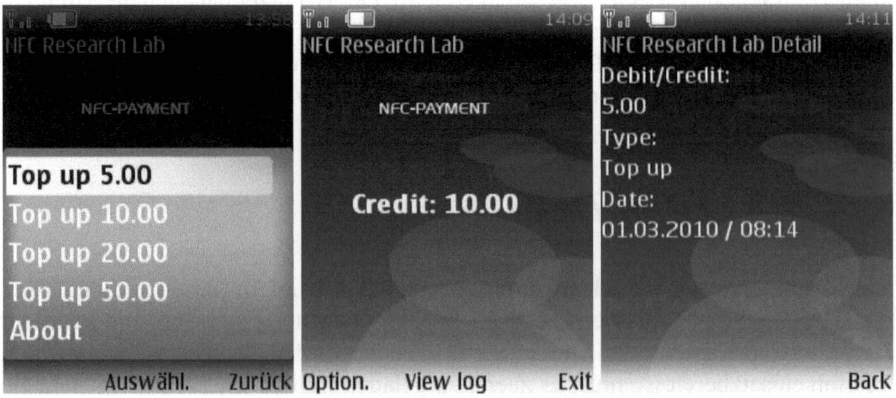

Abb. 9.4 Aufladen von Guthaben beim NFC-Feldversuch im Softwarepark Hagenberg. (Quelle: CDE GmbH/Andreas Oyrer)

Forderungen unserer Partnerunternehmen*	**Betrag in €**
A1 Bank AG FH Hagenberg: mobile Aufladung	10,00
Summe Forderungen unserer Partnerunternehmen brutto	**€ 10,00**

* Unter „Forderungen unserer Partnerunternehmen" finden Sie Leistungen der genannten Partnerunternehmen, die wir im Namen dieser vorschreiben. Durch Ihre Zahlung an mobilkom austria sind diese Forderungen beglichen.

Abb. 9.5 Der Abrechnungsbeleg auf der Mobilfunkrechnung zeigt eine Aufladung der Prepaid-Börse beim NFC-Feldversuch in Hagenberg

Abb. 9.6 Bezahlen mit dem NFC-Telefon beim NFC-Trial in Hagenberg. (Foto: Winkler/CDE GmbH)

Die Ergebnisse des Feldversuchs zeigten, dass die Bezahlfunktion mit Prepaid-Börse von den Anwendern als bequem, innovativ und einfach empfunden wurde. Der einfache Ladeprozess und die Möglichkeit, die Börse jederzeit und an jedem Ort aufzuladen, sorgten für die hohe Akzeptanz.

9.2.3 Das NFC-Telefon als Debitkarte

Das NFC-Telefon kann auch als Debitkarte eingesetzt werden. Im Unterschied zur Kreditkarte wird das Girokonto des Telefoninhabers sofort nach der Bezahlung belastet. Die Debitkartenfunktion ist genauso wie die Kreditkartenfunktion durch EMVCo spezifiziert und ist kompatibel zu den bestehenden kontaktlosen Debitkarten. Die Infrastruktur für diese Art der Bezahlung ist in jenen Ländern vorhanden, die bereits heute die Kontaktlostechnologie am Point of Sale integriert haben.

9.3 Öffentlicher Personennahverkehr

Der öffentliche Personennahverkehr ist neben dem Bezahlen der zweite große Anwendungsbereich der NFC-Technologie. Zahlreiche Marktstudien gehen davon aus, dass der öffentliche Verkehr einer der am größten wachsenden vertikalen Sektoren der NFC-Technologie in den nächsten Jahren sein wird [7].

Die Ursache für das starke Interesse dieses Marktsektors an der NFC-Technologie liegt darin, dass NFC einen raschen Durchsatz an den Eingangsschleusen sowie eine Ersparnis und Vereinfachung beim Ticketkauf garantiert. In fast allen großen Metropolen werden bereits kontaktlose Ticketsysteme eingesetzt, die zu einem großen Teil kompatibel zur NFC-Technologie sind. In London, Paris, Hongkong, St. Petersburg und vielen anderen Großstädten werden kontaktlose Chipkarten eingesetzt, um einen raschen und reibungslosen Ablauf an den Drehsperren zu gewährleisten. Die Basis ist häufig die von NXP entwickelte MIFARE-Technologie.

Verkehrsbetriebe können durch die Verwendung der NFC-Technologie Geld einsparen. Einerseits müssen nicht so viele Tickets produziert werden und andererseits lassen sich die Tickets bequem mit dem NFC-Mobiltelefon kaufen und im Secure Element abspeichern. Damit können sowohl Fahrkartenautomaten als auch Personalkosten reduziert werden. Das NFC-Telefon wird zum mobilen Fahrkartenautomat und zur Fahrkarte.

Dennoch ist das Feld des öffentlichen Personennahverkehrs komplex, mit vielen teilweise gegensätzlichen Interessenvertretungen. Die folgende Aufzählung soll einen Einblick in die Komplexität des NFC-Ökosystems des öffentlichen Personennahverkehrs geben. Darin sind folgende Interessenvertreter identifiziert:

- öffentliche Verkehrsunternehmen,
- Mobilfunkbetreiber,
- Banken und Kreditkartenunternehmen,
- Mobiltelefonhersteller,
- Smartcard-Hersteller,
- Hardware-Anbieter,
- Software-Anbieter,
- Systemintegratoren und
- Trusted Service Manager.

Nachfolgend werden einige Beispiele von erfolgreichen NFC-Integrationen in bestehende Verkehrsverbünde gegeben.

9.3.1 *Prepaid-Tickets im Secure Element*

In der Praxis werden am häufigsten Prepaid-Tickets eingesetzt. Die Kunden kaufen am Bahnhof, im Internet oder an einem Fahrscheinautomat einen Fahrschein, bevor sie das öffentliche Verkehrsmittel benutzen. Die Nutzung des Verkehrsmittels ist nur mit gültiger Fahrkarte zulässig, die vor Fahrtantritt gekauft wurde. Neben Jahreskarten, Monatskarten und Wochenkarten sind Einzel- und Mehrfachfahrscheine in Verwendung. Die Fahrscheine werden elektronisch im Secure Element gespeichert. Bei der Fahrscheinüberprüfung, sei es an einer Drehsperre oder durch einen Schaffner oder Kontrolleur, werden die Fahrscheine kontrolliert und gegebenenfalls entwertet (z. B. Einzelfahrscheine). Das NFC-Mobiltelefon emuliert dabei eine kontaktlose Chipkarte und ist kompatibel zu bestehenden kontaktlosen Fahrkartensystemen, die bereits im Einsatz sind. D. h. der Fahrgast benötigt ein NFC-fähiges Mobiltelefon mit einem Secure Element, das kompatibel zum System des Verkehrsunternehmens ist. Elektronische Fahrscheine von vielen großen Verkehrssystemen basieren auf der MIFARE-Technologie bzw. ISO/IEC 14443 (Typ A und B), wodurch die Kompatibilität zu NFC prinzipiell gewährleistet ist.

9.3.1.1 Modell: Oyster Card

Die Oyster Card ist eine elektronische Fahrkarte, die von den Londoner Verkehrsbetrieben (*Transport for London*) ausgegeben wird. Die Karte wurde 2003 eingeführt und basiert auf der kontaktlosen MIFARE-Technologie von NXP Semiconductors.

Jede U-Bahnstation ist bei den Ein- und Ausstiegsstellen mit RFID-Lesegeräten ausgestattet. Bei Bussen befinden sich die RFID-Lesegeräte im Wageninneren. Bei jedem Fahrtantritt und Fahrtende muss die Oyster Card über das RFID-Lesegerät gezogen werden. Es wird automatisch der günstigste Preis abgebucht. Die Oyster Card muss vor Fahrtantritt mit genügend Guthaben aufgeladen werden. An den Haltestellen befinden sich Automaten und Schalter, wo gegen Bargeld und Bankomat- oder Kreditkarte die Oyster Card aufgeladen wird. Eine weitere Möglichkeit ist das Aufladen über das Internet. Der Aufladebetrag wird für die Karte an einem bestimmten Bahnhof hinterlegt, den der Kunde frei wählen kann.

Das Lesen und Schreiben der Oyster Card erfolgt in weniger als 300 ms. Bis zum Jahr 2007 wurden mehr als 16 Mio. Karten ausgestellt, wobei 5,5 Mio. unterschiedliche Karten pro Monat benutzt werden. In London sind mehr als 20.000 Lesegeräte installiert [3].

Transport for London hat einige Feldversuche mit NFC durchgeführt. Die Vorteile der Oyster Card am NFC-Mobiltelefon aus Kundensicht sind, dass zusätzliche Informationen am Display des Mobiltelefons angezeigt werden und Fahrscheine über das Mobiltelefon gekauft werden können. Weiters wird das Mobiltelefon seltener vergessen als die Karte [3].

9.3.2 *SMS-Tickets ohne Secure Element (Wiener Linien)*

Die Wiener Linien, die österreichischen Bundesbahnen (ÖBB) und Mobilkom Austria haben 2007 in Wien und Umgebung eine Variante von NFC ausgerollt, die eine komfortable Bestellung von Fahrscheinen ermöglicht. Basierend auf dem bereits bestehenden Service „Versand von Fahrkarten via SMS“, den Mobilkom Austria bereits seit mehreren Jahren in Verwendung hatte, konnte eine sehr einfache und kostengünstige Integration von NFC erreicht werden.

Im bestehenden Modell war der Kauf von Fahrscheinen kompliziert, da hier eine SMS mit einem definierten Text an eine bestimmte Telefonnummer gesendet werden musste. Wenn man die Nummer oder den Text nicht kannte, konnte das Ticket nicht gekauft werden. Dieser Vorgang wurde mit Hilfe von NFC-Touchpoints vereinfacht: An allen U-Bahnstationen in Wien wurden NFC-Tags neben den Verkaufsautomaten angebracht, auf denen die SMS mit Nummer und Text vorgespeichert ist. Durch Berührung eines Tags mit einem NFC-Mobiltelefon wird der Inhalt der SMS ausgelesen und der Benutzer muss den Kauf des Tickets nur mehr durch Drücken von „Okay“ bestätigen (Abb. 9.7).

Anschließend wird eine Bestell-SMS an die Ticketzentrale gesendet und kurze Zeit später eine Fahrschein-SMS empfangen. In der empfangenen Fahrschein-SMS sind alle Daten für die Fahrkartenkontrolle gespeichert – nämlich Art der Fahrkarte (Einzelfahrschein), Datum, Uhrzeit und die Station, an der der Fahrschein gekauft wurde. Ein zusätzlicher Zahlencode wird für die Fahrscheinprüfung durch die Kontrolleure übertragen. Abbildung 9.8 zeigt den gesamten Ablauf von der Berührung des Tags bis zur Verrechnung des Fahrscheins.

Abb. 9.7 Kauf einer Fahrkarte bei der ÖBB und den Wiener Linien. (Foto: Roland Unger/mobilkom austria)

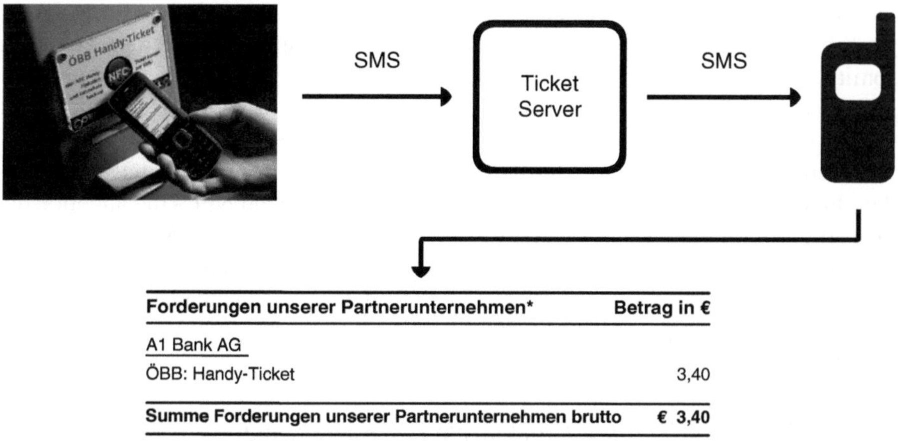

Abb. 9.8 Ablauf des Ticketkaufs von der Berührung des Tags, über den SMS-Ticketversand bis zur Verrechnung über die Mobilfunkrechnung [11]. (Foto: Roland Unger/mobilkom austria)

Die Abrechnung der Fahrscheine erfolgt über die Rechnung des Mobilfunkanbieters und wird auf der monatlichen Telefonrechnung übersichtlich ausgewiesen. Alternativ wird die Rechnung über einen Paybox-Account[1] bezahlt.

In diesem Szenario wird das Secure Element nicht verwendet. Die Sicherheit des Systems ist durch die Server basierte Architektur mit beschränkter Gültigkeitsdauer der Fahrscheine und einzigartigen Zahlenkombinationen für die Kontrolle gewährleistet. Dies macht die Kontrolle auch zeitaufwendig und ist daher nur für Verkehrsunternehmen geeignet, bei denen der Ein- und Ausstieg barrierefrei erfolgt und nur stichprobenartige Kontrollen in den Verkehrsmitteln durchgeführt werden. Bei Systemen mit hohem Durchsatz, die Drehsperren und Schleusen verwenden, kann diese Variante nicht eingesetzt werden.

Der Vorteil dieses Systems ist, dass die vorhandene Infrastruktur verwendet werden konnte und nur sehr geringe Anpassungen nötig waren. Lediglich die verhältnismäßig kostengünstigen NFC-Tags an den Haltestellen mussten mit den standortbezogenen Daten befüllt und an den richtigen Stellen positioniert werden. Die NFC-Tags sind für alle NFC-Mobiletelefone frei lesbar, das Ändern der Daten ist jedoch gesperrt.

9.3.3 Postpaid-Modell

Im Postpaid-Modell verwendet der Kunde ein NFC-Mobiltelefon oder eine kontaktlose Chipkarte. Alle Fahrten des Kunden werden aufgezeichnet und im Nachhinein abgerechnet und bezahlt. Der Fahrgast wird an den Ein- bzw. Ausstiegsstellen

[1] Paybox ist ein Bezahlsystem für Mobiltelefone mit monatlichem Bankeinzug

identifiziert, in dem er sein Mobiltelefon oder seine Karte an ein kontaktloses Lesegerät hält. Der Standort aller Lesegeräte ist dem Transportunternehmen bekannt, somit kann exakt nachvollzogen werden, welche Route der Gast genommen hat. Das NFC-Mobiltelefon wird in diesem Fall nur zur Identifikation verwendet. Das Secure Element muss aktiviert sein, damit die Lesegeräte dieses auslesen können.

Alternativ dazu kann auch das NFC-Mobiltelefon als Lesegerät eingesetzt werden. In diesem Fall ist an den Ein- und Ausstiegsstationen ein NFC-Tag angebracht. Das NFC-Mobiltelefon liest das NFC-Tag aus und überträgt via SMS oder Datenverbindung die Standort-Informationen zu einem Server. Hier sind ebenfalls Datum, Uhrzeit, Ort und die eindeutige Nummer des Telefons gespeichert und können im Nachhinein für die Preisberechnung benutzt werden.

9.3.4 Die Kredit- oder Bankkarte als Fahrkarte

Das Modell der direkten Bezahlung wird bei Drehsperren eingesetzt, die mit Lesegeräten ausgerüstet sind, die eine Bezahlung mit kontaktlosen Chipkarten ermöglichen. In diesem Fall kann der Kunde für das Kaufen und Bezahlen der Fahrscheine seine bestehende Bezahlanwendung am NFC-Telefon benutzen. Die Bezahlanwendung ist im Secure Element des NFC-Telefons gespeichert und wird durch das Lesegerät an der Drehsperre aktiviert. Besonders eignen sich für dieses Modell Kreditkarten und Bankkarten. Transport for London, einer der größten Verkehrsbetriebe weltweit, sieht darin ein wichtiges Zukunftsszenario [3]. Falls die Lesegeräte an den Gates mit der EMV-Bezahlfunktion erweitert werden, wären auch Modelle wie Best-Price-Berechnungen möglich. Der Kunde muss nur mehr mit seiner kontaktlosen Kreditkarte oder seinem NFC-Mobiltelefon die Schranken passieren. Im Nachhinein wird der beste Preis berechnet und von der Kreditkarte abgebucht. Hierbei entfallen z. B. die für Touristen lästigen Fragen, welcher Fahrschein die günstigste und beste Wahl ist.

Der Vorteil der Nutzung der Kredit- oder Bankomatkarten als Fahrschein liegt in der Einsparung von Fahrkartenschaltern und Automaten. Weiters sind Tarifänderungen einfach zu implementieren.

9.3.5 Rhein-Main-Verkehrsverbund (RMV)

Im Jahr 2005 setzte der Rhein-Main-Verkehrsverbund in der Stadt Hanau NFC-Mobiltelefone in einem Check-In/Check-Out-System als Fahrkarten im öffentlichen Nahverkehr ein. Parallel zur NFC-Lösung war bereits eine elektronische Fahrkarte mit MIFARE-Technologie im Einsatz. Das Mobiltelefon konnte bei Telefonverkaufsstellen bezogen werden. Die Ticket-Applikation wird im Secure Element installiert und personalisiert. Die Benutzer von Karten bzw. Mobiltelefonen erhalten am Ende jedes Monats eine Rechnung über die getätigten Fahrten. Diese Abrechnung enthält eine Auflistung der unternommenen Fahrten. Der letztendlich zu be-

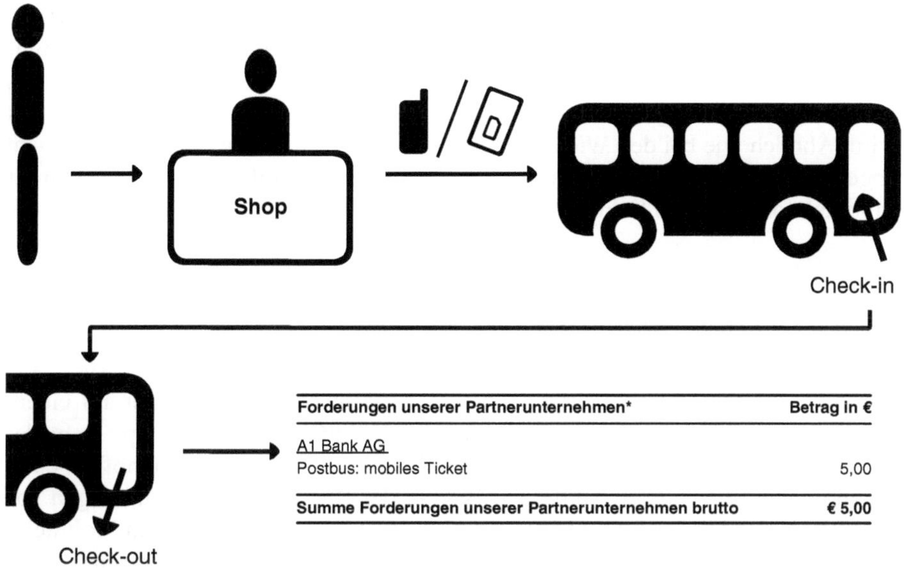

Abb. 9.9 Ablauf des NFC-Ticketing mit einem Check-In/Check-Out-System

zahlende Betrag wird auf Basis des Best-Price-Verfahrens berechnet und vom Konto abgebucht. Die Kunden zahlen immer nur den für sie günstigsten Fahrpreis. Bei Fahrtantritt muss das NFC-Telefon das Check-In-Terminal berühren, ebenso beim Aussteigen aus dem Bus. Der Ablauf ist in Abb. 9.9 dargestellt.

Eine weitere Anwendung von NFC im Rhein-Main-Verkehrsverbund sind die Informationspunkte „ConTag" (Abb. 9.10). In Frankfurt und im Main-Taunus-Kreis wurden über 2.500 ConTags an Fahrkartenautomaten und Haltestellenmasten angebracht. Weiters sind an allen Bahnstationen im RMV an den Fahrkartenautomaten der Deutschen Bahn AG und der Hessischen Landesbahn ConTags installiert.

Nach dem Berühren des ConTags mit einem NFC-Mobiltelefon öffnet sich automatisch das mobile Portal von rmv.de. Im ConTag sind die Daten der jeweiligen

Abb. 9.10 Mit Hilfe von „ConTags" können aktuelle Fahrplaninformationen am NFC-Mobiltelefon angezeigt werden. (Foto: RMV/Müller, © Rhein-Main-Verkehrsverbund GmbH)

Haltestelle enthalten, wodurch standortbezogene Dienste verwendet werden können. Die Aushangfahrpläne für die Haltestelle inklusive prognostizierter Verspätungen der jeweiligen Linien werden am Telefon angezeigt. Weiters kann über dieses Portal eine Fahrkarte gekauft werden, die anschließend dem Mobiltelefon zugestellt wird. Ähnlich wie bei den Wiener Linien wird das Ticket nicht im Secure Element abgespeichert. Mobile Tickets verwenden die bestehende Infrastruktur, die auch für Mobiltelefone ohne NFC-Funktion benutzt wird.

9.3.6 Deutsche Bahn „Touch and Travel"

Das NFC-Pilotprojekt „Touch and Travel" der deutschen Bahn beruht auf einem Best-Price-Verfahren und verwendet das Check-In/Check-Out-Prinzip. D. h. der Kunde muss beim Einsteigen in das Verkehrsmittel bzw. beim Bahnhof an einer speziell gekennzeichneten Stelle den Beginn der Reise und beim Aussteigen das Ende der Reise anzeigen. Der Kunde berührt den Touchpoint mit seinem Mobiltelefon und meldet sich damit an bzw. ab. Die Fahrtroute wird im Hintergrundsystem ermittelt. Es wird automatisch der beste Preis berechnet. Am Monatsende erhält der Kunde eine Rechnung mit einer übersichtlichen Darstellung aller Fahrten [2].

Der Touchpoint (Abb. 9.11) ist mit einem NFC-Tag ausgestattet, das vom NFC-Mobiltelefon gelesen wird. In den NFC-Tags sind Standortinformationen des jeweiligen Touchpoints enthalten. Diese Informationen werden zum Hintergrundsystem übertragen. Um Missbrauch zu vermeiden, wurden kryptografische Verfahren verwendet.

Im Hintergrundsystem werden alle Daten (wie Anmeldung, Abmeldung, Kontrolldaten und Fahrzeit) gesammelt. Durch diese Daten kann die Fahrtroute rekonstruiert und der Preis für jeden Fahrabschnitt automatisch ermittelt werden. Basis für das Touch and Travel Projekt ist die VDV-Kernapplikation für elektronisches Fahrgeldmanagement. VDV steht für den Verband Deutscher Verkehrsunternehmen.

9.3.7 Hemmnisse und Erfolgsfaktoren

In diesem Abschnitt werden die Hemmnisse und Erfolgsfaktoren für einen Einsatz der NFC-Technologie im Personennahverkehr diskutiert. Huomo hat diese Daten in einer Studie [7] erhoben. An dieser Befragung haben mehr als 100 Personen der wichtigsten Unternehmen im öffentlichen Personenverkehr teilgenommen.

Mehr als 82 % der Befragten waren der Meinung, dass die unklaren Geschäftsmodelle und noch nicht vorhandenen Kooperationen zwischen den Unternehmen einen signifikanten Faktor für die Verhinderung von NFC bei Verkehrsunternehmen darstellen. Die verschiedenen Interessen der involvierten Firmen, das Fehlen eines erfolgversprechenden Preismodells und die offene Frage, wie die Umsätze und Gewinne zwischen den Partnern aufgeteilt werden, sind die vorrangigen Hindernisse.

Abb. 9.11 Der Touchpoint bei Touch and Travel. (Foto: DB AG/Magnus Winter)

In der aktuellen Situation gibt es eine Reihe von gegensätzlichen Interessen. Da die Verkehrsunternehmen sehr langfristig denken, hindern diese unbeantworteten Fragen die Entscheidungsträger an einem stärkeren Engagement.

69 % der Befragten sahen als maßgeblichen Hinderungsgrund ein mangelndes Wissen über Vorteile und Kosten von NFC in Verkehrsunternehmen. Es wurden zwar sehr viele Pilotprojekte und Feldversuche durchgeführt, jedoch untersuchten diese hauptsächlich die technische Ebene oder die Kundenzufriedenheit. Sehr wenig Wert wurde bisher auf geeignete Finanz- und Wirtschaftlichkeitsrechnungen gelegt, bzw. darauf wie die einzelnen Interessenvertretungen von NFC maximal profitieren können. Die effektiven Kosten für eine Einführung von NFC sowie der Return of Investment (ROI) wurden selten untersucht und sind daher nicht klar erkennbar. Falls nicht genau herausgearbeitet wird, warum NFC besser und kostengünstiger ist, als bestehende Papiertickets oder Chipkartenlösungen, wird kein Interesse an großen Investitionen bestehen.

Weitere 69 % waren der Meinung, dass die fehlende Anzahl von NFC-Geräten ein großes Hindernis darstellt. Da für die Verkehrsunternehmen nur der Massenmarkt interessant ist, müssen – für eine wirtschaftliche Anwendung von NFC – die Geräte in geeigneter Anzahl zur Verfügung stehen.

Neben all diesen Hemmnissen bestehen für 50 % der Befragten Bedenken, da unterschiedliche Verkehrssysteme inkompatibel zueinander sind. So kann zum Beispiel eine Person keine Chipkarte als Fahrschein verwenden, wenn sie mit der Bahn von Berlin nach München fährt und in München die öffentlichen Verkehrsmittel benutzen möchte. Viele Städte und Verkehrsverbünde haben noch keine Kartensysteme oder proprietäre Kartensystem, die untereinander inkompatibel sind. Europaweit wird versucht, dieses Problem zu lösen. Im deutschsprachigen Raum wurde die Standardisierung über die sogenannte VDV-Kernapplikation gestartet. In Großbritannien wird der ITSO-Standard bevorzugt [5].

Als treibende Kraft wird übereinstimmend (87 % der Befragten) die Minimierung des Cash-Handlings für die Verkehrsunternehmen gesehen. Cash-Handling sollte in den Verkehrsbetrieben minimiert werden, da die Kosten dafür sehr hoch sind. Automaten müssen entleert und das Bargeld muss unter entsprechenden Sicherheitsvorkehrungen zur Bank gebracht werden.

Weiters würde NFC neben dem Bargeld auch die Kosten für kontaktlose Chipkarten ersetzen. Es müssten weniger Karten produziert und ausgegeben werden, da die Kunden diese in ihrem Mobiltelefon gespeichert hätten.

78 % der Befragten erwarten eine Reduktion der Kosten für Ticketverkauf und/ oder Vertrieb. Die Möglichkeit, Fahrscheine direkt am Mobiltelefon zu kaufen und dort abzuspeichern, erhöht die Selbstbedienungsrate durch die Fahrgäste und spart somit hohe Kosten für Automaten, Personal und Produktion der Fahrkarten.

84 % waren der Meinung, dass die Kunden durch die NFC-Technologie eine bessere und einfachere Bedienung vorfinden werden. Sowohl Kauf als auch Entwertung von Fahrkarten wird für die Kunden einfacher und erspart Warteschlangen und Wartezeiten. In diesem Zusammenhang sind 85 % der Ansicht, dass die Kunden durch NFC einen besseren Zugang zu relevanten Informationen, wie zum Beispiel Abfahrtszeiten, Verspätungen und zusätzliche Informationen der Verkehrsunternehmen, bekommen.

80 % der Befragten waren der Meinung, dass die Rückwärtskompatibilität von NFC zu bestehenden kontaktlosen Chipkartensystemen sowie zu Bezahlsystemen einen wichtigen Faktor für die Einführung von NFC darstellt.

9.4 Kino- und Konzertkarten

Ein weiteres Anwendungsgebiet ist das Kaufen von Kino- oder Konzertkarten. Hierbei handelt es sich um Karten für einzelne Veranstaltungen, die sporadisch besucht werden. Durch eine vollständige Integration von NFC in das Ticketsystem ist ein sehr einfacher Ablauf für die Gäste der Veranstaltungen möglich.

9.4.1 Bestellung der Karten

Die Bestellung der Kino- oder Konzertkarten kann über das Internet oder direkt vom Mobiltelefon aus erfolgen. In den Ankündigungsplakaten werden NFC-Tags

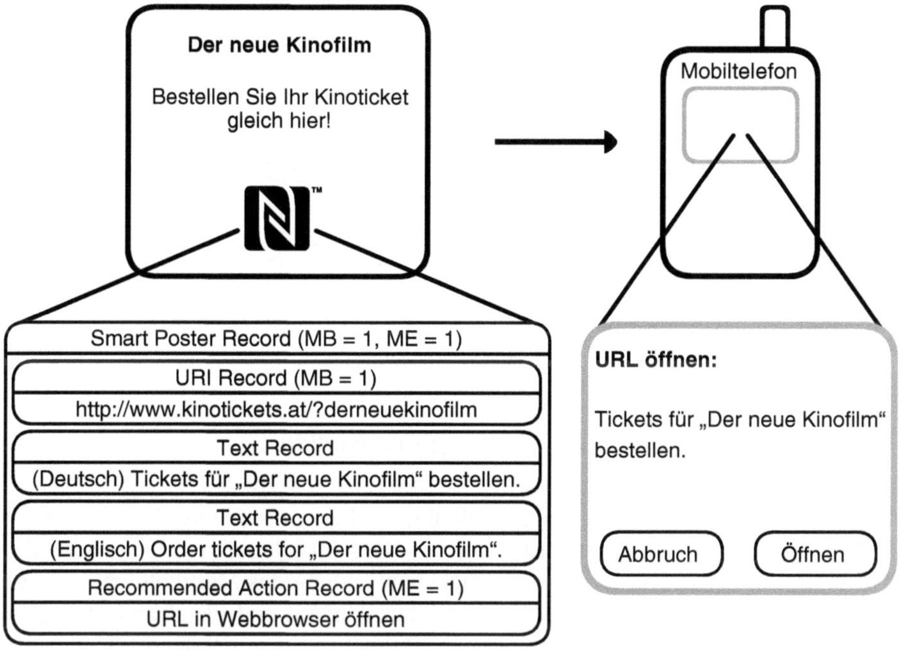

Abb. 9.12 Tagaufbau für die Kinoticket-Bestellung

integriert, sodass das Plakat zu einem Smartposter, einem intelligenten Plakat, wird. Im NFC-Tag ist eine URL gespeichert, welche die Internetadresse des Konzert- oder Kinoveranstalters angibt. Die Personen, die das Konzert oder die Kinoveranstaltung besuchen wollen, müssen nur mit ihrem NFC-Mobiltelefon das Plakat berühren (Abb. 9.12).

Falls der Kunde noch kein Benutzerkonto beim Ticketanbieter hat, muss er sich vor der Bestellung registrieren. Er muss einige persönliche Daten ausfüllen und installiert anschließend das Ticket-Applet im Secure Element und das MIDlet im Mobiltelefon. Hierzu wird das OTA-Management genutzt, welches für das Laden von neuen Anwendungen für Mobiltelefon und Secure Element zuständig ist. Das Mobiltelefon muss eine Datenverbindung zum Trusted Service Manager aufbauen. Die Anwendungen werden automatisiert installiert.

Anschließend verbindet sich das NFC-Mobiltelefon über das Internet mit der Ticketplattform. Hier kann der Benutzer wählen, zu welcher Uhrzeit und zu welchem Datum er die Veranstaltung besuchen möchte. Weiters können noch ein oder mehrere Plätze ausgewählt werden (Abb. 9.13).

Alternativ kann der Kunde seine Bestellung direkt über das Internet ausführen. Damit sein Ticket auf das Mobiltelefon zugestellt werden kann, muss die Mobiltelefonnummer angegeben werden. Die Abrechnung der Konzert- oder Kinokarten kann auf mehrere Arten erfolgen: Entweder direkt über die Mobilfunkrechnung, über eine Kreditkarte oder per Bankeinzug.

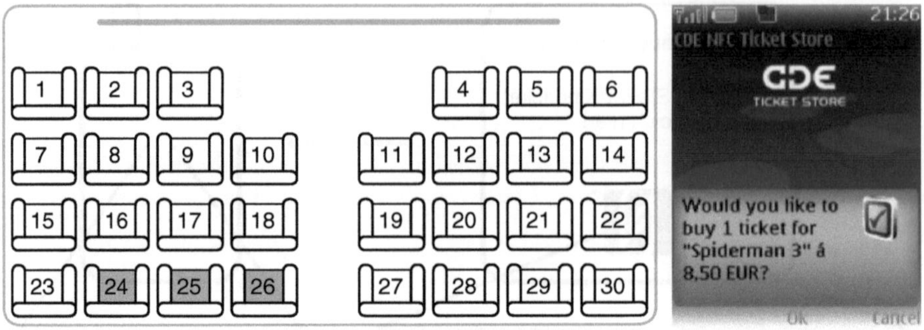

Abb. 9.13 Auswahl und Kauf eines Kinotickets. (Quelle: [1])

9.4.2 Zustellung und Entwertung der Karten

Nachdem der Bestellvorgang erfolgreich abgewickelt wurde, wird das Ticket über SMS zugestellt und im Secure Element des NFC-Mobiltelefons gespeichert. Die Ticketinformationen werden über die Ticketanwendung des Mobiltelefons gelesen und überprüft. Der Kartenbesitzer kann Datum, Uhrzeit und Platzbezeichnung jederzeit mit seinem Mobiltelefon abfragen. Beim Eintritt in das Konzert wird das Ticket durch Berühren von NFC-Lesegeräten an Drehsperren oder durch mobile Lesegeräte, die vom Kontrollpersonal bedient werden, entwertet.

Da es weltweit sehr viele unterschiedliche Konzert- und Kinosysteme gibt und eine Standardisierung noch in einem frühen Anfangsstadium ist, werden voraussichtlich zu Beginn nur wenige große Konzertveranstalter und Kinoketten dieses System nutzen können.

Wie beim öffentlichen Personennahverkehr gibt es auch hier eine Reihe von Hemmnissen und noch nicht beantwortete Fragen. Die Geschäftsmodelle und die Aufteilung des Umsatzes an die beteiligten Unternehmen sind unklar. Der Mehrwert von NFC ist vor allem der hohe Bedienungskomfort.

9.5 Zutritt

Zutritt zu Gebäuden, Räumen, Garagen und Hotels sind weitere vielversprechende Anwendungsgebiete. Das NFC-Telefon wird zum Schlüssel und kann Türen oder Schranken öffnen. Anstelle eines mechanischen Schließsystems mit Schlüsseln werden kontaktlose Karten oder NFC-Mobiltelefone verwendet. Der Vorteil für die Benutzer ist, dass mehrere Schlüssel in ein Mobiltelefon integriert werden können. Im NFC-Feldversuch in Hagenberg wurden alle Labors, Garagen und Türen zur Fachhochschule mit einem NFC-kompatiblem Schließsystem auf Basis der MIFARE-Technologie ausgestattet. Die Benutzer fanden das Verwenden des Mobiltelefons als Schlüssel sehr praktisch, weil dieses immer zur Hand war und die Zutrittskarte früher öfter vergessen wurde.

Interessant sind Zutrittssysteme vor allem, da sie zu einem großen Teil kompatibel zu NFC sind. Sehr viele Zutrittslösungen beruhen bereits heute auf kontaktloser Technologie. Im deutschsprachigen Raum sind vorwiegend Systeme auf Basis von MIFARE und LEGIC im Einsatz. MIFARE ist kompatibel zu NFC und in viele NFC-Mobiltelefone standardmäßig integriert. LEGIC gibt es in mehreren Ausprägungen und ist nur in den moderneren Varianten kompatibel zu NFC. Hitag, HID, Nedap und andere Systeme im Kilohertzbereich sind zu NFC inkompatible Technologien, die ebenfalls im Zutrittsbereich eingesetzt werden.

Die Sicherheitsstufen bestehender Zutrittslösungen variieren stark. Im Einsatz sind sowohl einfache Lösungen ohne jede Sicherheit, wie zum Beispiel das Auslesen von frei lesbaren Seriennummern, als auch hochsichere Lösungen mit kryptografischen Verschlüsselungen.

9.5.1 Hotels

Ein weiterer Anwendungsfall für NFC ist das Buchen und Öffnen eines Hotelzimmers. Die Zutrittsberechtigung, also der Schlüssel, wird im NFC-Mobiltelefon im Secure Element abgespeichert.

Sofern der Kunde noch kein Benutzerkonto bei der Hotelkette hat, muss er sich registrieren. Nach dem Ausfüllen einiger Daten wird das Applet für das Secure Element und das MIDlet für das Mobiltelefon über das OTA-Management geladen und personalisiert. Falls der Kunde bereits registriert war, kann sofort mit der Buchung gestartet werden.

Der Kunde bucht auf der Internetseite des Hotels das Zimmer im gewünschten Zeitraum. Weiters muss der Kunde noch seine Daten, unter anderem auch die Telefonnummer, eingeben. Die Buchung wird nach erfolgreicher Prüfung, ob das Zimmer frei ist, bestätigt. Über SMS wird der Schlüssel für das Hotelzimmer zugestellt. Die Hotel-Anwendung am Mobiltelefon zeigt die Hotelzimmerdaten (Kategorie, Datum, Bestellung, Kosten) an. Die Bezahlung erfolgt über Kreditkarte oder die Mobilfunkrechnung des Betreibers.

Nachdem die Berechtigungen im Secure Element des NFC-Mobiltelefons hinterlegt sind, kann der Kunde direkt das Hotelzimmer aufsuchen. Die Zutrittsberechtigung für den gebuchten Zeitraum ist bereits bei der Eingangstür hinterlegt. Der Hotelgast kann über sein NFC-Mobiltelefon den Aufzug bestellen und wird sofort in das richtige Stockwerk gebracht. Dort angekommen, sucht er sein Zimmer auf und öffnet die Tür, indem er mit dem Mobiltelefon das Schloss berührt. Interessant sind diese Szenarien für große Hotelketten, die mit den Anwendungen am Mobiltelefon noch zusätzliche Kundenbindungsprogramme inkludieren können. Damit werden die Gäste besser und schneller bedient und lange Wartezeiten beim Check-In und Check-Out entfallen. In die Anwendung können Bonuspunkte-Programme integriert werden, die dem Gast zusätzliche Vorteile beim Besuch des Hotels bieten.

9.5.2 Firmengebäude

Bei Firmengebäuden und -räumen wird das NFC-Mobiltelefon als Ersatz für einen mechanischen Schlüssel oder eine kontaktlose Chipkarte eingesetzt. Im Gegensatz zur Hotellösung handelt es sich bei den Mitarbeitern von Firmen um Benutzer, die beinahe jeden Tag eine oder mehrere Türen bzw. Schleusen in Firmengebäuden öffnen. In Firmen werden die Zutrittsberechtigungen nicht über öffentlich zugängliche Internetportale vergeben. Typischerweise gibt es Ausgabe- und Personalisierungsstellen im Haus. Im Secure Element des Mobiltelefons wird die Anwendung des Zutrittssystems installiert, wodurch der Mitarbeiter die ihm zugewiesene Berechtigung erhält. Die Vergabe von Kundengruppen und Berechtigungsstufen wird zentral verwaltet und über ein Netzwerk an die Türschlösser transferiert.

Der Vorteil für die Mitarbeiter ist, dass zusätzliche Schlüssel, Token und Chipkarten entfallen und durch das Mobiltelefon ersetzt werden. Die Mitarbeiter haben das Firmentelefon dabei und können jederzeit die Türen öffnen. Dadurch entfallen für die Firmen die Kosten für die Kartenproduktion, die Ausgabe der Karten und den Ersatz von defekten Karten.

9.6 Tourismus-Anwendungen

Bei den meisten Tourismus-Anwendungen wird das NFC-Telefon verwendet, um Webseiten am Telefon rasch und einfach zu öffnen. Die touristischen Informationen sind auf einer Webseite hinterlegt, die durch Berühren eines NFC-Tags abgerufen werden. Auf den Webseiten sind Videos, Texte oder Bilder so aufbereitet, dass sie an den Mobiltelefonen übersichtlich angezeigt werden. NFC wird als Unterstützung eingesetzt, damit aufwändiges und kompliziertes Eingeben von Webseiten-URLs am Mobiltelefon entfallen kann.

In Hagenberg wurden im Jahr 2008 über 20 Positionen mit NFC-Tags ausgerüstet, in denen Informationen zu touristisch interessanten Standorten abgefragt werden können: das Schloss, der Softwarepark, Gasthäuser usw. Die NFC-Tags wurden an den jeweiligen Sehenswürdigkeiten und zusätzlich auf einer Übersichtskarte angebracht. Touristen und Interessierte können, durch Berühren der Landkarte, die jeweilige Sehenswürdigkeit auswählen und bekommen auf ihrem Mobiltelefon die Informationen in Text und Bild dargestellt. Der Aufbau der NFC-Tags ist in Abb. 9.14 dargestellt.

In Monaco wurde eine ähnliche touristische Anwendung installiert. Der Parcour Princess Grace wurde im Jahr 2007 zu Ehren von Prinzessin Grace eröffnet und im Jahr 2008 mit 25 NFC-Etappenzielen ausgerüstet. An den jeweiligen Sehenswürdigkeiten wird durch Berühren des NFC-Tags mit dem NFC-Telefon der Browser des Telefons geöffnet und die zugehörige Webseite automatisch geladen.

Die Vorteile von touristischen Anwendungen mit NFC sind die einfache Bedienung und das Entfallen der Installation von MIDlets für das Telefon oder Applets

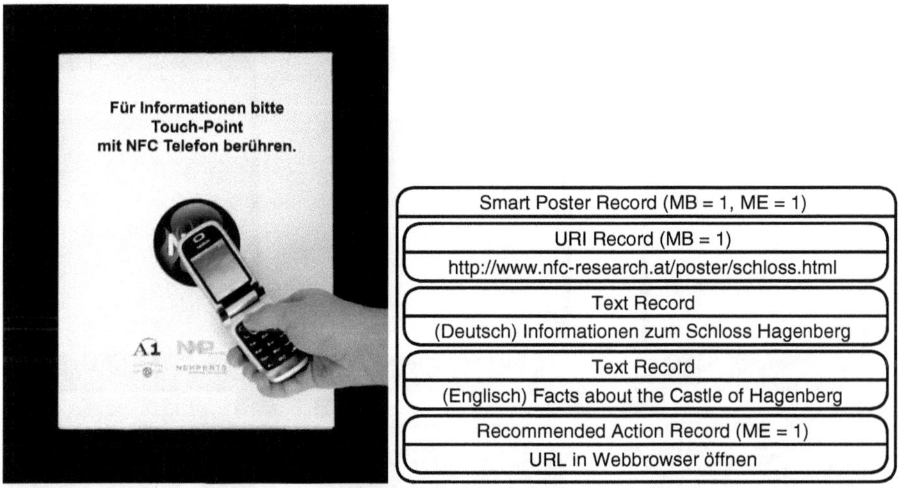

Abb. 9.14 NFC-Tourismus-Tags in Hagenberg und deren Aufbau

für das Secure Element. Weiters können die Sehenswürdigkeiten kostengünstig mit Touchpoints ausgerüstet werden. Die Wartung der Informationen erfolgt zentral über das Serversystem.

Nachteile ergeben sich vor allem für ausländische Touristen. Für diese fallen derzeit zum Teil noch hohe Roaming-Gebühren an. Die Informationen, die am Mobiltelefon dargestellt werden, benötigen im Vergleich zu Webseiten für PCs wenig Speicher.

9.7 Produktinformationssystem

Ein innovatives Produktinformationssystem sollte Konsumenten helfen, die geeigneten Produkte für ihre Bedürfnisse auszuwählen. In einem Supermarkt gibt es viele gleiche Produkte, die von unterschiedlichen Firmen hergestellt werden. Viele Konsumenten sind oft überfordert, die richtige Auswahl zu treffen. Oftmals wird nur anhand der Verpackung entschieden, welches Produkt in den Einkaufswagen gelegt wird. Durch die von der ETH Zürich vorgeschlagene Produktbewertung und Produktinformation kann die Auswahl des richtigen Produktes für die Konsumenten verbessert werden.

Im Supermarkt werden alle Produkte mit NFC-Tags ausgerüstet. Berührt der Konsument das entsprechende Tag, so wird er mit einer Internetseite verbunden, auf der Informationen zu diesem Produkt hinterlegt sind und das Produkt bewertet werden kann. Die Bewertungen der anderen Nutzer werden am Mobiltelefon ebenfalls angezeigt (s. Abb. 9.15). Zusätzlich ist es möglich, dass die Bewertungen von Freunden oder einem eingeschränkten Nutzerkreis verwendet werden. Kunden verlassen sich eher auf die Empfehlung von Freunden und Bekannten als auf anonyme

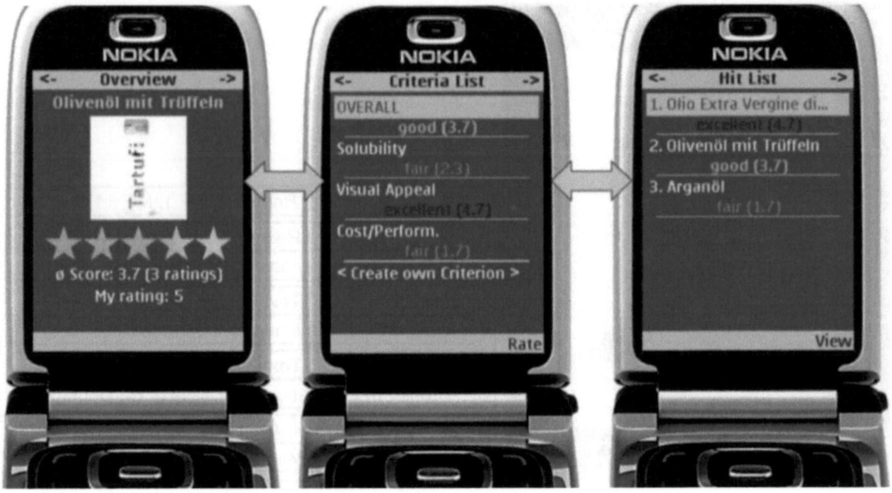

Abb. 9.15 Produktinformationssystem. (Quelle: [10])

Bewertungen. Die Beurteilung des Produktes basiert auf mehren Unterpunkten. Bei dem Beispiel Olivenöl, das in Abb. 9.15 dargestellt ist, wären das die Unterpunkte Geschmack, Aussehen, Konsistenz und Preis/Leistung.

Abschließend erfährt der Konsument, welche ähnlichen Produkte bessere Bewertungen bekommen haben. Damit kann der Kaufprozess im Geschäft für Produkte, die die Konsumenten selbst noch nicht ausprobiert haben, verbessert werden [9].

9.8 Fotos übertragen mit NFC und Bluetooth

Das Übertragen von Fotos auf Drucker oder digitale Bilderrahmen stellt Benutzer immer wieder vor Herausforderungen in der Bedienung. Die beiden Funktechnologien NFC und Bluetooth ergänzen sich bei dieser Anwendung, weil die Stärken jeder Übertragungstechnologie ausgenützt werden.

Bluetooth ist eine standardisierte Funktechnologie. Sie wurde geschaffen, um Kabelverbindungen, vor allem von mobilen Geräten, abzulösen. Die Reichweite liegt typischerweise im Bereich von wenigen Metern, kann jedoch optional bis zu 100 m betragen. Die Datenübertragungsrate ist um ein vielfaches höher als bei NFC und liegt bei bis zu 3 Mbit/s (bei Bluetooth 3.0 sogar bis zu 24 Mbit/s). Bluetooth ermöglicht die Vernetzung weniger Geräte. Eine Schwäche von Bluetooth liegt in der Prozedur zum Aufbau einer sicheren Verbindung zwischen zwei Geräten. So müssen Passschlüssel eingetippt oder Verifikationsnummern verglichen werden. Auch das Auffinden von anderen Geräten ist nicht sehr benutzerfreundlich, da ein Gerät viele andere Geräte in Reichweite als mögliche Partner für die Verbindung vorschlägt [20].

Abb. 9.16 Fotodrucker: Durch Berührung des NFC-Tags (erkennbar am N-Mark) kann ein NFC-Gerät eine Bluetooth-Verbindung zum Drucker aufbauen und ein Foto ausdrucken

Mit NFC als Kommunikationsmedium kann eine Bluetooth-Verbindung komfortabel innerhalb von weniger als einer Sekunde aufgebaut werden. Nachdem mit dem NFC-Telefon ein Foto gemacht wurde, muss für das Ausdrucken auf einem Drucker das NFC Forum N-Mark am Drucker berührt werden, um den Druckvorgang zu starten (Abb. 9.16). Hinter dem N-Mark kann ein einfaches NFC-Tag oder ein NFC-Reader, der mit dem Drucker verbunden ist, angebracht sein. Das NFC-Telefon liest vom Tag oder über den NFC-Reader die Bluetooth-Daten wie PIN-Nummer und eindeutige MAC-Adresse aus, aktiviert am Telefon Bluetooth und startet die Übertragung des Bildes. Schließlich wird das Bild am Drucker ausgedruckt.

9.9 McDonald's in Japan

Eine der erfolgreichsten Kontaktlos-Anwendungen in Japan ist das Bestellen und Bezahlen bei der Fastfoodkette McDonald's.

Nach der Registrierung erfolgt der Download der Anwendung, die anschließend sofort verwendet werden kann. Für die Registrierung sind drei Möglichkeiten vorgesehen:

- Auslesen eines 2D-Barcodes, der automatisch zur richtigen Webseite verlinkt,
- Senden einer E-Mail an die Registrierungsstelle woraufhin eine E-Mail mit einer Web-URL retour gesendet wird,
- Auswählen der Webpage über das Menü jedes Mobilfunkbetreibers.

Anschließend muss der Gast nur seine Personalien für die Personalisierung des Applets angeben und der Download der Anwendung startet. Nun kann der Kunde die Anwendung benutzen.

Nach dem Starten der Anwendung erscheint das Logo von McDonald's. Im rechten Bild von Schritt 1 (Abb. 9.17) sind die Auswahlmöglichkeiten dargestellt. Links oben kann der Kunde Gutscheine zum Download auswählen. Auf der rechten Seite sind die bereits bezogenen Gutscheine dargestellt. Das orange Feld links unten zeigt die Anzahl der bisherigen Besuche bei McDonald's an. Rechts davon befindet sich das Icon für den Webzugang. Rechts daneben ist ein Support-Button und rechts außen findet man die aktuellen Empfehlungen von McDonald's.

Die Schritte 2 bis 4 in Abb. 9.17 zeigen die Vorbestellung von Menüs und das Einlösen von Gutscheinen. Der Kunde wählt, bevor er ins Restaurant geht, seine Speisen und Getränke aus. In Schritt 2 werden das gewünschte Menü und ein Gutschein über 400 ¥ ausgewählt. In Schritt 3 wird die Anzahl der Menüs gewählt. In Schritt 4 wird die Auswahl bestätigt und abgespeichert. Der Bestellvorgang kann jederzeit offline durchgeführt werden. Der Gast besucht erst später das McDonald's Restaurant.

Im Restaurant angekommen, muss der Gast seine Bestellung nicht mehr dem Bedienpersonal mitteilen. Stattdessen berührt er im Restaurant den Reader mit seinem Mobiltelefon (Schritt 5) und gibt damit seine Bestellung auf. Die Speisen werden auf das Tablett gestellt. Zum Schluss (Schritt 6) gibt der Gast seine bevorzugte Bezahlmethode bekannt und kann mit Bargeld, Kreditkarte oder über das Mobiltelefon (erneut durch Berührung des Readers) die Rechnung bezahlen.

Durch diese einfache und intuitive Anwendung für die Gäste von McDonald's konnte der Ablauf an der Kasse bzw. am Bestelltresen beschleunigt werden. Weiters ist ein Kundenbindungsprogramm inkludiert, bei dem Kunden Menüs zu verbilligten Preisen bekommen und kurz vor Mittag über neue Gerichte, Coupons und aktuelle Angebote informiert werden.

9.10 Essensservice für ältere Menschen

In Oulu, einer Stadt in Nordfinnland, wird ein Essensservice für ältere Menschen auf NFC-Basis eingesetzt. Ältere Personen, die nicht mehr selbstständig kochen können, werden von einem Menüproduzenten und einem Logistikunternehmen mit frischem Mittagessen versorgt. Sowohl die älteren Personen, die ein Menü bestellen, als auch die Zusteller haben ein NFC-Telefon. NFC wurde verwendet, um das Menüservice zu verbessern und den Kunden die Möglichkeit zu geben, zwischen unterschiedlichen Menüs zu wählen, sowie bestellte Menüs wieder abzubestellen. Bisher wurde an alle Kunden das gleiche Menü ausgeliefert. Abbestellungen mussten telefonisch durchgeführt werden. Das Durchschnittsalter der Personen, die an diesem Versuch teilnahmen, lag bei 76,6 Jahren [6].

Der Ablauf der Menübestellung ist in Abb. 9.18 dargestellt. Wöchentlich werden vom Menüproduzenten Menüpläne erstellt und an das Logistikunternehmen ver-

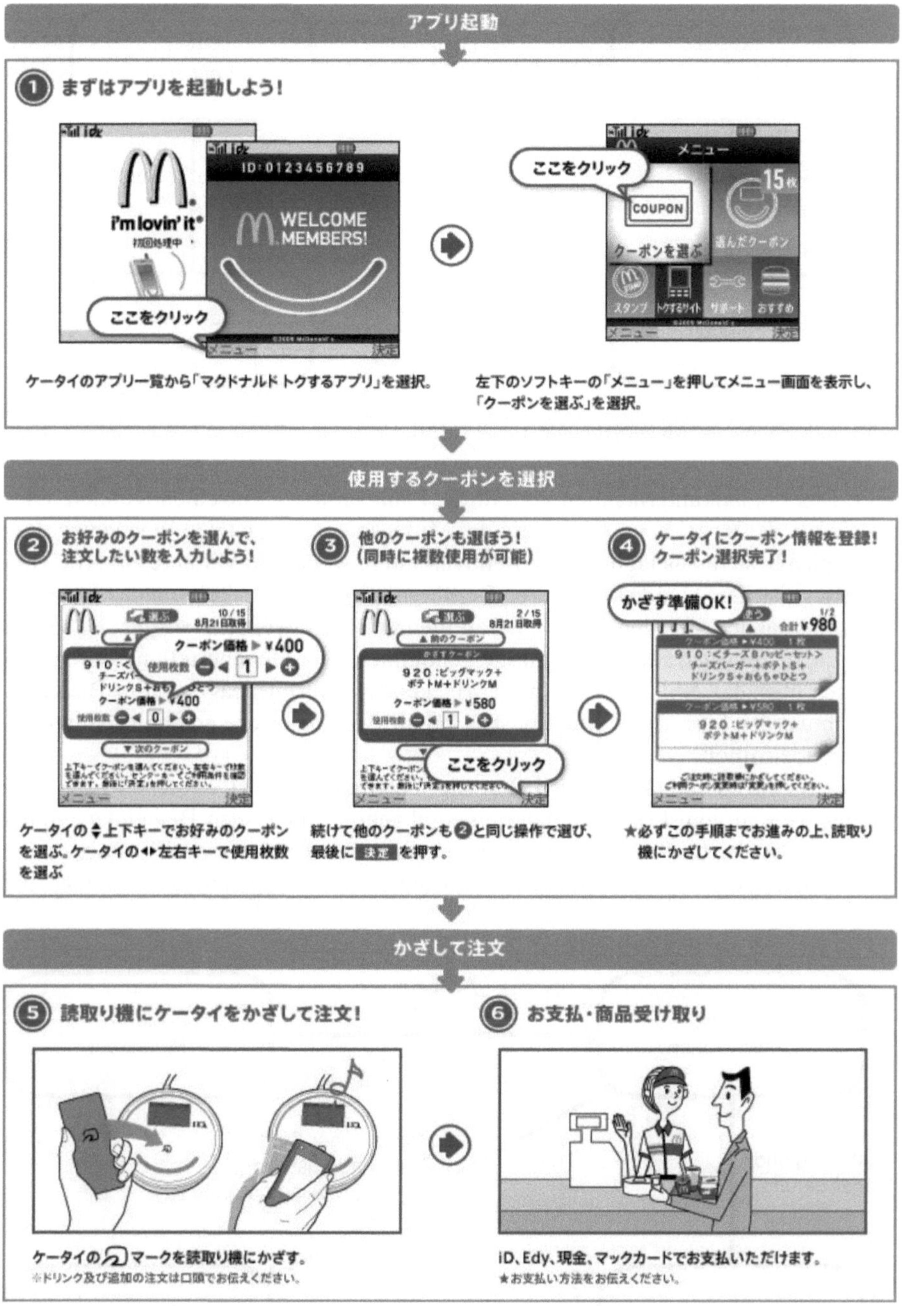

Abb. 9.17 Ablauf der McDonald's Anwendung vom Starten der Anwendung, über die Menüauswahl, bis zur Bestellung und Bezahlung im Restaurant. (Quelle: [15])

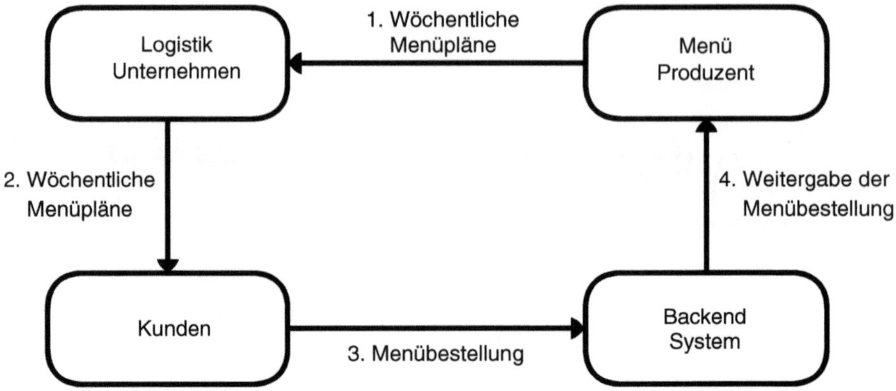

Abb. 9.18 Ablauf der Menübestellung. (Quelle: [6])

teilt. Das Logistikunternehmen verteilt die Pläne an jeden einzelnen Kunden. Dies passiert in der Regel beim Ausliefern der Mittagsmenüs am letzten Wochentag. Der Menüplan besteht aus täglich drei Menüvarianten, wobei pro Variante ein NFC-Tag hinterlegt ist. Der Kunde kann durch Berühren mit dem NFC-Telefon das jeweilige Menü aussuchen. Werden an einem Tag mehrere Menüwünsche aufgezeichnet, so wird die letzte Auswahl als die gültige genommen. Die Menübestellung wird automatisch über das NFC-Telefon in das Backendsystem übertragen. Vom Backendsystem werden kurz vor Produktionsbeginn die Menüwünsche an den Menüproduzenten übermittelt.

Die Menüzustellung (Abb. 9.19) erfolgt ebenfalls mit NFC-Unterstützung. Die Menüs werden vom Logistikunternehmen abgeholt und zu den Bewohnern transportiert. Dort berührt der Zusteller mit seinem NFC-Telefon ein NFC-Tag, das in der Wohnung der Person angebracht ist. Damit identifiziert sich der Zusteller und

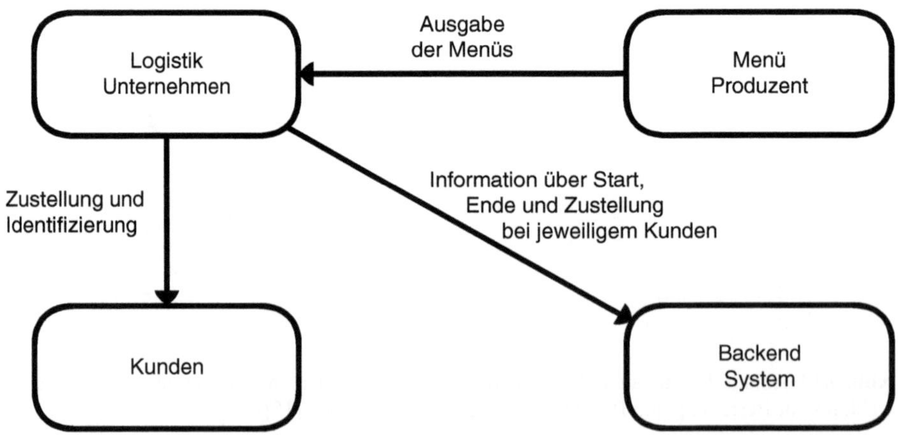

Abb. 9.19 Ablauf der Menüzustellung. (Quelle: [6])

übermittelt die erfolgreiche Zustellung des Menüs an das Backendsystem. Weiters werden im Backendsystem Beginn und Ende der Zustellung aufgezeichnet. Falls Bewohner telefonisch anfragen, warum das Menü noch nicht geliefert wurde, kann das Logistikunternehmen genaue Auskunft geben, wo sich die Zusteller derzeit befinden.

9.11 Konferenz- und Eventmanagement

Bei Veranstaltungen, Konferenzen und Events kann die NFC-Technologie verwendet werden, um Berechtigungen der Besucher beim Eintritt zu prüfen, auf einfache Weise Kontaktdaten auszutauschen und automatisiert Informationsmaterial per E-Mail zusenden zu lassen. Für das NFC-Besucher-Managementsystem werden NFC-kompatible Besucherausweise, NFC-Telefone und ein Serversystem benötigt.

Der NFC-Besucherausweis besteht aus einer kontaktlosen Chipkarte, die außen mit dem Namen des Teilnehmers und der Veranstaltung bedruckt ist. Diese Informationen sowie die Berechtigungen für bestimmte Vorträge, Sessions oder Mittag- und Abendessen sind am Chip gespeichert. Allgemein lesbare Daten wie Name, Telefonnummer, Adresse und E-Mail-Adresse werden im Visitenkartenformat in einem NDEF-Record abgelegt und sind mit jedem NFC-Mobiltelefon lesbar. Die spezifischen Eventdaten werden in einem zweiten NDEF-Record gespeichert, der nur von autorisierten NFC-Telefonen lesbar ist.

Wie in Abb. 9.20 dargestellt, werden die Besucher an den Ein- bzw. Ausgangsstellen kontrolliert. Nur wer die entsprechende Berechtigung am Chip hinterlegt hat, darf die Veranstaltung besuchen. Im Backoffice kann geprüft werden, wie viele Besucher welche Vorträge oder Räume besucht haben und wie das Verhalten der Konferenzteilnehmer war. Das NFC-Telefon der Kontrollpersonen ist ein mobiler RFID-Reader mit Online-Verbindung zum Server.

Eine weitere Funktion für die Besucher ist das einfache Austauschen von Kontaktdaten. Da auf einem Besucherausweis die eigenen Daten als Visitenkarte abgespeichert sind, kann durch Berühren des Besucherausweises mit einem NFC-Tele-

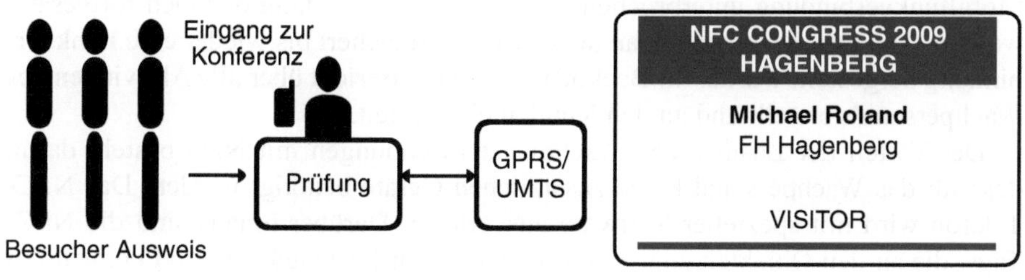

Abb. 9.20 Eingangsprüfung anhand der NFC-Besucherausweise bei einer Veranstaltung. (Quelle: [18])

fon die Visitenkarte ins Telefon übertragen werden. Vor der Konferenz gibt jeder Teilnehmer jene Daten an, die er auch an andere Teilnehmer weitergeben möchte (Telefonnummer, Adresse, E-Mail-Adresse).

An den Informationsständen von Firmen können sich Besucher das Informationsmaterial, für das sie Interesse zeigen, durch das Berühren von NFC Tags via E-Mail zusenden lassen. Jedes Dokument wird durch ein NFC-Tag repräsentiert. Am Telefon ist eine Anwendung installiert, die das Tag des Besuchers und das des Informationsmaterials ausliest. Daraufhin wird eine E-Mail mit den Dokumenten an den Besucher gesendet.

Der Vorteil für Konferenz- und Eventbetreiber ist, dass sie das Nutzungsverhalten der Besucher analysieren und ihren Besuchern zusätzliche Services anbieten können – wie zum Beispiel das einfache Austauschen von Kontaktdaten oder die automatisierte Zusendung von Informationsmaterial.

9.12 Wachdienste

Private und staatliche Organisationen übernehmen die Überwachung von Gebäuden und des öffentlichen Raumes, um Einbrüche, Vandalismus oder Diebstahl zu verhindern. Für diese Organisationen ist es wichtig, dass eine lückenlose Aufzeichnung der überwachten Objekte vorgelegt werden kann. Die Berichte müssen enthalten, welche Person des Sicherheitsdienstes wann bei welchem Objekt gewesen ist. Dies wird in der Regel nicht über Papieraufzeichnungen sondern elektronisch durchgeführt. NFC bietet für die elektronische Aufzeichnung eine gute Alternative zu bisher eingesetzten Verfahren, bei denen zusätzliche Geräte nötig sind.

Mit der NFC-Technologie benötigt der Sicherheitsbeamte nur sein Diensttelefon mit NFC-Funktion. Er berührt an jedem Objekt, das kontrolliert wird, das NFC-Tag. An allen Objekten und Orten, wo eine Überprüfung stattfinden soll, müssen vorher NFC-Tags angebracht werden. Diese NFC-Tags sind für Sicherheitsdienste mit einer speziellen Anwendung am Mobiltelefon lesbar und gesichert, so dass sie nur berechtigte Personen auslesen können. Die Position aller Tags wird zentral verwaltet. Jedem Tag ist eine eindeutige Position zugeordnet.

Die Daten jedes Objekts werden am NFC-Telefon zwischengespeichert und über eine Datenverbindung in Echtzeit an den Server übermittelt. Falls gerade die Mobilfunkverbindung unterbrochen ist, kann die Anwendung dennoch fortgesetzt werden. Alle Daten werden so lange zwischengespeichert bis wieder eine Funkverbindung hergestellt wurde. Im Backoffice wird ein Bericht über alle Aktivitäten des Wachpersonals erstellt und an den Kunden übermittelt.

Der Vorteil der Lösung von Wachdienstanwendungen mit NFC besteht darin, dass für das Wachpersonal keine zusätzlichen Geräte benötigt werden. Das NFC-Telefon wird mit spezieller Software ausgerüstet. Darüber hinaus sind die NFC-Tags, die an den Objekten angebracht werden, sehr kostengünstig und können mit Sicherheitsmerkmalen ausgerüstet werden, so dass diese weder kopiert noch manipuliert werden können.

9.13 Industrieanwendungen

Als Beispiel einer industriellen NFC-Anwendung stellte die ETH Zürich ein Wartungssystem für Feuer-Sprinkler-Anlagen vor. Die Wartung von Industrieapparaten und Industriegeräten ist zeitintensiv. Die Papierdokumentation von Wartungsarbeiten ist fehleranfällig, falls diese im Nachhinein durchgeführt wird. Ziel der NFC-basierten Wartung ist es daher, den Prozess effizienter, kontrollierter und für den Anwender einfacher zu gestalten [8].

Das Wartungssystem besteht aus einer Clientanwendung, die auf einem NFC-Mobiltelefon installiert wird. Diese Anwendung kann NFC-Tags lesen, schreiben und Daten an einen zentralen Server übermitteln. Am Server werden die Wartungsdaten in einer Datenbank abgespeichert und sind über eine Webseite abrufbar.

Um die Sicherheit zu erhöhen, wurden NFC-Tags eingesetzt, die lesbar und schreibbar sind. In den NFC-Tags werden Zufallszahlen geschrieben und eindeutige Identifikationsdaten des Tags ausgelesen. Dieser Vorgang kann ohne bestehende Internetverbindung vom Mobiltelefon durchgeführt werden. Dies ist insofern wichtig, da viele Objekte von Industrieanlagen in Kellern oder elektromagnetisch abgeschirmten Räumen positioniert sind, wo ein Mobilfunkempfang nicht möglich ist.

Die Zufallszahlen, die die erhöhte Sicherheit gewährleisten, werden vom Server einmal pro Woche für jeden Checkpoint individuell erzeugt. Bevor der Wartungsmitarbeiter seine Route beginnt, lädt er sich vom Server alle Zufallssequenzen für jeden Checkpoint auf sein Mobiltelefon. Bei jedem Lesen der Tags wird auch die alte Zufallssequenz gelesen und anschließend durch die neue Zufallssequenz überschrieben. Fehlende Wartungszyklen werden durch das Serversystem erkannt. Die Wartungsaufzeichnungen sind nicht durch einen Mitarbeiter manipulierbar.

In Abb. 9.21 ist der Ablauf aus Sicht des Wartungstechnikers abgebildet. Zuerst wird die Anwendung gestartet. Die Zufallssequenzen werden automatisch für jeden Checkpoint über die Internetverbindung zum NFC-Telefon übertragen. Die eindeutige ID des Mobiltelefons identifiziert den Benutzer am Server. Die Internetverbindung wird daraufhin wieder geschlossen und der Anwender wird hingewiesen, dass er nun die Checkpunkte berühren soll, um die Wartungsarbeiten durchzuführen. Das Display zeigt die Anzahl der Checkpoints an.

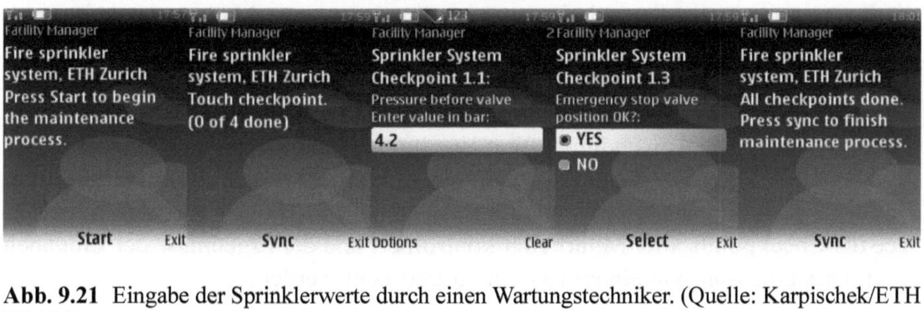

Abb. 9.21 Eingabe der Sprinklerwerte durch einen Wartungstechniker. (Quelle: Karpischek/ETH Zürich)

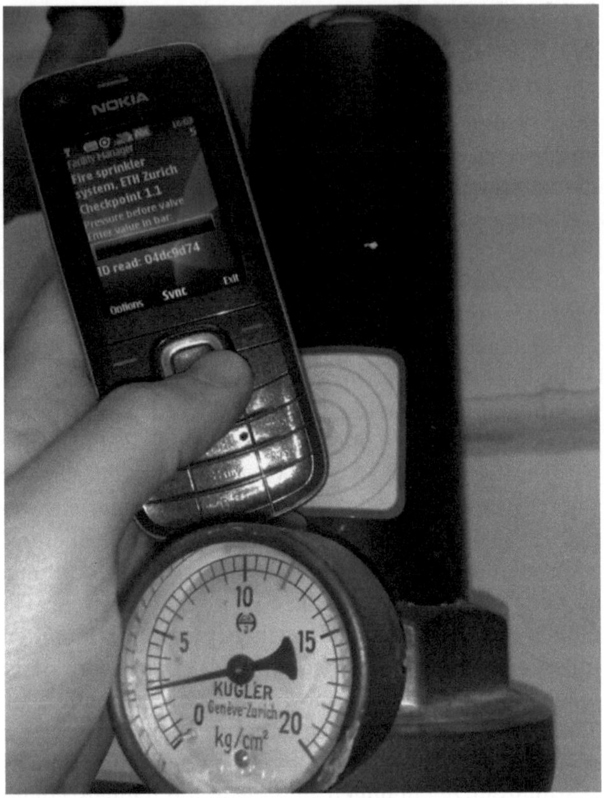

Abb. 9.22 Auslesen der NFC-Tags mit einem NFC-Mobiltelefon. (Foto: Karpischek/ETH Zürich)

Im zweiten Schritt wird das NFC-Tag mit dem Mobiltelefon berührt (Abb. 9.22). Die Anwendung im Mobiltelefon liest die eindeutige ID des NFC-Tags aus und speichert die Sicherheitssequenz, das Kennzeichen des Checkpoints und den Eingabetyp. Anschließend wird die neue Sicherheitssequenz im Tag hinterlegt und am Display des Telefons die Eingabeaufforderung gestartet. Je nach Eingabetyp wird ein Text oder eine Zahl eingeben bzw. eine Auswahl (Ja/Nein) getroffen. Dieser Vorgang wird für jeden Checkpoint wiederholt bis die Route vollständig abgearbeitet wurde. Eine Internetverbindung ist dafür noch nicht notwendig.

Nachdem alle Checkpoints ausgelesen und beschrieben wurden, wird der Benutzer gefragt, ob er die Anwendung beenden möchte und alle Daten mit dem Server abgleichen will. Die Anwendung öffnet eine Internetverbindung und lädt alle bisher gespeicherten Daten zur Serveranwendung. Am Server werden die Wartungsarbeiten für diese Woche als erledigt markiert. Anschließend können über das Webinterface die Checkpoints aller Mitarbeiter kontrolliert und die Ergebnisse der Eingaben (z. B. Druckmessung) in einem Bericht ausgedruckt werden.

9.14 Medizinische Anwendungen

Medizinische Anwendungen zur Datenerfassung können durch die NFC-Technologie entscheidend verbessert werden. Die meisten Anwendungen kombinieren die Lesefunktion des NFC-Telefons mit einer automatisierten Datenerfassung bzw. Patientenzuordnung. Die Daten werden über das Mobiltelefon an einen zentralen Server gesendet, wo eine Auswertung stattfinden kann. Die Eingabe der Daten erfolgt entweder vom Arzt oder vom Patienten selbstständig.

9.14.1 Datenerfassung für die klinische Forschung

Am Austrian Institute of Technology (AIT) wurde eine Methode entwickelt, mit der es sehr einfach möglich ist, Blutdruckdaten von Patienten aufzuzeichnen und automatisiert für eine spätere Auswertung an einen Server zu übertragen. Das System besteht aus den folgenden vier Hauptkomponenten [16]:

- eine webbasierte Anwendung, die klinische Daten sammelt,
- einem Gerät zur Blutdruckmessung mit NFC-Schnittstelle,
- einem NFC-Mobiltelefon als Verbindungsgerät zwischen Internet und Blutdruckmessgerät und
- NFC-Tags für die Authentifizierung und Identifikation.

Am Webserver werden alle Daten gesammelt und, über eine Oberfläche, autorisierten Anwendern zugänglich gemacht. Die Patientendaten, Patienten spezifische Untersuchungslisten, sowie detaillierte Messergebnisse werden visualisiert.

Das medizinische Gerät zur Blutdruckmessung verwendet die integrierte NFC-Schnittstelle in Kombination mit dem NFC-Gerät dazu, um Daten zum Server zu übertragen. Für das NFC-Telefon wurde eine Anwendung entwickelt, die die Daten von der NFC-Schnittstelle über eine GPRS/EDGE-basierte TCP/IP-Verbindung zum Server zu überträgt.

Der Ablauf der Messung gestaltet sich folgendermaßen: Zuerst wird der Blutdruck gemessen. Anschließend öffnet der Patient das NFC-Mobiltelefon und berührt seine Patientenkarte, die aus einem NFC-Tag besteht. Dadurch identifiziert sich der Patient. Anschließend berührt er die dazu vorgegebene Stelle am Blutdruckmessgerät, wodurch die Daten zum NFC-Telefon übertragen und dort gespeichert werden. Wenn alle Daten korrekt im Telefon abgespeichert wurden, wird dies durch ein grünes Symbol angezeigt. Nun berührt der Patient wieder seine Patientenkarte. Der Datenaustausch mit dem Server beginnt. Die erfolgreiche Übertragung wird dem Patienten akustisch und visuell mitgeteilt. Alle Daten sind nun am Server verfügbar und können vom behandelnden Arzt überprüft werden. Der Patient kann seine Messung und die automatisierte Übertragung bequem von zu Hause aus durchführen.

9.14.2 *Öffentliches Gesundheitswesen in Entwicklungsländern*

Die beiden Forschungseinrichtungen Interactive Research and Development (IRD) in Karachi, Pakistan, sowie das Massachusetts Institute of Technologies (MIT) in Cambridge, USA, stellten eine Methode vor, wie das öffentliche Gesundheitswesen in Entwicklungsländern verbessert werden kann [13].

Eine große Herausforderung in Entwicklungsländern stellt die Überwachung und Nachverfolgbarkeit von einer hohen Anzahl an Patienten dar. Mediziner, die die Erstuntersuchungen vornehmen, haben oftmals wenig Zeit und wissen über die Krankengeschichte kaum Bescheid, da es weder elektronische noch schriftliche Aufzeichnungen gibt. Mit Hilfe von Mobiltelefonen und einem zentralen Serversystem sollte die Aufzeichnung verbessert werden. Durch die weite Verbreitung und den kostengünstigen Preis von Mobiltelefonen in Entwicklungsländern können Menschenleben gerettet werden.

Das vorgeschlagene System kann für viele Krankheiten und Aufzeichnungen von Patientendaten angewendet werden. Der Feldversuch wurde in Karachi durchgeführt und anhand von Lungenentzündung bei kleinen Kindern untersucht. Die Ärzte wurden mit NFC-Mobiltelefonen ausgestattet. Auf diesen Telefonen war die Spezialsoftware für das Übertragen von Patientendaten vorinstalliert. Die Patienten, in diesem Fall kranke Kinder, bekommen beim Besuch des Spitals ein NFC-Tag als Armband ausgehändigt.

Der Ablauf der Diagnoseaufzeichnung ist in Abb. 9.23 dargestellt. Mit dem RFID-Tag identifizieren sich die Patienten bei jedem weiteren Besuch des Spitals oder der Arztpraxis. Der Arzt kann auch alternativ den Patienten identifizieren, in dem er die Nummer des RFID-Armbandes im Mobiltelefon eintippt. Dies wird dann verwendet, wenn die NFC-Schnittstelle defekt ist. Anschließend diagnostiziert der behandelnde Arzt über ein einfaches Menü ob keine, eine leichte oder eine schwere Lungenentzündung vorliegt. Die Diagnose wird mit den Patientendaten über SMS oder optional über eine Datenverbindung in Echtzeit an das zentrale Serversystem übertragen. Falls ein Patient mit Lungenentzündung diagnostiziert wurde, alarmiert das Serversystem ein mobiles Team, welches das kranke Kind aufnimmt und weitere Untersuchungen und Behandlungen vornimmt. An der Erstaufnahmestelle wer-

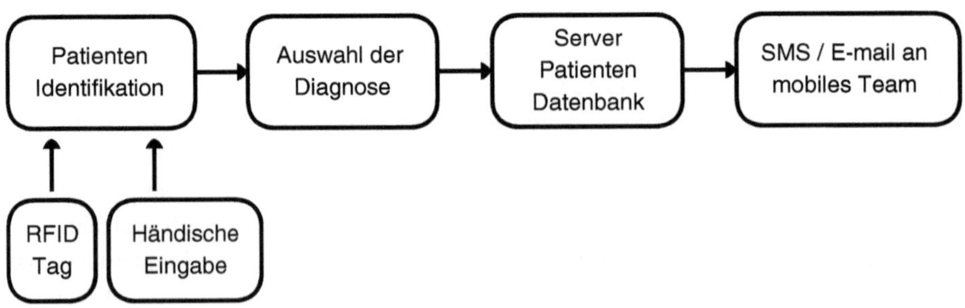

Abb. 9.23 Patienteninformation und Aufzeichnung der Diagnose. (Quelle: [13])

den weitere Patienten untersucht. Oftmals hat der Arzt für die Untersuchung eines einzelnen Patienten nur wenige Minuten Zeit.

Weitere Feldversuche zur Verbesserung der medizinischen Versorgung in Entwicklungsländern verwenden die gespeicherten Patientendaten zur genaueren Diagnose bei der Erstaufnahme. Der behandelnde Arzt liest auf seinem Mobiltelefon einen Auszug der Krankengeschichte des Patienten und kann damit eine bessere Diagnose erstellen.

9.15 Generische NFC-Plattform

Bei sehr vielen Anwendungen werden Daten von einem NFC-Tag gelesen, am Display des Mobiltelefons dargestellt, anschließend zu einem Server übertragen und dort ausgewertet. Daher ist es sinnvoll, diese Anwendungen zu einer generischen Plattform mit NFC-spezifischen Grundfunktionen zusammenzufassen. Die Grundfunktionen können von den einzelnen individuellen Anwendungen verwendet werden:

- sichere Übertragung der Daten zum Server,
- Speichern der Daten offline im Telefon,
- einfache Skripts zum Ausführen der Anwendung am Mobiltelefon.

In Abb. 9.24 sind die Komponenten der generischen NFC-Plattform dargestellt. Am Server sind die Programme in Skriptform für die NFC-Telefone abgespeichert. Das NFC-Telefon lädt zu Beginn das Skript in den lokalen Speicher und kann ab diesem Zeitpunkt die Anwendung ausführen. Das Skript stellt die Verbindung von NFC-Karten, NFC-Tags, Benutzereingaben und dem Server dar. Alle Eingaben und Informationen werden lokal im Speicher des Mobiltelefons zwischengespeichert und, bei einer Verbindung mit dem Server, an diesen übertragen. Dadurch können sensible Anwendungen, bei denen keine Daten verloren gehen dürfen, ausgeführt werden.

Die Registrierung und die erstmalige Installation der Anwendung werden in Abb. 9.25 gezeigt. Die Installation erfolgt über eine Freischaltkarte, die zum NFC-Telefon gehalten wird. Dort ist eine URL gespeichert, von der die Anwendung geladen wird. Diese Karte enthält Informationen über den jeweiligen Mandanten, dem das Mobiltelefon zugeordnet wird. Zur Registrierung wird ein PIN-Code eingegeben.

Nun ist das Basisprogramm am Mobiltelefon installiert. Die Anwendungen können geladen und anschließend ausgeführt werden (Abb. 9.26). Die Konfiguration, welche Anwendungen welchem Mobiltelefon zugeordnet sind, erfolgt über eine zentrale Webapplikation. Im Telefonmenü „Optionen“ werden neue Anwendungen, d. h. Skripts vom Server, geladen. Im Punkt „Synchronisieren“ werden alle Daten, die aufgrund von Verbindungsproblemen nur im Mobiltelefon gespeichert wurden, zum Server synchronisiert. Schließlich kann der Benutzer im letzten Punkt des Auswahlmenüs nach neuen Updates für das Basisprogramm suchen.

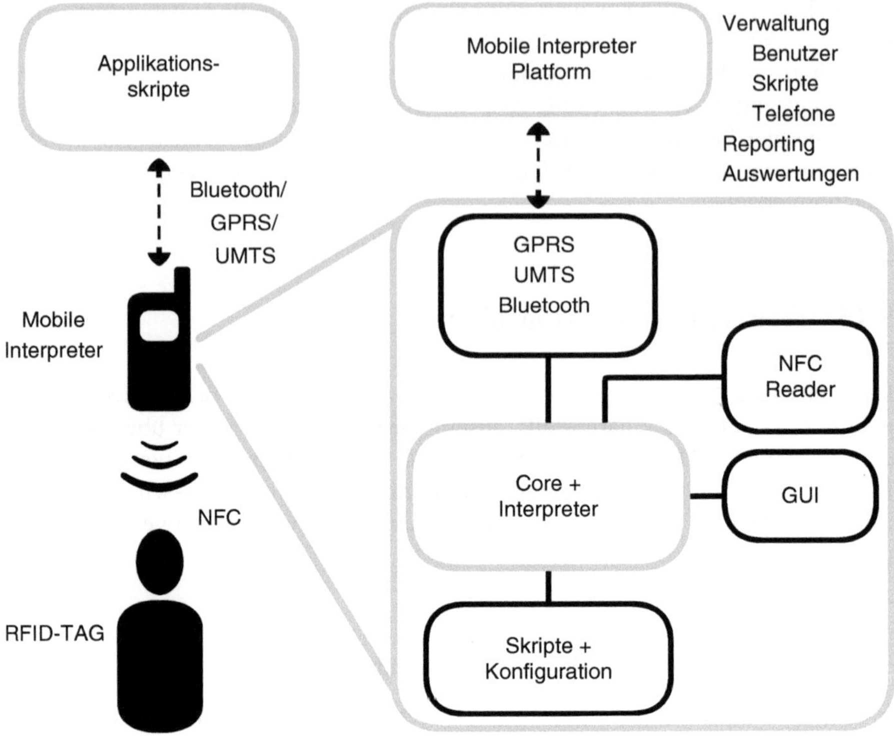

Abb. 9.24 Architektur der NFC-Plattform. (Quelle: [18])

Am Telefon des Anwenders sind alle Skripts geladen und können jederzeit gestartet werden. In Abb. 9.27 sind die Anwendungen für zwei verschiedene Mandanten dargestellt. Der linke Bildschirm zeigt die Anwendungen „Eingangskontrolle" und „Ausgangskontrolle" für Messe- und Konferenzanwendungen. Die nächsten beiden Anwendungen heißen „Benachrichtigung anlegen" und „Benachrichtigung". Damit kann eine SMS auf einem NFC-Tag abgelegt werden. Immer wenn das Tag verwendet wird, bekommt der Anwender eine Benachrichtigung zugesen-

Abb. 9.25 Registrierung der NFC-Plattform. (Quelle: CDE GmbH, [18])

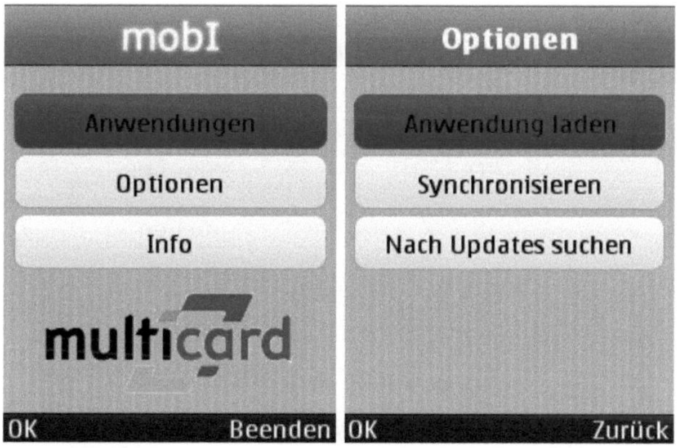

Abb. 9.26 Startbildschirm der Basisanwendung und der Optionen. Die Anwendung ist auf den Mandanten multicard personalisiert. (Quelle: CDE GmbH)

Abb. 9.27 Anwendungen verschiedener Mandanten. (Quelle: CDE GmbH)

det. Die letzte Anwendung ist das „Tankbuch". Dabei können der Kilometerstand, die getankten Liter und der Preis eingegeben werden. Die Daten werden am Server hinterlegt und der Durchschnittsverbrauch wird ausgerechnet – diese Anwendung funktioniert ohne NFC.

Der rechte Bildschirm zeigt die Anwendungen eines anderen Mandanten. Die Basisapplikationen sind identisch, lediglich die Skripte, die geladen wurden, unterscheiden sich. Beim rechten Bildschirm ist ebenfall die Benachrichtigungsanwendung installiert. Zusätzlich sind die Skripts für die „Bibliotheksanwendung", bei der Bücher entlehnt und zurückgegeben werden können, ein „Eventmanger" für die Verwaltung von Konferenzen und Events, sowie ein „Gewinnspiel" und die „Zeiterfassung" am Telefon gespeichert.

Bei der Zeiterfassung wird eine personalisierte Chipkarte oder alternativ die eindeutige Nummer einer MIFARE-Karte verwendet, um den Benutzer zu identifizieren. Der Benutzer kann am Mobiltelefon auswählen, ob er mit der Arbeitszeitaufzeichnung (s. Abb. 9.28) beginnt („Kommen") oder ob er diese beendet („Gehen"). Für Arbeitseinsätze außerhalb des Büros, wie bei Monteuren, Vertriebsmitarbeitern oder Reisen kann die Arbeitszeit mobil protokolliert werden.

Abb. 9.28 Zeiterfassungsanwendung. (Quelle: CDE GmbH)

Literatur

[1] CDE GmbH: NFC Starter Kit User Manual. Hagenberg (2008)

[2] Deutsche Bahn: Touch and Travel. http://www.touchandtravel.de/

[3] Dobson B: London – NFC in a smart card world. In: NFC Forum Spotlight Event on Transport and City Life, Frankfurt (Jun 2008) http://www.nfc-forum.org/resources/presentations/Brian_Dobson_Transport_for_London.pdf

[4] EMVCo: The Role and Scope of EMVCo in Standardising the Mobile Payments Infrastructure, Whitepaper (Okt 2007)

[5] Fischer E: From smart card to mobile ticket standards in Germany – NFC as part of the VDV core application standard. In NFC Forum Spotlight Event on Transport and City Life, Frankfurt (Jun 2008) http://www.nfc-forum.org/resources/presentations/Elke_Fischer_VDV.pdf

[6] Häikiö J, Wallin A, Isomursu M: Meal ordering for elderly. In: Tuikka T, Isomursu M (Hrsg): Touch the Future with a Smart Touch, pp. 105–109. VTT Research Notes 2492 (2009)

[7] Huomo T: Public Transportation. In: Tuikka T, Isomursu M (Hrsg): Touch the Future with a Smart Touch, pp. 183–198. VTT Research Notes 2492 (2009)

[8] Karpischek S, Michahelles F, Bereuter A, Fleisch E: A Maintenance System Based on Near Field Communication. In: Proceedings of the Third International Conference on Next Generation Mobile Applications, Services and Technologies, NGMAST '09, pp. 234–238. IEEE Computer Society (2009)

[9] Karpischek S, Michahelles F, Resatsch F, Fleisch E: Mobile Sales Assistant – An NFC-based product information system for retailers. In: Proceedings of the First International Workshop on Near Field Communication, NFC '09, pp. 20–23. IEEE Computer Society (2009)

[10] Karpischek S, von Reischach F: Apriori – NFC-Based Product Rating. NFC Forum Global Competition, WIMA, Monaco (Apr 2009) http://www.nfc-forum.org/events/2010_competition/2009_winners/2009_WIMA_ETHZ.pdf

[11] Langer J: Vorlesungsunterlagen Smartcards, RFID und NFC. Hagenberg (2009)

[12] Mallat N, Tuunainem VK: Merchant Adoption of Mobile Payment Systems. In: Proceedings of the International Conference on Mobile Business, ICMB '05, pp. 347–353. IEEE Computer Society (2005)

[13] Marcus A, Davidzon G, Law D et al. Using NFC-enabled Mobile Phones for Public Health in Developing Countries. In: Proceedings of the First International Workshop on Near Field Communication, NFC '09, pp. 30–35. IEEE Computer Society (2009)

[14] MasterCard: MasterCard PayPass Adds Ease and Simplicity to More Transactions Worldwide Surpassing 50 Million-Issued Milestone. News Release (März 2009) http://www.mastercard.com/us/company/en/newsroom/mc_paypass_adds_ease_and_simplicity_to_more_transactions.html (Download: Nov 2009)

[15] McDonald's Japan: Kazasu Coupon Application http://www.mcdonalds.co.jp/fanclub/mcd/kazasu_coupon/application.html (Download: Sept 2009)

[16] Morak J, Hayn D, Kastner P, Drobics M, Schreier G: Near Field Communication technology as the key for data acquisition in clinical research. In: Proceedings of the First International Workshop on Near Field Communication, NFC '09, pp. 15–19. IEEE Computer Society (2009)

[17] Norm ISO/IEC 14443: Identification cards – Contactless integrated circuit cards – Proximity cards

[18] Oyrer A: Bedienungsanleitung mobilo. CDE GmbH, Hagenberg (2010)

[19] Smart Card Alliance: Proximity Mobile Payments: Leveraging NFC and the Contactless Financial Payments Infrastructure – A Smart Card Alliance Contactless Payments Council White Paper (Sept 2007)

[20] Unhold C, Bluetooth und NFC. Bachelorarbeit am Studiengang Hardware Software Systems Engineering, Hagenberg (Sept 2007)

[21] Wallin A: Potential Business scenarios – Mobile payment. In: Tuikka T, Isomursu M (Hrsg): Touch the Future with a Smart Touch, pp. 229–233. VTT Research Notes 2492 (2009)

Kapitel 10
Javaprogrammierung für NFC

In Kap. 7 (*Architektur mobiler NFC-Geräte*) wurde bereits ein kurzer Überblick über Java ME und die Programmierschnittstellen für NFC gegeben. Dieses Kapitel gibt einen tieferen Einblick in die Programmierung mit den APIs von Java ME für NFC-Geräte. Im speziellen werden JSR 177 (für den Zugriff auf Secure Elements), JSR 257 (für die kontaktlose Kommunikation) und die PushRegistry betrachtet. Zudem gehen wir auf die Nokia-spezifischen Erweiterungen dieser Programmierschnittstellen ein.

10.1 JSR 177

Die *Security and Trust Services API* (SATSA, JSR 177 [1]) ermöglicht die Integration von Secure Elements in Java ME Applikationen. Es sind vier Teilpakete definiert, mit denen Java ME Applikationen auf die sichere Ausführungsumgebung, die kryptografischen Operationen und den sicheren Datenspeicher des Secure Elements zurückgreifen können:

- SATSA-APDU,
- SATSA-JCRMI,
- SATSA-PKI und
- SATSA-CRYPTO.

10.1.1 SATSA-APDU

SATSA-APDU definiert das Java-Paket:

- javax.microedition.apdu.

Das darin enthaltene Interface `APDUConnection` abstrahiert den Zugriff auf Smartcard-Applikationen. Die Verbindung basiert auf dem Generic Connection Framework (GCF) der CLDC-Spezifikation. Eine Verbindung zu einer Smartcard-Applikation kann über den URI

J. Langer, M. Roland, *Anwendungen und Technik von Near Field Communication (NFC)*, 243
DOI 10.1007/978-3-642-05497-6_10, © Springer-Verlag Berlin Heidelberg 2010

```
apdu:[SE];target=<Applikation>
```

geöffnet werden. Mit [SE] kann (optional) ein bestimmtes Secure Element ausgewählt werden. <Applikation> gibt entweder den Application Identifier (AID) einer Smartcard-Applikation oder den String „SAT“ für die SIM Application Toolkit Anwendung (SAT) an. Jede Verbindung zu einer Anwendung verwendet einen eigenen logischen Kanal der Chipkarte. Der Zugriff auf die `Connector.open`-Methode wird über die Zugriffsberechtigungen

- javax.microedition.apdu.sat (für den Zugriff auf den SAT) und
- javax.microedition.apdu.aid (für den Zugriff über den AID)

geregelt.

Mit der Methode `exchangeAPDU` kann ein MIDlet eine Befehls-APDU an eine Smartcard-Anwendung senden und gleichzeitig die empfangene Antwort-APDU auslesen. Ein `APDUConnection`-Objekt stellt eine Verbindung mit einer einzelnen Kartenapplikation über einen eigenen logischen Kanal dar. Aus diesem Grund sperrt die API alle Befehle zur Auswahl von anderen Anwendungen und anderen logischen Kanälen. Die `exchangeAPDU`-Methode gibt immer die vollständige Antwort der Smartcard-Anwendung zurück. Zu diesem Zweck behandelt die API automatisch jene Statuscodes, die auf unvollständige Antworten hinweisen. D. h. wenn der Statuscode '61xx' signalisiert, dass zum Abfragen der Antwort ein GET_RESPONSE-Kommando notwendig ist, dann wird dieser Befehl ausgeführt und erst die fertige Antwort zurückgegeben. Beim Statuscode '6Cnn' („Die richtige Antwortlänge ist 'nn'.“) wird die Befehls-APDU mit der korrigierten Antwortlänge (Le) gesendet.

Neben dem Austausch von APDUs ermöglicht SATSA-APDU auch noch das Auslesen der Answer-to-Reset (ATR) und sichere PIN-Operationen. Die ATR wird bei der Initialisierung des Secure Elements gespeichert und lässt sich von einem MIDlet über die Methode `getATR` ermitteln. Die Methoden `changePin`, `disablePin`, `enablePin`, `enterPin` und `unblockPin` ermöglichen einem MIDlet verschiedene PIN-Operationen. Mit der `enterPin`-Methode kann beispielsweise der Benutzer zur Eingabe der PIN für eine PIN-geschützte Smartcard-Anwendung aufgefordert werden. Die PIN-Operationen werden dabei so ausgeführt, dass weder die aufrufende Anwendung, noch eine andere aktive Anwendung, die PIN auslesen können. Zudem erfolgt die PIN-Abfrage in einer Form, die den Benutzer klar erkennen lässt, dass es sich um eine gesicherte PIN-Eingabe handelt.

10.1.2 SATSA-JCRMI

SATSA-JCRMI definiert das Paket

- javax.microedition.jcrmi.

Dieses bietet einen abstrakteren Zugriff auf Smartcard-Applikationen als SATSA-APDU. Die *Java Card Remote Method Invocation* (JCRMI) ermöglicht eine objektorientierte Kommunikation mit Java Cards. Dabei können Objekte einer Java Card Applikation in der Java ME Anwendung referenziert und deren Methoden aufgerufen werden.

Wie bei SATSA-APDU basiert die Verbindung auf dem Generic Connection Framework. Eine Verbindung zu einer Java Card Applikation kann über den URI

```
jcrmi:[SE];AID=<Applikation>
```

geöffnet werden. Mit [SE] kann (optional) ein bestimmtes Secure Element ausgewählt werden und <Applikation> gibt den Application Identifier (AID) einer Smartcard-Applikation an. Das Interface `JavaCardRMIConnection` kapselt die Verbindung. Analog zu SATSA-APDU wird auch bei SATSA-JCRMI der Zugriff auf die Methode `Connector.open` über die Zugriffsberechtigung

- javax.microedition.jcrmi

geregelt.

Mit der Methode `getInitialReference` kann ein MIDlet eine Referenz auf das Ausgangsobjekt der RMI anfordern. Über die Methoden dieses Ausgangsobjekt lassen sich dann Aufgaben auf der Java Card durchführen und Objekte und Daten mit der Java Card Applikation austauschen.

Wie bei `APDUConnection`-Objekten lassen sich auch mit der JCRMI-API sichere PIN-Operationen (z. B. zur Identifikation des Benutzers gegenüber der Java Card Applikation) durchführen.

10.1.3 SATSA-PKI

SATSA-PKI definiert die zwei Pakete

- javax.microedition.pki und
- javax.microedition.securityservice.

Das Paket PKI ermöglicht den Zugriff auf die Zertifikatverwaltung des Geräts bzw. des Secure Element. Die Klasse `UserCredentialManager` enthält drei statische Methoden:

- Mit `addCredential` kann ein Zertifikat zum Zertifikatspeicher hinzugefügt werden, wobei der Benutzer diesen Vorgang bestätigen muss.
- Mit `removeCredential` kann ein vorhandenes Zertifikat aus dem Zertifikatspeicher gelöscht werden, wobei auch dieser Vorgang vom Benutzer bestätigt werden muss.
- Mit `createCSR` lässt sich ein *Certificate Signing Request* (CSR) erstellen. Ein CSR ist die Anfrage an einen Zertifizierungsdienst um einen privaten Schlüssel zu zertifizieren. Der private Schlüssel bzw. das Secure Element werden anhand der Funktionsparameter ausgewählt. Die Erzeugung des CSR muss vom Benutzer bestätigt werden.

Das Paket SecurityService enthält die Klasse `CMSMessageSignatureService` zum Signieren von Nachrichten. Der zum Signieren verwendete private Schlüssel kann dabei aus einem der vorhanden Secure Elements ausgewählt werden. Diese Signaturen lassen sich als digitale Unterschrift von Texten oder zur Identifikation des Benutzers verwenden. Die Klasse stellt dafür zwei statische Methoden bereit:

- Die `authenticate`-Methode signiert einen Text-String oder eine Bytefolge zur Benutzerauthentifizierung.
- Die `sign`-Methode signiert einen Text-String, um das Einverständnis des Benutzers mit dem Textinhalt zu kennzeichnen.

Für beide Methoden wird eine Bestätigung durch den Benutzer eingeholt. Falls es sich bei den signierten Daten um einen Text handelt, wird dieser dem Benutzer angezeigt. Handelt es sich hingegen um Binärdaten, werden diese nicht angezeigt. In diesem Fall muss die Applikation über die Zugriffsberechtigung

- javax.microedition.securityservice.CMSMessageSignatureService

verfügen. Wenn der private Schlüssel durch eine PIN geschützt ist, dann wird der Benutzer anschließend automatisch zur Eingabe dieser PIN aufgefordert.

10.1.4 SATSA-CRYPTO

SATSA-CRYPTO definiert einen Teil der Cryptography API von Java SE für Java ME. Die Klassen von SATSA-CRYPTO sind in den Paketen

- java.security und
- javax.crypto

enthalten. Die Funktionen umfassen die Berechnung von Hash-Werten (`MessageDigest`), die Verifikation von Signaturen (`Signature`) und die Ver- und Entschlüsselung (`Cipher`).

10.2 JSR 257

Die *Contactless Communication API* (JSR 257 [2]) ermöglicht den Zugriff auf kontaktlose Tags, Smartcards und Barcodes. Wenn ein Gerät diese API unterstützt, dann ist die Version der Contactless Communication API Spezifikation in der Systemeigenschaft „microedition.contactless.version“ gespeichert. Mit dem Aufruf

```
if (System.getProperty("microedition.contactless.version")
    != null) {
  //Contactless Communication API wird unterstützt
  ...
}
```

lässt sich daher sicherstellen, dass eine Unterstützung für JSR 257 vorhanden ist.

Die Programmierschnittstelle ist in fünf Teilpakete gegliedert:

- gemeinsame Schnittstelle (javax.microedition.contactless),
- NDEF-Paket (javax.microedition.contactless.ndef),
- RFID-Tag-Paket (javax.microedition.contactless.rf),
- Smartcard-Paket (javax.microedition.contactless.sc) und
- Visual-Tag-Paket (javax.microedition.contactless.visual).

10.2.1 Gemeinsame Schnittstelle

Dieses Teilpaket enthält die gemeinsamen Schnittstellen für alle kontaktlosen Targets (Tags, Smartcards, Barcodes). Es besteht aus den Klassen `DiscoveryManager` und `TargetType` und aus den Interfaces `TargetProperties`, `TagConnection`, `TargetListener` und `TransactionListener`. Der Discovery-Manager verwaltet die Erkennung kontaktloser Targets. `TargetType` listet alle Tag- und Smartcard-Typen, die von JSR 257 unterstützt werden. `TargetProperties` umfasst alle gemeinsamen Eigenschaften kontaktloser Targets. `TagConnection` setzt auf dem Generic Connection Framework auf und ist das Basisinterface für alle Verbindungen zu kontaktlosen Targets. Die Listener-Interfaces definieren eine Schnittstelle um Applikationen über eingetretene Ereignisse zu benachrichtigen.

10.2.1.1 Discovery-Manager

Der Discovery-Manager ist das Kernelement der Contactless Communication API. Er verwaltet die Target-Erkennung und führt eine Liste aller unterstützten Target-Typen. Mit der statischen Methode `getSupportedTargetTypes` lässt sich abfragen, für welche Targets eine Unterstützung implementiert ist. Die möglichen Targets sind in der Klasse `TargetType` zusammengefasst und entsprechen jeweils einem Teilpaket der API-Schnittstelle:

- NDEF_TAG für das NDEF-Paket,
- RFID_TAG für das RFID-Tag-Paket,
- ISO14443_CARD für das Smartcard-Paket und
- VISUAL_TAG für das Visual-Tag-Paket (Barcodes).

Das folgende Beispielprogramm zeigt, wie sich feststellen lässt, ob eine Unterstützung für NDEF-Tags vorhanden ist:

```
TargetType[] supportedTypes;
supportedTypes = DiscoveryManager.getSupportedTargetTypes();

for (int i = 0; i < supportedTypes.length; ++i) {
  if (supportedTypes[i] == TargetType.NDEF_TAG) {
    //Target-Typ NDEF_TAG wird unterstützt
    ...
  }
}
```

Mit der statischen `getInstance`-Methode kann das Discovery-Manager-Objekt geöffnet werden:

```
DiscoveryManager dm = null;

try {
  dm = DiscoveryManager.getInstance();
} catch (java.lang.SecurityException se) {
  //keine Zugriffsberechtigung
}
```

Der Aufrufer benötigt dazu die Berechtigung

- javax.microedition.contactless.DiscoveryManager.

Andernfalls wird eine Exception ausgelöst.

Der Discovery-Manager verwaltet sogenannte *Listener*. Dabei handelt es sich um Klassen, die eines oder mehrere der Interfaces `TargetListener`, `TransactionListener` und `NDEFRecordListener` implementieren. Durch die Implementierung eines solchen Interfaces erhält die Klasse eine spezielle öffentliche Methode. Wenn ein Listener auf ein bestimmtes Ereignis registriert ist, dann wird diese Methode aufgerufen, sobald das Ereignis eingetreten ist.

Mit den Methoden `addTargetListener` und `removeTargetListener` lassen sich Listener für bestimmte Target-Typen verwalten. Pro Target-Typ kann maximal ein Listener registriert werden. Daher soll eine Anwendung alle nicht mehr benötigten Listener auch sofort (bzw. spätestens in der `destroyApp`-Methode) wieder freigeben. Derselbe Listener kann für mehrere Target-Typen verwendet werden. Das folgende Beispiel zeigt, wie das `this`-Objekt als Listener für NDEF-Tags registriert werden kann:

```
try {
  dm.addTargetListener(this, TargetType.NDEF_TAG);
} catch (ContactlessException ce) {
  //Target-Typ wird nicht unterstützt
} catch (java.lang.IllegalStateException ise) {
  //für diesen Target-Typ ist bereits ein Listener vorhanden
}
```

Die Klasse des `this`-Objekts, d. h. zum Beispiel das MIDlet selbst, muss dazu das Interface `TargetListener` implementieren:

```
public class MyMIDlet extends MIDlet
                      implements TargetListener {
   ...
}
```

Sobald ein Target in Reichweite ist, wird dann das Ereignis `targetDetected` ausgelöst:

```
public void targetDetected(TargetProperties[] properties) {
   ...
}
```

Der Parameter `properties` enthält die Eigenschaften aller erkannten Targets. Diese Eigenschaften umfassen die UID des Targets, den oder die Typen des Targets (ein Target vom Typ NDEF_TAG ist z. B. immer auch ein RFID_TAG oder eine ISO14443_CARD), die Abbildung (*Mapping*) der Befehle auf die physikalische Tagstruktur, eine Liste der möglichen Verbindungen zum Target und die entsprechenden URLs zum Verbindungsaufbau über das GCF.

Analog zur Target-Erkennung gibt es entsprechende Mechanismen zur Erkennung von Transaktionen im Card-Emulation-Modus und zur Reaktion auf NDEF-Records.

Mit den Methoden `addTransactionListener` und `removeTransactionListener` lassen sich Listener für Secure Element Transaktionen registrieren. Bei einem Ereignis wird die Methode `externalReaderDetected` aufgerufen. Diese erhält die Kennung des Secure Elements als Parameter. Die Kennung kann für den Verbindungsaufbau zu einer Smartcard-Anwendung mit SATSA verwendet werden.

Über die Methoden `addNDEFRecordListener` und `removeNDEFRecordListener` können Listener für bestimmte NDEF-Record-Typen verwaltet werden. Sobald der Record-Typ detektiert wurde, wird das Ereignis `recordDetected` ausgelöst. Als Parameter wird der Methode `recordDetected` die empfangene NDEF-Message übergeben.

NDEF-Paket

Das NDEF-Paket ist die Schnittstelle zu NDEF-Daten. Der Austausch von NDEF-Daten ist dabei unabhängig vom Tagformat. Die Implementierung der API kann sowohl die NFC-Forum-Tagformate, als auch proprietäre Tagformate (wie z. B. MIFARE Classic), unterstützen.

Das NDEF-Paket enthält die Interfaces `NDEFRecordListener` und `NDEFTagConnection` und die Klassen `NDEFMessage`, `NDEFRecord` und

NDEFRecordType. NDEFRecordType fasst die Bestandteile der Typbezeichnung, d. h. das TNF-Feld und den Typ-URI, zusammen und identifiziert somit den Typ eines NDEF-Records. Die Klassen NDEFRecord und NDEF-Message ermöglichen die objektorientierte Darstellung und Manipulation von NDEF-Records und NDEF-Messages. Das Interface NDEFTagConnection baut auf dem GCF auf und ermöglicht den Lese- und Schreibzugriff auf NDEF-Tags. Das folgende Beispiel zeigt wie eine Verbindung zu einem NDEF-Tag aufgebaut werden kann:

```
public void targetDetected(TargetProperties[] properties) {
  //erstes gefundenes Target auswählen (wenn mehrere
  //  Targets gleichzeitig gefunden wurden, dann wird der
  //  Rest ignoriert):
  TargetProperties target = properties[0];

  if (target.hasTargetType(TargetType.NDEF_TAG)) {
    //URL zu NDEF-Verbindung auslesen:
    String targetUrl = target.getUrl();

    NDEFTagConnection conn = null;
    try {
      //Verbindung öffnen:
      conn = (NDEFTagConnection)Connector.open(targetUrl);
    } catch (ConnectionNotFoundException cnfe) {
      //Verbindung wird nicht unterstützt
    } catch (java.io.IOException ioe) {
      //I/O-Fehler
    } catch (java.lang.IllegalArgumentException iae) {
      //ungültiger Parameter
    } catch (java.lang.SecurityException se) {
      //keine Zugriffsberechtigung
    }

    if (conn != null) {
      NDEFMessage msg = null;
      try {
        msg = conn.readNDEF(); //NDEF-Message auslesen
      } catch (ContactlessException ce) {
        //NDEF-Format wird nicht unterstützt
      } catch (java.io.IOException ioe) {
        //I/O-Fehler
      }
```

```
            if (msg != null) {
              //NDEF-Message in einzelne Records zerlegen:
              NDEFRecord[] records = msg.getRecords();
              ...
            }

            conn.close(); //Verbindung schließen
          }
        }
      }
```

Der URL für die `Connector.open`-Methode ist nur dann verfügbar, wenn auch ein Target in Reichweite ist. Daher wird dieser URL dynamisch erzeugt und in den `TargetProperties` an den Listener übergeben.

Zum Öffnen der Verbindung zu einem NDEF-Tag über das GCF ist die Berechtigung

- javax.microedition.io.Connector.ndef

notwendig. Falls zusätzlich auch NDEF-Daten geschrieben werden, dann ist für den Aufruf der `writeNDEF`-Methode die Berechtigung

- javax.microedition.contactless.ndef.NDEFTagConnection.write

notwendig.

Nach dem Öffnen der Verbindung lässt sich die NDEF-Message mit der Methode `readNDEF` empfangen. Anschließend kann die Message z. B. durch Zerlegung in einzelne NDEF-Records weiter verarbeitet werden.

RFID-Tag-Paket

Das RFID-Tag-Paket bildet die Grundlage für den Zugriff auf beliebige RFID und NFC-Tags. Im Gegensatz zum NDEF-Paket sind die Speicherstrukturen direkt, ohne die Abstraktion durch NDEF, ansprechbar. Die Schnittstelle ist auch nicht auf NDEF-kompatible Tags beschränkt, sondern ist für beliebige Tags geeignet.

Das Interface `PlainTagConnection` baut auf dem GCF auf und ermöglicht den Austausch von Tag-spezifischen Befehlen. Zum Öffnen einer Verbindung über die `Connector.open`-Methode ist die Berechtigung

- javax.microedition.io.Connector.rf

notwendig. Sobald eine Verbindung geöffnet ist, lassen sich über die Methode `transceive` Befehlsvektoren an das Tag senden und Antwortvektoren empfangen. Das `PlainTagConnection`-Interface kann so auch als Grundlage für weiter abstrahierte, an eine bestimmte Tag-Plattform angepasste, Schnittstellen verwendet werden.

Smartcard-Paket

Das Smartcard-Paket ermöglicht den APDU-basierten Zugriff auf kontaktlose Smartcards nach den Standards ISO/IEC 14443-4 und ISO/IEC 7816-4. Die Schnittstelle ist vergleichbar mit SATSA-APDU. Im Unterschied zu JSR 177 gestattet das Smartcard-Paket den Zugriff auf externe, kontaktlose Targets. Mit JSR 177 kann hingegen nur auf Secure Elements (d. h. interne bzw. kontaktbehaftete Ziele) zugegriffen werden.

Das Interface `ISO14443Connection` baut auf dem GCF auf und ermöglicht den Austausch von APDUs. Zum Öffnen einer Verbindung über die `Connector.open`-Methode ist die Berechtigung

- javax.microedition.io.Connector.sc

notwendig. Sobald eine Verbindung geöffnet ist, lassen sich über die Methode `exchangeData` Befehls- und Antwort-APDUs austauschen. Das folgende Beispiel zeigt, wie eine Verbindung zu einer kontaktlosen Smartcard hergestellt werden kann:

```
public void targetDetected(TargetProperties[] properties) {
  //erstes gefundenes Target auswählen (wenn mehrere
  //  Targets gleichzeitig gefunden wurden, dann wird der
  //  Rest ignoriert):
  TargetProperties target = properties[0];

  if (target.hasTargetType(TargetType.ISO14443_CARD)) {
    //Smartcard-Verbindung (ISO14443Connection) suchen:
    String SC_CLASS_NAME =
     "javax.microedition.contactless.sc.ISO14443Connection";
    String targetUrl = null;
    Class[] connclasses = target.getConnectionNames();
    for (int i = 0; i < connclasses.length; ++i) {
      if (connclasses[i].getName().equals(SC_CLASS_NAME)) {
        //Smartcard-Verbindung gefunden -> URL auslesen:
        targetUrl = target.getUrl(connclasses[i]);
        break;
      }
    }

   ISO14443Connection conn = null;
   try {
     //Verbindung öffnen:
     conn = (ISO14443Connection)Connector.open(targetUrl);
   } catch (ConnectionNotFoundException cnfe) {
     //Verbindung wird nicht unterstützt
```

```
      } catch (java.io.IOException ioe) {
        //I/O-Fehler
      } catch (java.lang.IllegalArgumentException iae) {
        //ungültiger Parameter
      } catch (java.lang.SecurityException se) {
        //keine Zugriffsberechtigung
      }

      if (conn != null) {
        try {
          //APDU übertragen:
          byte[] APDU = ...;
          byte[] result = conn.exchangeData(APDU);
          ...
        } catch (ContactlessException ce) {
          //APDU-Austausch wird nicht unterstützt
        } catch (java.io.IOException ioe) {
          //I/O-Fehler
        }

        conn.close(); //Verbindung schließen
      }
    }
  }
```

Visual-Tag-Paket

Das Visual-Tag-Paket ist die Schnittstelle zu optischen Tags. Optische Tags sind ein- und zweidimensionale Barcodes. Die Erkennung solcher Barcodes kann über die Kamera eines Mobiltelefons erfolgen.

Die Schnittstelle besteht aus der Klasse `SymbologyManager` und den Interfaces `ImageProperties` und `VisualTagConnection`. Der Symbology-Manager verwaltet die unterstützten Barcodeformate („Symbologien"). Das Interface `ImageProperties` enthält die Eigenschaften einer Barcodeabbildung. Dazu zählen die Abmessungen, die Auflösung und die verwendete Symbologie. Das Interface `VisualTagConnection` baut auf dem GCF auf und ermöglicht das Lesen und das Erstellen von visuellen Tags. Zum Öffnen der Schnittstelle über die `Connector.open`-Methode ist die Berechtigung

- javax.microedition.io.Connector.vtag

notwendig.

10.3 PushRegistry und JSR 257

Normalerweise werden MIDlets durch den Benutzer gestartet. Mit der PushRegistry lassen sich Anwendungen eventbasiert starten. Das bedeutet, dass ein MIDlet für ein bestimmtes Ereignis, wie zum Beispiel Aktivitäten der NFC-Hardware, registriert werden kann. Sobald das Ereignis eintritt, wird die Anwendung gestartet und der entsprechende Listener ausgelöst. Durch die PushRegistry muss nicht jede Anwendung, die auf ein Ereignis wartet, ständig aktiv sein. So kann die Speicherauslastung des mobilen Geräts minimiert werden.

Ein MIDlet wird in der PushRegistry entweder über den Application Descriptor der MIDlet Suite oder über das MIDlet selbst registriert. Um PushRegistry-Einträge zu erstellen ist die Berechtigung

- javax.microedition.io.PushRegistry

notwendig.

Für die Registrierung über den Application Descriptor muss der Parameter

```
MIDlet-Push-<Index>: <Push-URL>, <MIDlet-Klasse>, <Filter>
```

verwendet werden. Dabei ist <Index> eine fortlaufende Nummer über alle PushRegistry-Einträge in diesem Application Descriptor. Der erste Eintrag beginnt mit dem Index 1. <Push-URL> definiert das Ereignis, bzw. die Verbindung, die das Ereignis auslöst. <MIDlet-Klasse> ist der Name des MIDlets, das beim Eintreten des Ereignisses gestartet werden soll. Der Parameter <Filter> schränkt das Ereignis auf bestimmte Ereignisquellen ein.

Auch direkt aus der Anwendung heraus können Einträge in der PushRegistry erstellt werden. Dazu wird die Methode `registerConnection` der PushRegistry (javax.microedition.io.PushRegistry) verwendet. Die Parameter dieser Funktion sind vergleichbar mit jenen des MIDlet-Push-Eintrags im Application Descriptor.

Ein MIDlet kann feststellen, ob es durch die PushRegistry gestartet wurde und welche Ereignisse ausgelöst wurden. Zu diesem Zweck stellt die PushRegistry die Methode `listConnection` zur Verfügung. Diese liefert alle PushRegistry-Einträge, sowie alle momentan aktiven PushRegistry-Einträge für das MIDlet.

JSR 257 sieht zwei PushRegistry-Mechanismen vor: NDEF-Records und Secure Element Transaktionen.

10.3.1 NDEF-Records

Eine Anwendung kann bei der Detektion bestimmter NDEF-Record-Typen gestartet werden. Nach dem Start muss die Anwendung sofort einen `NDEFRecordListener` registrieren, um das Ereignis und die auslösende NDEF-Message zu empfangen. Um ein MIDlet für NDEF-Events zu registrieren wird der folgende Push-URL verwendet:

```
ndef:<Type-Format>?name=<Type-Name>
```

Das Feld <Type-Format> entspricht dem TNF-Feld des NDEF-Records und kann einen der Werte „rtd“, „external_rtd“, „mime“ oder „uri“ annehmen. Der Wert von <Type-Name> entspricht dem Type-Feld des NDEF-Records, wobei der absolute URI bzw. der vollständige MIME-Media-Type angegeben wird. Eine Anwendung, die sowohl auf URI-Records, als auch auf Visitenkarten reagieren soll, würde diese PushRegistry-Einträge verwenden:

```
MIDlet-Push-1: ndef:rtd?name=urn:nfc:wkt:U, mymidletsuite.MyMIDlet, *
MIDlet-Push-2: ndef:mime?name=text/x-vcard, mymidletsuite.MyMIDlet, *
```

10.3.2 Secure Element Transaktionen

Ein MIDlet kann auch gestartet werden, sobald Transaktionen mit einer bestimmten Applikation auf einem Secure Element durchgeführt werden. Nach dem Start muss die Anwendung sofort einen `TransactionListener` registrieren, um das Ereignis und die Identifikation des zugehörigen Secure Elements zu erhalten. Um ein MIDlet für Transaktionen zu registrieren wird der folgende Push-URL verwendet:

```
secure-element:?aid=<Application-Identifier>
```

Das Feld <Application-Identifier> gibt den Application Identifer der zu überwachenden Secure Element Anwendung an.

10.4 Nokia-Erweiterungen zu JSR 257

Die Nokia-Erweiterungen zu JSR 257 bestehen aus mehreren Teilpaketen für unterschiedliche Kommunikationsaufgaben und aus Ergänzungen zur PushRegistry.

Die Verfügbarkeit der Teilpakete kann über die Systemeigenschaften

- „com.nokia.nfc.nxp.nfcip.version“ (Peer-to-Peer-Paket),
- „com.nokia.nfc.nxp.simpletag.version“ (SimpleTag-Paket),
- „com.nokia.nfc.nxp.mfstd.version“ (MFStd-Paket),
- „com.nokia.nfc.nxp.desfire.version“ (DESFire-Paket),
- „com.innovision.jewel.version“ (Jewel-Tag-Paket),
- „com.sony.felica.type3tag.version“ (FeliCa-Paket) und
- „com.nokia.nfc.llcp.version“ (LLCP-Paket)

festgestellt werden.

10.4.1 Peer-to-Peer-Paket

Das Peer-to-Peer-Paket (com.nokia.nfc.p2p) enthält das Interface `NFCIPConnection`. Mit diesem Interface lassen sich Verbindungen im NFCIP-1 Peer-to-Peer-Modus aufbauen. Der URL für die `Connector.open`-Methode lautet:

```
nfc:rf;type=nfcip;mode=<Modus>
```

Dabei ist <Modus> entweder „initiator" für den Initiator-Modus oder „target" für den Target-Modus. Die Methode blockiert und gibt das `NFCIPConnection`-Objekt zurück, sobald die Verbindung zwischen einem Initiator und einem Target hergestellt wurde. Anschließend können Initiator und Target immer abwechselnd Daten übertragen. Das bedeutet, dass der Initiator damit beginnt ein Datenpaket mit der `send`-Methode zu senden. Anschließend muss die Antwort mit der `receive`-Methode empfangen werden, bevor wieder ein Datenpaket gesendet werden kann. Das Target-Gerät muss umgekehrt mit dem Empfangen eines Datenpakets beginnen.

10.4.2 PushRegistry

Die Erweiterungen zur PushRegistry ermöglichen den automatischen Start von MIDlets auch dann, wenn kontaktlose Targets ohne NDEF-Daten erkannt wurden. Zur Reaktion auf solche Targets muss der Push-URL

```
nfc:undefined_format
```

verwendet werden. Beim Starten, als Reaktion auf dieses Ereignis, wird kein Listener aufgerufen. Ein MIDlet kann in diesem Fall aber trotzdem feststellen, ob es durch die PushRegistry gestartet wurde. Dazu stellt der Discovery-Manager die Eigenschaft „LaunchType" bereit. Diese Eigenschaft kann über die Methode `getProperty` ausgelesen werden. Sie gibt an, ob die Anwendung manuell („manual") oder durch die PushRegistry („touch") gestartet wurde.

Für Targets mit und ohne NDEF-Daten können Filter die auslösenden Targets weiter einzuschränken. Der Filter hat das Format

```
nfc:<Typ>;type=<Target-Type>;uid=<UID>
```

<Typ> ist entweder „ndef" für Targets mit NDEF-Daten oder „rf" für Targets ohne NDEF-Daten. <Target-Type> gibt das Speicherformat des Targets an. Die möglichen Werte sind

- „felica“ (Sony FeliCa bzw. NFC Forum Type 3 Tag),
- „jewel“ (Innovision Jewel/Topaz bzw. NFC Forum Type 1 Tag),
- „simpletag“ (NXP MIFARE Ultralight bzw. NFC Forum Type 2 Tag),
- „mf1k“ (NXP MIFARE Classic 1k),
- „mf4k“ (NXP MIFARE Classic 4k),
- „iso4a“ (ISO/IEC 14443-4 Typ A bzw. NFC Forum Type 4 Tag) und
- „iso4b“ (ISO/IEC 14443-4 Typ B bzw. NFC Forum Type 4 Tag).

<UID> enthält die UID des Targets in Hexadezimalschreibweise. Sowohl <UID>, als auch <Target-Type> dürfen die Platzhalterzeichen „*“ (für eine beliebige Anzahl an Zeichen) und „?“ (für maximal ein Zeichen) enthalten. Das folgende Beispiel zeigt einen Filter, der alle Smartcards nach ISO/IEC 14443-4 (Typ A und B) mit beliebiger UID zulässt:

```
nfc:rf;type=iso4?;uid=*
```

10.4.3 Zugriff auf das Secure Element

Neben dem Zugriff auf externe Targets ist mit den Nokia-Erweiterungen auch ein direkter Zugriff auf das interne Secure Element möglich. Diese Erweiterung ersetzt u. a. die fehlende Unterstützung für JSR 177.

Die Systemeigenschaft „internal.se.url“ enthält die URL um eine `ISO14443Connection`, d. h. eine APDU-basierte Verbindung, zum Secure Element aufzubauen. Über die Systemeigenschaft „internal.mf.url“ erhält man die URL um eine `MifareStdConnection`, d. h. eine Verbindung über das MFStd-Paket, zum internen MIFARE-Speicher des Secure Elements aufzubauen. Für beide Verbindungen ist ein als vertrauenswürdig zertifiziertes MIDlet notwendig.

Literatur

[1] JSR 177 Expert Group: Security and Trust Services API (SATSA), V1.0.1. Specification (Aug 2007)

[2] JSR 257 Expert Group: Contactless Communication API, V1.1. Specification (Jun 2009)

Sachverzeichnis

J. Langer, M. Roland, *Anwendungen und Technik von Near Field Communication (NFC)*,
DOI 10.1007/978-3-642-05497-6, © Springer-Verlag Berlin Heidelberg 2010

O

P

Q

R

MIX
Papier aus verantwortungsvollen Quellen
Paper from responsible sources
FSC® C105338

If you have any concerns about our products,
you can contact us on
ProductSafety@springernature.com

In case Publisher is established outside the EU,
the EU authorized representative is:
Springer Nature Customer Service Center GmbH
Europaplatz 3, 69115 Heidelberg, Germany

Printed by Libri Plureos GmbH
in Hamburg, Germany